全国高等职业教育"十二五"计算机类专业规划教材

U0393812

局域网组网技术与实训

主　编　赵思宇

副主编　冯雪莲　张世宇

编　写　贾　晨　冀　萍　龙九清　丁　浩

　　　　刘　昱　李　兵　王　征　孙　奇

　　　　周　涛　曾　珊

主　审　耿　威

中国电力出版社

CHINA ELECTRIC POWER PRESS

内 容 提 要

本书为全国高等职业教育"十二五"计算机类专业规划教材。本书是编者多年从事计算机网络技术教学、研究及应用的结晶。全书的内容安排以局域网组建技术为主体，突出实训，内容全、技术新，精心设计的实训项目贴近实际，易于实施。全书共分 5 章，包括组建局域网基础知识、组建网络的软、硬件及工具、局域网技术、综合布线系统及局域网应用，附录内容对于提高网络管理、应用等方面的技能有很大帮助，包括网络安全常识、常用网络端口及常用网络英语。每个实训包括工作环境、工作情境、拓扑图、工作目标、项目组织、任务分解及任务执行要点（主要执行过程、关键技术及指导说明），这些内容涵盖了实际工程项目的全部要素，体现了以学生为主体、以工作过程为导向的课程理念，易于实现"教、学、做"的一体化。

本书不仅可作为高等职业教育院校相关专业的教材，同样也适用于那些需要局域网组建知识与技能的网络管理人员、技术人员及网络爱好者等。书中涉及的技术、项目的解决方案，对实际的真实网络工程项目同样具有指导意义。

图书在版编目（CIP）数据

局域网组网技术与实训 / 赵思宇主编. —北京：中国电力出版社，2014.1（2020.7 重印）

全国高等职业教育"十二五"计算机类专业规划教材

ISBN 978-7-5123-5144-8

Ⅰ. ①局…　Ⅱ. ①赵…　Ⅲ. ①局域网－高等职业教育－教材　Ⅳ. ①TP393.1

中国版本图书馆 CIP 数据核字（2013）第 261331 号

中国电力出版社出版、发行

（北京市东城区北京站西街 19 号　100005　http://www.cepp.sgcc.com.cn）
北京九州迅驰传媒文化有限公司印刷
各地新华书店经售

*

2014 年 1 月第一版　　2020 年 7 月北京第四次印刷
787 毫米×1092 毫米　16 开本　15.5 印张　380 千字
定价 **29.00** 元

前　　言

为贯彻教育部［2006］16 号文及"十二五"规划纲要有关精神，探索"工学交替、任务驱动、项目导向、顶岗实习"等有利于增强学生能力的教学模式，本书紧密结合课程建设要求，突出实践能力培养，力图弥补市面上缺乏实用性、满足不了职业教育的"工学结合、岗位需求、高技能"培养要求的教材上的不足；力图满足教学改革和课程改革的需要，将职业教育中的"以工作过程为导向"的课程改革成果加入到教材中，使一线教师可以不必走出校门，便可以用企业的方法、要求、技术培养企业所需人才；力图将新的知识、新的技术融入教材，以使培养出来的学生跟上时代的发展。

【本书特色】

目前，现代企业和社会已经进入到以过程为导向的综合化运作时代，除专业能力之外，劳动者在关键能力（核心能力）和个性特征方面的综合素质越来越重要。传统职业教育的弊端在于只注重课堂教学、向学生传授书本知识，而对于学生的能力，特别是实践能力的培养不够。本书具有如下特色。

1. 采用"工学结合"的教学模式

适合工学结合的教材内容既要有理论和实践内容，又要有企业生产实践的指导性内容，应取之于工，用之于学。本书引进发达国家职业教育中"基于工作过程"、"基于项目教学"的全新课程理念，打破传统的基于知识点结构的课程框架，变单一的基础素质教育为专业技能教育，将单一技能训练向综合技能训练发展，为培养学生的工程意识、动手操作能力和创造能力提供了有利条件。全书以工作"岗位"或研究"项目"为结合点，通过课堂学习与实际工作相结合的途径，在相应的岗位上劳动，承担和参加合适的科研、工程项目，有利于学生职业能力的培养。这与过去走马观花式的参观实习完全不同，学生不仅增长了知识和才干，锻炼了实际操作能力，更为今后更好地适应岗位工作打好了基础。

2. 采用项目教学法组织教材内容

通过一个又一个的项目过程，培养学生分析问题及解决问题的能力、团队协作精神、沟通交流技巧等。项目设计贴近实际，又不过于复杂，容易被学生接受并掌握；项目过程完整，加上指导说明，便于学生自学，有利于提高学生的学习能力。

3. 模拟真实的工作场景

为保证项目的顺利实施，不但整合了理论知识，还模拟了真实的工作场景，使用"学"与"干"相间、"教"与"学"互动的项目实施过程，便于学生充分体验工程项目中的人员角色、任务和责任，从而积累丰富的工作经验，有效地提高就业能力。

4. 编写人员经验丰富

在本书的编写过程中，邀请了企业人士、计算机网络工程师、职业院校教师等共同参与，还特别选择了双师型的教师，以保证参编人员具有丰富的教学经验和实践经验。

【编者与致谢】

本书第 1 章由冯雪莲、赵思宇编写，第 2 章由贾晨、周涛编写，第 3 章由王征、龙九清编写，第 4 章由赵思宇、丁浩、孙奇编写，第 5 章由赵思宇、冯雪莲编写，附录 A 由赵思宇、李兵编写，附录 B 由赵思宇、龙九清编写，附录 C 由刘昱、周涛、张世宇编写，冀萍、曾珊对全书进行了认真地校对并提供了有价值的修改意见。衷心感谢北京蓝波今朝科技有限公司的张祖国总经理提供的技术与指导。特别感谢北京蓝波今朝科技有限公司耿威工程师的细心审核和修改，为本书把好技术关的同时，大幅度提升了实训过程与工作过程的吻合度。衷心感谢北京市经济管理学校、吉林大学珠海学院、吉林大学附属中学、深圳宝安职业技术学校及中国建设银行吉林省分行等单位对本书编者编写工作的全力支持。由于编者水平有限，错误在所难免，欢迎并感谢各位读者批评指正。

编　者
2013 年 7 月

目　　录

第1章 组建局域网基础知识

1.1 局 域 网 概 述

1.1.1 局域网的基本特征

1. 局域网的概念

局域网是指局限在一定地理范围内的若干数据通信设备通过通信介质互联的数据通信网络。

具体而言包括以下几个方面。

（1）地理范围在 10km 以内。

（2）通信设备这里指计算机、终端设备及各种互联设备。

（3）局域网内部的数据传输速率通常是 10～100Mb/s；误码率较低；延时较短。

（4）传输介质通常使用双绞线、同轴电缆、光纤等有线传输介质或者无线电波、红外线等无线传输介质。

（5）局域网是一种数据通信网络。

（6）局域网的连接方式可以是点对点连接、多点连接或广播式连接。

（7）局域网侧重于共享信息的处理问题，而不是传输问题。

2. 局域网的组成与结构

（1）局域网组成。一个局域网（LAN）通常由四个部分组成，它们分别是服务器、工作站、通信设备和通信协议。在局域网中所有的通信处理功能是由网卡来实现的，但在物理上却不明显。有时为了扩展局域网络的范围还要引入路由器、网桥、网关和通信服务器等网络部件。也可以说局域网是由硬件系统和软件系统组成的。

硬件系统包括，网络服务器、网络工作站、网卡和传输介质及其他互连设备。

服务器是整个网络系统的核心，它为网络用户提供服务并管理整个网络，在其上运行的操作系统是网络操作系统。随着局域网络功能的不断增强，根据服务器在网络中所承担的任务和所提供的功能不同将服务器分为文件服务器、打印服务器和通信服务器。其中文件服务器能将大量的磁盘存储区划分给网络上合法的用户使用，接收客户机提出数据处理和文件存取请求；打印服务器接收客户机提出的打印要求，及时完成相应的打印服务；通信服务器负责局域网与局域网之间的通信连接功能。一般在局域网中最常用的是文件服务器。在整个网络中，服务器的工作量通常是普通工作站的几倍甚至几十倍。

客户机又称工作站。客户机是指当一台计算机连接到局域网上时，这台计算机就成为局域网的一个客户机。客户机与服务器不同，服务器是为网络上许多网络用户提供服务以共享其资源，而客户机仅对操作该客户机的用户提供服务。客户机是用户和网络的接口设备，用户通过它可以与网络交换信息，共享网络资源。客户机通过网卡、通信介质及通信设备连接到网络服务器。例如，有些被称为无盘工作站的计算机没有自己的磁盘驱动器，这样的客户机必须完全依赖于局域网来获得文件。客户机只是一个接入网络的设备，它的接入和离开对网络不会产生多大的影响，它不像服务器那样一旦失效，可能会造成网络的部分功能无法使用，那么正在使用这一功能的网络都会受到影响。现在的客户机都用具有一定处理能力的 PC（个人计算机）来承担。

网络通信设备是指连接服务器与工作站之间的物理链路（又称传输媒体、或传输介质）和连接设备（包括有网络适配器、集线器和交换机等）。

软件系统包括，系统软件和应用软件。

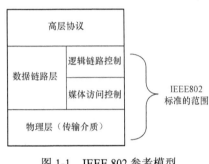

图 1-1　IEEE 802 参考模型

系统软件，就是网络操作系统。其实现网络的文件管理、设备管理、通信管理、网络管理功能。

目前流行的网络操作系统有：

1）Windows Server；

2）UNIX 操作系统。

（2）局域网的结构。按照 IEEE 802 委员会定义的模型，局域网结构只包括两层，即物理层和数据链路层。技术与协议只就这两层做出定义和规定。如图 1-1 所示为 IEEE 802 参考模型。

1.1.2　局域网的种类

按照网络的通信方式（各计算机在网络中的作用），局域网可以分为三种，即专用服务器局域网（Server-Based）、客户机/服务器局域网（Client/Server）和对等局域网又称为点对点网络（Point-to-Point）。

1. 专用服务器局域网

专用服务器局域网是一种主/从式结构，即"工作站/文件服务器"结构的局域网。它由若干个工作站及一台或多台文件服务器组成。该结构中，工作站可以存取文件服务器内的文件和数据及共享服务器存储设备，服务器可以为每一个工作站用户设置访问权限。但是，工作站相互之间不可以直接通信，相互之间不能进行软硬件资源的共享。

NetWare 网络操作系统是专用服务器局域网的典型操作系统代表。

2. 客户机/服务器局域网

客户机/服务器局域网由一台或多台专用服务器来管理控制网络的运行。该结构中的所有工作站不仅均可共享服务器的软硬件资源，而且客户机之间也可以相互自由访问。

工作站一般安装微软 Windows 系列操作系统，Windows Workstation 和 Windows Server 是客户机/服务器局域网的代表网络操作系统。

这种组网方式适用于计算机数量较多，位置相对分散，信息传输量较大的单位。

3. 对等局域网

对等局域网又称为点对点（Point-to-Point）网络。该结构中，通信双方使用相同的协议。每个通信节点既是网络服务的提供者——服务器，又是网络服务的使用者——工作站；并且各节点和其他节点均可进行通信，可以共享网络中各计算机的存储容量和具有的处理能力。

4. 高速局域网

局域网数据传输速率达到或超过 100Mb/s 的局域网称为高速局域网。

传统以太网（Ethernet）的数据传输速率是 10Mb/s。

快速以太网（Fast Ethernet）的数据传输速率可以达到 100Mb/s。

常见的高速局域网包括以下几种。

（1）100BASE-T 快速以太网。100 BASE-T 快速以太网的网络拓扑结构和工作模式是类同于 10Mb/s 的星形拓扑结构；介质访问控制仍采用 CSMA/CD 方式；还采用了自动速度侦听功能，使一个适配器或交换机能以 10Mb/s 和 100Mb/s 两种速度发送，并以另一端设备所能达到的最快速度进行工作。

（2）光纤分布式数据接口（Fiber Distributed Data Interface，FDDI）。FDDI 是以光纤作为传输介质的高速（传输速率为 100Mb/s）主干网。采用令牌环介质访问控制协议，结构是双环拓扑结构，能支持同步和异步数据传输，可以使用单模和多模光纤。

（3）ATM 网络（Asynchronous Transfer Mode，ATM）称为异步传输方式，是一种高速交换和多路复用技术。ATM 网络被公认为是传输速率达 Gb/s 数量级的局域网的代表。

ATM 以大容量光纤传输介质为基础，以信元（Cell）为基本传输单位，信元长 53 B，其中 5 B 为信元头，48 B 为用户信息。

1.1.3　局域网拓扑结构

1. 网络拓扑结构简介

拓扑（Topology）是从图论演变而来的，是一种研究与大小形状无关的点、线、面特点的方法。在计算机网络中抛开网络中的具体设备，把工作站、服务器等网络单元抽象为"点"，把网络中的电缆等通信介质抽象为"线"，这样计算机网络结构就抽象为点和线组成的几何图形，人们称之为网络的拓扑结构。

网络拓扑结构对整个网络的设计、功能、可靠性、费用等方面有着重要的影响。

局域网在网络拓扑结构上形成了自己的特点。

常见的拓扑结构有总线型（BUS）拓扑结构、环形（RING）拓扑结构、星形（STAR）拓扑结构。

2. 常见的网络拓扑结构

（1）总线型。总线型拓扑结构如图 1-2 所示，它采用单根传输线作为传输介质，所有的站点（包括工作站和文件服务器）均通过相应的硬件接口直接连接到传输介质（总线）上，各工作站地位平等，无中心节点控制。

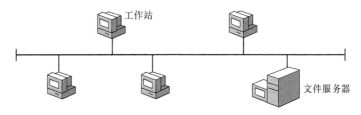

图 1-2　总线型拓扑结构图

3

总线型拓扑结构的总线大都采用同轴电缆。总线上的信息多以基带信号形式串行传输。某个站点发送报文（把要发送的信息叫报文），其传输的方向总是从发送站点开始向两端扩散，如同广播电台发射的信息一样，又称为广播式计算机网络，在总线网络上的所有站点都能接收到这个报文，但并不是所有的站点都接收，而是每个站点都会把自己的地址与这个报文的目的地址相比较，只有与这个报文的目的地址相同的工作站才会接收此报文。

在总线型拓扑结构中，由于各站点通过总线来传输信息，并且各站点对于总线的使用权是平等，因此就产生了如何合理分配信道问题，这种合理解决信道分配问题的控制方法叫介质访问的控制方式。总线型拓扑结构的介质访问控制方式是叫 CSMA/CD（载波侦听多路访问/冲突检测）。

总线型拓扑结构主要有以下优点。

1）从硬件观点来看，总线型拓扑结构可靠性高，因为总线型拓扑结构简单，而且又是无源元件。

2）易于扩充，增加新的站点容易。如要增加新站点，仅需在总线的相应接入点将工作站接入即可。

3）使用电缆较少，且安装容易。

4）使用的设备相对简单，可靠性高。

当然，总线型拓扑结构也存在一些缺点。

1）故障诊断困难。由于总线拓扑的网络不是集中控制，故障检测需在网络上各个站点进行。

2）故障隔离困难。在星形拓扑结构中，一旦检查出哪个站点出故障，只需简单地把连接拆除即可。而在总线型拓扑结构中，如果某个站点发生故障，则需将该站点从总线上拆除，如传输介质故障，则整个这段总线要切断和更换。

（2）星形。星形拓扑结构如图 1-3 所示，它是由中心节点和通过点对点链路连接到中心节点的各站点组成。星形拓扑结构的中心节点是主节点，它接收各分散站点的信息再转发给相应的站点。目前，这种星形拓扑结构几乎是 Ethernet 双绞线网络专用的。其中心节点是由集线器或者是交换机来承担。

星形拓扑结构有以下优点。

1）由于每个设备都用一根线路和中心节点相连，如果这根线路损坏，或与之相连的工作站出现故障时，在星形拓扑结构中，不会对整个网络造成大的影响，而仅会影响该工作站；

2）网络的扩展容易；

3）控制和诊断方便；

4）访问协议简单。

星形拓扑结构也存在着一些缺点。

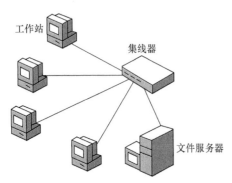

图 1-3　星形拓扑结构图

1）过分依赖中心节点；

2）成本高。

（3）环形。环形拓扑结构如图 1-4 所示，它是由网络中若干工作站通过点到点的链路首尾相连形成一个闭合的环。

这种环形拓扑结构中每个工作站与两条链路相连，由于环形拓扑的数据在环路上沿着一个方向在各节点间传输，这样工作站能够接收一条链路上来的数据，并以同样的速度串行地把数据送到另一条链路上，而不在工作站中缓冲。每个站点对环的使用权是平等的，所以它也存在着一个对于环形线路的"争用"和"冲突"的问题。在环路上发送和接收数据的过程大致如下。发送报文的工作站（简称发送站）将报文分成报文分组，每个报文分组包括一段数据再加上某些控制信息，在控制信息中含有目的地址。发送站依次把每个报文分组送到环路上，然后通过其他工作站进行循环，每个工作站都对报文分组的目的地址进行判断，看其是否与本地工作站的地址相同，仅有地址相同工作站才接收该报文分组，并将分组复制下来，当该报文分组在环路上绕行一周重新回

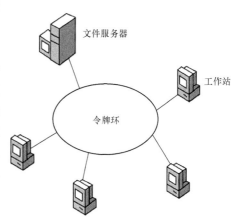

图 1-4　环形拓扑结构图

到发送站时，由发送站把这些分组从环路上摘除。由此可看出环路上某一节点发生故障，它将不能正常地传送信息。

环形拓扑结构有以下优点。

1）路由选择控制简单。因为信息流是沿着固定的一个方向流动的，两个站点仅有一条通路。

2）电缆长度短。环形拓扑所需电缆长度和总线拓扑结构相似，但比星形拓扑要短。

3）适用于光纤。光纤传输速度高，而环形拓扑是单方向传输，十分适用于光纤这种传输介质。

环型拓扑结构的缺点。

1）节点故障引起整个网络瘫痪。在环路上数据传输是通过环上的每一个站点进行转发的，如果环路上的一个站点出现故障，则该站点不能进行转发，相当于环在故障节点处断掉，造成整个网络都不能进行工作。

2）诊断故障困难。因为某一节点故障会使整个网络都不能工作，但具体确定是哪一个节点出现故障非常困难，需要对每个节点进行检测。

1.1.4　局域网传输介质

图 1-5　双绞线

计算机网络传输介质可以分为有线传输介质和无线传输介质两种。

有线介质包括双绞线、同轴电缆、光纤等。

无线介质包括地面微波、卫星通信、激光通信等。

1．计算机有线传输介质

（1）双绞线。双绞线是由一对或多对绝缘铜导线组成，为了减小信号传输中串扰及电磁干扰（EMI）影响的程度，通常将这些线按一定的密度互相缠绕在一起。组建局域网络所用的双绞线是一种由 4 对线（即 8 根线）组成的（见图 1-5），其中每根线的材质有铜线和被铜包的钢线两类。双绞线的这 8 根线的引脚定义如表 1-1 所示。

表 1-1 双 绞 线 引 脚

线路线号	1	2	3	4	5	6	7	8
线路色标	白橙	橙	白绿	蓝	白蓝	绿	白棕	棕
引脚定义	Tx＋	Tx	Rx＋			Rx		

在局域网中，双绞线主要是用来连接计算机网卡到集线器（或交换机）或通过集线器（或交换机）之间级联口的级联的，有时也可直接用于两个网卡之间的连接或不通过集线器（或交换机）级联口之间的级联，但它们的接线方式各有不同。如图 1-6 和图 1-7 所示，在 1.1.6 节中再详细介绍。

双绞线是模拟和数字信号通信最普通的传输媒体，它的主要应用范围是电话系统中的模拟话音传输，最适合于较短距离的信息传输，当超过一定距离时信号因衰减可能会产生畸变，这时就要使用中继器（Repeater）来放大信号和再生波形。

双绞线的价格在传输媒体中是最便宜的，并且安装简单，所以得到广泛地使用。在局域网中一般也采用双绞线作为传输媒体。双绞线可分为非屏蔽双绞线（Unshielded Twisted Pair，UTP）和屏蔽双绞线（Shielded Twisted Pair，STP）。

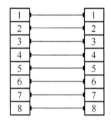

图 1-6 常规双绞线接法　　图 1-7 错线双绞线接法

双绞线既可以用于音频传输，也可以用于数据传输。按双绞线的性能，目前广泛应用的有五个不同的等级，级别越高性能越好。由于 UTP 的成本低于 STP，所以使用的更广泛。UTP 可以分为 6 类。

1）1 类 UTP。主要用于电话连接，通常不用于数据传输。

2）2 类 UTP。通常用在程控交换机和告警系统。ISDN 和 T1/E1 数据传输也可以采用 2 类电缆，2 类线的最高带宽为 1MHz。

3）3 类 UTP。又称为声音级电缆，是一类广泛安装的双绞线。3 类 UTP 的阻抗为 100Ω，最高带宽为 16MHz，适合于 10Mb/s 双绞线以太网和 4Mb/s 令牌环网的安装，也能运行 16Mb/s 的令牌环网。

4）4 类 UTP。最大带宽为 20MHz，其他特性与 3 类 UTP 完全一样，能更稳定地运行 16Mb/s 令牌环网。

5）5 类 UTP。又称为数据级电缆，质量最好。它的带宽为 100MHz，能够运行 100Mb/s 以太网和 FDDI，5 类 UTP 的阻抗为 100Ω。5 类 UTP 目前已被广泛应用。

6）6 类 UTP。是一种新型的电缆，最大带宽可以达到 1000MHz，适用于低成本的高速以太网的骨干线路。

（2）同轴电缆。同轴电缆如图 1-8 所示，它是由绕同一轴线的两个导体所组成，即内导体（铜芯导线）和外导体（屏蔽层），外导体的作用是屏蔽电磁干扰和辐射，两导体之间用绝缘材料隔离。同轴电缆具有较高的带宽和极好的抗干扰特性，实物如图 1-9 所示。

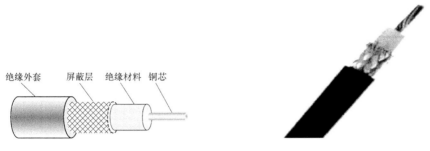

图 1-8　同轴电缆结构　　　　　　　　　图 1-9　同轴电缆

同轴电缆的规格是指电缆粗细程度的度量，按射频级测量单位（RG）来度量，RG 越高，铜芯导线越细，RG 越低，铜芯导线越粗。

常用同轴电缆的型号和应用如下。

1）阻抗为 50Ω 的粗缆 RG-8 或 RG-11，用于粗缆以太网；

2）阻抗为 50Ω 的细缆 RG-58A/U 或 C/U，用于细缆以太网；

3）阻抗为 75Ω 的电缆 RG-59，用于有线电视 CATV。

（3）光导纤维（Fiber Optics）。

1）光纤结构。光纤是一种由石英玻璃纤维或塑料制成的，直径很细，能传导光信号的媒体。光纤由一束玻璃芯组成，它的外面包了一层折射率较低的反光材料，称为覆层。由于覆层的作用，在玻璃芯中传输的光信号几乎不会从覆层中折射出去。这样当光束进入光纤中的芯线后，可以减少光通过光缆时的损耗，并且在芯线边缘产生全反射，使光束曲折前进，图 1-10 是光纤结构示意图。

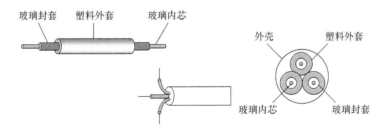

图 1-10　光纤结构

光纤是一种细小、柔韧并能传输光信号的介质，一根光缆中包含有多条光纤。

光纤是利用有光脉冲信号表示 1，没有光脉冲信号表示 0。光纤通信系统是由光端机、光纤（光缆）和光纤中继器组成。光端机又分成光发送机和光接收机。而光中继器用来延伸光纤或光缆的长度，防止光信号衰减。光发送机将电信号调制成光信号，利用光发送机内的光源将调制好的光波导入光纤，经光纤传送到光接收机。光接收机将光信号变换为电信号，经放大、均衡判决等处理后发送给接收方。

光纤和同轴电缆结构相似，只是没有网状屏蔽层，中心是光传播的玻璃芯。

2）光纤的特点。光纤不仅具有通信容量非常大的特点，而且还具有其他的一些优点：抗电磁干扰性能好；保密性好，无串音干扰；信号衰减小，传输距离长；抗化学腐蚀能力强等。

正是由于光纤的数据传输率高（目前已达到1Gb/s），传输距离远（无中继传输距离达几十至上百千米）的特点，所以在计算机网络布线中得到了广泛的应用。目前光缆主要是用于交换机之间、集线器之间的连接，但随着千兆位局域网络应用的不断普及和光纤产品及其设备价格的不断下降，光纤连接到桌面也将成为网络发展的一个趋势。

但是光纤也存在一些缺点，切断光纤和将两根光纤精确地连接所需要的技术要求较高。

3）光纤分类。根据使用的光源和传输模式，光纤可分为多模光纤（见图1-11）和单模光纤（见图1-12）。所谓"模"是指以一定的角度进入光纤的一束光。

多模光纤采用发光二极管产生可见光作为光源，定向性较差。当光纤芯线的直径比光波波长大很多时，由于光束进入芯线中的角度不同，传播路径也不同，这时光束是以多种模式在芯线内不断反射而向前传播。多模光纤的传输距离一般在2km以内。

单模光纤采用注入式激光二极管作为光源，激光的定向性强。单模光纤的芯线直径一般为几个光波的波长，当激光束进入玻璃芯中的角度差别很小时，能以单一的模式无反射地沿轴向传播。

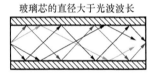
图 1-11 多模光纤

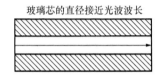
图 1-12 单模光纤

4）光纤的规格。光纤的规格通常用玻璃芯与覆层的直径比值来表示，如表1-2所列出的各种光纤规格，其中8.3/125的光纤只用于单模光纤。单模光纤的传输率较高，但比多模光纤更难制造，价格更高。

表1-2 光 纤 类 型 比 较

光 纤 类 型	玻璃芯（μm）	覆层（μm）
62.5/125	62.5	125
50/125	50.0	125
100/140	100.0	140
8.3/125	8.3	125

2. 无线传输介质

根据距离的远近和对通信速率的要求，可以选用不同的有线介质，但是，若通信线路要通过一些高山、岛屿或河流时，铺设线路相对困难，而且成本非常高，这时候就可以考虑使用无线电波在自由空间的传播实现多种通信。

无线电微波通信在数据通信中占有重要地位。微波的频率范围为300MHz～300GHz，但主要是使用2～40GHz的频率范围。微波在空间主要是直线传播。由于微波会穿透电离层而进入宇宙空间，因此它不像短波通信可以经电离层反射传播到地面上很远的地方。微波通信主要有两种方式，即地面微波接力通信和卫星通信。

（1）地面微波。地面微波如图1-13所示，在物理线路昂贵或地理条件不允许的情况下适用；通过地球表面的大气传播，易受到建筑物或天气的影响；两个地面站之间传送，距离为50～100km。

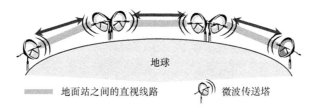

图 1-13 地面微波

地面微波的优缺点。

1）地面微波的优点。微波波段频率很高，其频段范围也很宽，因此其通信信道的容量很大；微波通信受外界干扰比较小，传输质量较高；与相同容量和长度的电缆载波通信比较，微波通信建设投资少，见效快。

2）地面微波的缺点。相邻站之间必须直视，不能有障碍物（"视距通信"），有时一个天线发射出的信号也会分成几条略有差别的路径到达接收天线，因而造成失真；微波传播有时也会受到恶劣气候的影响；与电缆通信系统比较，微波通信的隐蔽性和保密性较差；对大量中继站的使用和维护要耗费一定的人力和物力。

（2）卫星通信。卫星通信如图 1-14 所示，卫星通信可以看成是一种特殊的微波通信，它使用地球同步卫星作为中继站来转发微波信号，并且通信成本与距离无关。卫星通信容量大、传输距离远、可靠性高，但通信延迟时间长，误码率不稳定，易受气候环境的影响。

卫星通信优缺点。

1）优点：通信距离远，在电波覆盖范围内，任何一处都可以通信，且通信费用与通信距离无关；受陆地灾害影响小，可靠性高；易于实现广播通信和多址通信。

2）缺点：通信费用高，延时较大；10GHz 以上雨衰较大；易受太阳噪声的干扰。

（3）地球同步卫星。地球同步卫星，如图 1-15 所示。从技术角度上讲，只要在地球赤道上空的同步轨道上，等距离地放置三颗相隔 120°的卫星，就能基本上实现全球的通信。

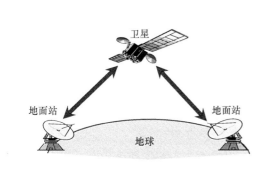

图 1-14 卫星通信

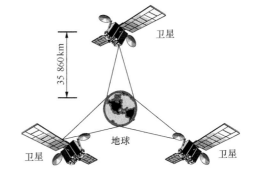

图 1-15 地球同步卫星

为了避免产生干扰，卫星之间的相隔不能小于 2°，因此，整个赤道上空只能放置 180 个同步卫星。一个典型的卫星通常拥有 12～20 个转发器。每个转发器的频带宽度为 36MHz 或72MHz。

（4）激光通信。激光通信是利用在空间传播的激光束将传输数据调制成光脉冲的通信方式。激光通信不受电磁干扰，不怕窃听，方向也比微波好。激光束的频率比微波高，因此可以获得更高的带宽，但激光在空气中传播衰减很快，特别是雨、雾天，能见度差时更为严重，甚至会导致通信中断。

3．常用传输媒体的比较

常用传输媒体的比较如表 1-3 所示。

表 1-3　　　　　　　　　　　　常用传输媒体的比较

传输媒体	速　率	传输距离	抗干扰性	价　格	应　用	示　例
双绞线	模拟 300～3400Hz 数字 10～100Mb/s	几十千米	可以	低	模拟传输 数字传输	用户环线 LAN
50Ω同轴电缆	10Mb/s	1km 内	较好	略高于 双绞线	基带数字信号	LAN
75Ω同轴电缆	300～450MHz	100km	较好	较高		CATV
光纤	100～几千兆比特每秒	30km	很好	较高	远距离传输	长话线路、 主干网
短波	几十～几百兆比特每秒	全球	一般，通信 质量差	较低	远程低速通信	广播
地面微波	4～6GHz	几百千米	很好	低于同容量 和长度的 电缆	远程通信	电视
卫星	4～14GHz	超过 36 000 km	很好	费用与 距离无关	远程通信	电视、电话、 数据

1.1.5　局域网的媒体访问控制方式

对于局域网，无论何种拓扑结构，任意两个节点间只有一条连接通道（一般都是共享的）。所以，不存在路由选择的问题，只存在如何"和平"共享介质的问题。而这一问题主要是在数据链路层内来解决。方法有三种：

1．带有冲突检测的载波侦听访问控制

CSMA/CD 工作原理如图 1-16 所示。CSMA/CD（Carrier Sense Mulitiple Access/Collision Detection）技术适用于总线结构基带传输系统。它包括两方面的内容，即载波侦听（CSMA）和冲突检测（CD）。

载波侦听，是指查看信号的有无称为载波侦听。CSMA 网络中的各个站点都有一个"侦听器"，用来测试总线上有无其他工作站正在发送信息，如果总线已被占用，则此工作站等待一段时间然后再争取发送权；如果侦听总线是空闲的，没有其他工作站发送信息就立即抢占总线进行信息发送。

总线已被占用，工作站等待时间确定的方法。

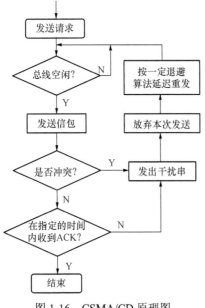

图 1-16　CSMA/CD 原理图

1）持续的载波侦听多点访问。当某工作站检测到总线被占用后，继续侦听下去，一旦发现总线空闲，就立即发送信息。

2）非持续的载波侦听多点访问。当某工作站检测到总线被占用后，就延迟一个随机时间，然后再检测，不断重复，直到发现总线空闲，就开始发送信息。

关于冲突检测。当总线处于空闲时，某一个瞬间，如果总线上两个或两个以上的工作站同时都想发送信息，那么该瞬间他们都可能检测到总线是空闲的，同时都认为可以发送信息，从而一齐发送，这就产生了冲突；另一种情况是某站点侦听到总线是空闲的，但这种空闲可能是较远站点已经发送了信息，但由于在传输介质上信号传输的延时，当信息还未传输到此站点时，如果此站点又发送信息，也将产生冲突。

CSMA/CD 的最大缺点是发送的时延不确定。当网络负载很重时，冲突会增多，降低网络效率。

2．以太网

以太网（Ethernet）是指采用 CSMA/CD 访问控制技术的基带总线局域网。常见的以太网有 10 BASE-5、10 BASE-2、10 BASE-T、10 BASE-F 等。这种记号的含义是，10 表示信号的传输速率是 10Mb/s；BASE 表示基带传输；5 或 2 分别表示每一段的最大长度为 500m（粗缆）或 200m（细缆）；T 和 F 分别表示传输介质是双绞线和光纤。

3．令牌环网访问控制（Token Ring）

这种技术适用于环形结构的基带局域网。环形网络只有一条环路，信息沿环路单向流动。

（1）令牌（Token）。也叫通行证，它使用一种专门的数据包，在环路上持续地循环传输以确定一个工作站何时可以发送信息包。令牌有"忙"和"空"两个状态。当一个工作站准备发送信息包时，必须等待令牌的到来，并且令牌状态为"空"，才可以发送信息包，同时将令牌状态置为"忙"附在信息包尾部向下一站发送。

每一工作站随时检测经过本站的信息包，当检测到信息包指定的地址与本站地址相符时，则一面复制全部信息，一面继续转发信息包；否则，只向下一站转发信息包。环上的信息包绕环路一周，由源发送站予以收回。源发送站将所有要发送的信息全部发送完后或持有令牌的最大时间到源发送站将所有要发送的信息全部发送完后或持有令牌的最大时间到了，将令牌状态置为"空"向下一站发送，其他工作站才有机会发送自己的信息。整个环路中只能有一个工作站发送信息。

它的最大缺点是令牌环的维护复杂，实现比较困难。

（2）令牌总线网访问控制（Token Bus）。这种技术适用于总线型结构或树形结构的基带局域网。它首先将总线型或树形局域网中的各工作站排成一个逻辑上的环，即给每个工作站一个逻辑地址（比如 n），它的下一站是 $n+1$，它接受来自 $n-1$ 工作站的信息包和令牌，并转发给 $n+1$ 工作站。其余则与令牌环网的原理一致。

1.1.6　实训一：制作网线

1．工作任务

制作网线。

2．工作环境

5 类双绞线、双绞线剥线器、RJ-45 压线钳和测线器。

3. 工作情境

小张新到小王的单位工作，为办公方便，他急需将自己的 PC 连到单位的局域网上，他找到小王说明自己的需求。小王便开始准备连网所需要的线缆。

4. 工作目标

通过本次实训，应具备如下技能。

（1）掌握制作 RJ-45 直通线、交叉线的方法；

（2）能够正确选用直通线和交叉线；

（3）会使用剥线器、压线钳和测线器。

5. 任务执行要点

（1）连线标准。RJ-45 头的制作稍有复杂，但只要依照连线标准制作就不成问题。先看一下连线的原理。如图，其中 TD 代表传送，各有两条线（TD＋及 TD－）；而 RD 代表接收，也有两条线（RD＋及 RD－）。图 1-17 是直通线连线标准，图 1-18 是交叉线连线标准。

1）交叉线。一根网线的两头采用不同的线序制作而成，相同设备类型接口使用交叉线。

2）直通线。一根网线的两头采用相同的线序制作而成，不同设备类型接口使用直通线。

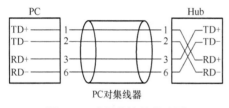
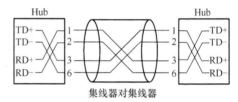

图 1-17　直通线连接线路图　　　　　　　图 1-18　交叉线连接线路图

对于同一条线来说，必须一端是发送端，另一端是接收端，要注意的是 Hub 内部传送、接收端与网卡的不一样。

（2）直通线的制作方法。

1）剥线。先用双绞线剥线器将双绞线的外皮除去 3cm 左右，剥线完成后的双绞线电缆如图 1-5 所示。

2）对线。对线的标准有两个，即 EIA/TIA-568A 和 EIA/TIA-568B 标准，二者没有本质的区别，只是在颜色上的区别，即用的线序不同。本质的问题是要保证 1、2 线对是一个绕对；3、6 线对是一个绕对；4、5 线对是一个绕对；7、8 线对是一个绕对。直通线不可在电缆一端使用 T568A 标准，另一端使用 T568B 标准。目前使用比较多的是 T568B 标准接线方法，现在就遵循 EIA/TIA 568B 的标准来制作接头。根据图 1-19 中 T568B 标准所示，线对是按一定的颜色顺序排列的（1：白橙；2：橙；3：白绿；4：蓝；5：白蓝；6：绿；7：白棕；8：棕）。需要特别注意的是，绿色条线必须跨越蓝色对线。这里最容易犯错的地方就是将白绿线与绿线相邻放在一起，这样会造成串扰，使传输效率降低。

图 1-19　T568A 和 T568B 标准线序图

对好线后，把线整齐，将裸露出的双绞线用专用钳剪下，只剩约 15mm 的长度，并铰齐线头，如图 1-20 所示的位置摆放，将双绞线的每一根线依序放入 RJ-45 接头的引脚内，第一只引脚内应该放白橙色的线，其余类推。

3）压线。确定双绞线的每根线已经放置正确之后，就可以用 RJ-45 压线钳压接 RJ-45 接头，做好的 RJ-45 头如图 1-21 所示。

因为网卡与集线器之间是直接对接，所以另一端 RJ-45 接头的引脚接法完全一样。完成后的连接线两端的 RJ-45 接头要完全一致。

4）测试。最后用测试器测试一下。

测线器是一种专用的网络测线工具，它分为主、次两部分，主、次各设 1 个 RJ-45 接口和 8 个（均有编号）指示灯（有的是 4 个指示灯），测线器由一个 12V 的电池供电，如图 1-22 所示。它的使用比较简单，只需要将两头分别插入主、次测线器的 RJ-45 接口，打开主测线器上的开关即可。用测线器检查，一是看相关的指示灯是否闪亮，以检查接触情况，闪亮说明接触良好；二是看指示灯闪亮的顺序是否正确，以检查接线的顺序是否正确。直通线指示灯的顺序为 1、2、3、4（4 个指示灯），若是 8 个指示灯（按编号）应一一对应闪亮。在以太网中，只要 1、2、3、6 这四根线的指示灯能正常按序闪亮，则此双绞线就能正常工作，否则，这根双绞线就不能正常使用。

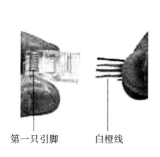
第一只引脚　白橙线

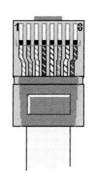

图 1-20　RJ-45 接头与线对应图　　图 1-21　制作完的 RJ-45 接头　　图 1-22　测线器

> 注意　集线器跟集线器之间的连线，即交叉线略有不同，只需在线上加以对调，对照图 1-18，保证一端传送，一端接收即可，此处不作详细介绍。

1.2　网络体系结构和通信协议

1.2.1　网络体系结构

1. 计算机网络体系结构的形成

计算机网络是由多种计算机和各类终端通过通信线路连接起来的复合系统。在这个系统中，由于计算机型号不一，终端类型各异，加之线路类型、连接方式、同步方式、通信方式的不同，给网络中各节点的通信带来许多不便。由于在不同计算机系统之间，真正以协同方式进行通信的任务是十分复杂的。为了设计这样复杂的计算机网络，早在最初的 ARPANET 设计时即提出了分层的方法。"分层"可将庞大而复杂的问题，转化为若干较小的局部问题，而这些较小的局部问题总是比较易于研究和处理。

1974 年，美国的 IBM 公司宣布了它研制的系统网络体系结构（System Network Architecture，SNA）。为了使不同体系结构的计算机网络都能互联，国际标准化组织（ISO）于 1977 年成立了一个专门的机构来研究该问题。不久，他们就提出一个试图使各种计算机在世界范围内互连成网的标准框架，即著名的开放系统互连基本参考模型（Open Systems Interconnection Reference Model，OSI/RM），简称为 OSI。

OSI 开放系统互连参考模型将整个网络的通信功能划分成七个层次，每个层次完成不同的功能。这七层由低层至高层分别是物理层、数据链路层、网络层、传输层、会话层、表示层和应用层。OSI 参考模型如图 1-23 所示。

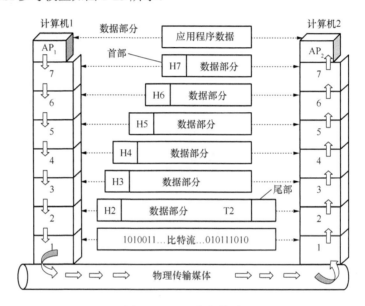

图 1-23   OSI 参考模型

OSI 采用这种层次结构可以带来很多好处，优点有如下五个。

（1）各层之间是独立的。某一层并不需要知道它的下一层是如何实现的，而仅仅需要知道该层间的接口（即界面）所提供的服务。由于每一层只实现一种相对独立的功能，因而可将一个难以处理的复杂问题分解为若干个较容易处理的更小一些的问题。这样，整个问题的复杂程度就下降了。

（2）灵活性好。当任何一层发生变化时（如技术的变化），只要层间接口关系保持不变，则在这层以上或以下各层均不受影响。

（3）结构上可分割开。各层都可以采用最合适的技术来实现。

（4）易于实现和维护。这种结构使得实现和调试一个庞大而又复杂的系统变得易于处理，因为整个系统已被分解为若干个相对独立的子系统。

（5）能促进标准化工作。因为每一层的功能及其所提供的服务都已有了精确的说明。

2. OSI 参考模型

因为这部分内容和下面的 "TCP/IP 模型" 在 "计算机网络基础与应用" 课程中已经系统地学习过，所以此处只做简单回顾，以便学习后续章节。

（1）物理层。物理层传输数据的单位是比特。物理层不是指连接计算机的具体的物理设备或具体的传输媒体是什么，因为它们的种类非常多，物理层的作用是尽可能地屏蔽这些差异，对它的高层即数据链路层提供统一的服务。所以物理层主要关心的是在连接各种计算机的传输媒体上传输数据的比特流。为了达到这个目的，物理层在设计时涉及的主要问题有以下几个方面。

用多大的电压代表 1 或 0，以及当发送端发出比特 1 时，在接收端如何识别出这是比特 1 而不是比特 0；确定连接电缆材质、引线的数目及定义、电缆接头的几何尺寸、锁紧装置等；指出一个比特信息占用多长时间；采用什么样的传输方式；初始连接如何建立；当双方结束通信如何拆除连接。

综上所述，物理层提供为建立、维护和拆除物理链路所需要的机械的、电气的、功能的和规程的特性。

（2）数据链路层。数据链路层传输数据的单位是帧，数据帧的帧格式中包括的信息有，地址信息部分、控制信息部分、数据部分、校验信息部分。数据链路层的主要作用是通过数据链路层协议（即链路控制规程），在不太可靠的物理链路上实现可靠的数据传输。

数据链路层把一条有可能出差错的实际链路，转变成为让网络层向下看起来好像是一条不出差错的链路。为了完成这一任务，数据链路层还要解决如下一些主要问题。

代码透明性的问题。由于物理层只是接收和发送一串比特流信息而不管其是什么含义。

流量控制的问题。在数据链路层还要控制发送方的发送速率必须使接收方来得及接收。当接收方来不及接收时，就必须及时地控制发送方的发送速率，即在数据链路层要解决流量控制的问题。

（3）网络层。网络层传送的数据单位是报文分组或包。在计算机网络中进行通信的两个计算机之间可能要经过许多节点和链路，也可能还要经过好几个路由器所连接的通信子网。网络层的任务就是要选择最佳的路径，使发送站的传输层所传下来的报文能够正确无误地按照目的地址找到目的站，并交付给目的站的传输层。这就是网络层的路由选择功能。路由选择的好坏在很大程度上决定了网络的性能，如网络吞吐量（在一个特定的时间内成功发送数据包的数量）、平均延迟时间、资源的有效利用率等。

路由选择是广域网和网际网中非常重要的问题，局域网则比较简单，甚至可以不需要路由选择功能。路由选择的定义是根据一定的原则和算法在传输通路上选出一条通向目的节点的最佳路径，一个好的路由选择应有以下特点。

1）信息传送所用时间最短；

2）使网络负载均衡；

3）通信量均匀。

路由选择算法应简单易实现，不致因拓扑结构的变化，影响报文正常到达目的节点。

这里要强调指出，网络层中的 "网络" 二字，已不是通常谈到的网络的概念，而是在计算机网络体系结构模型中的专用名词。

另外在网络层还要解决拥塞控制问题。在计算机网络中的链路容量、交换节点中的缓冲区和处理机等，都是网络资源。在某段时间，若对网络中某一资源的需求超过了该资源所能提供的可用部分，网络的性能就要变坏。这种情况叫拥塞。网络层也要避免这种现象的出现。

通常 Internet 所采用的 TCP/IP 协议中的 IP（网际协议）协议就是属于网络层。而登录 Novell 服务器所必须使用的 IPX/SPX 协议中的 IPX（Internet 分组交换协议）协议也是属于网络层。

（4）传输层。OSI（开放式系统互连）所定义的传输层正好是七层的中间一层，是通信子网（下面三层）和资源子网（上面三层）的分界线，它屏蔽通信子网的不同，使高层用户感觉不到通信子网的存在。它完成资源子网中两节点的直接逻辑通信，实现通信子网中端到端的透明传输。传输层信息的传送单位是报文。传输层的基本功能是从会话层接收数据报文，并且在当所发送的报文较长时，在传输层先要把它分割成若干个报文分组，然后再交给它的下一层（即网络层）进行传输。另外，这一层还负责报文错误的确认和恢复，以确保信息的可靠传递。

传输层在高层用户请求建立一条传输的虚拟连接时，通过网络层在通信子网中建立一条独立的网络连接，但如果高层用户要求比较高的吞吐量时，传输层也可以同时建立多条网络连接来维持一条传输连接请求，这种技术叫"分流技术"。有时为了节省费用，对速度要求不是很高的高层用户请求，传输层也可以将多个传输通信合用一条通信子网的网络连接，这种技术叫"复用技术"。传输层除了有以上功能和作用外，它还要处理端到端的差错控制和流量控制的问题。

Internet 所采用的 TCP/IP 协议中的 TCP（传输控制协议）协议就是属于传输层。而登录 Novell 服务器所必须使用的 IPX/SPX 协议中的 SPX（顺序分组交换协议）协议也是属于传输层。

（5）会话层。如果不看表示层，在 OSI 开放式系统互连的会话层就是用户和网络的接口，这是进程到进程之间的层次。会话层允许不同机器上的用户建立会话关系，目的是完成正常的数据交换，并提供了对某些应用的增强服务会话，也可被用于远程登录到分时系统或在两个机器间传递文件。会话层对高层提供的服务主要是"管理会话"。一般，两个用户要进行会话，首先双方都必须接受对方，以保证双方有权参加会话；其次是会话双方要确定通信方式，即会话允许信息同时双向传输或在任意时刻仅能单向传输，若是后者，会话层将记录此刻由哪一个用户进程来发送数据，为了保证单向传输的正确性，即在某一个时刻仅能一方发送，会话层提供了令牌管理，令牌可以在双方之间交换，只有持有令牌的一方才可以执行发送报文这样的操作。对于双向传输的通信方式，会话层提供另一种服务叫"同步服务"。综上所述，会话层的主要功能归结为，允许在不同主机上的各种进程间进行会话。

（6）表示层。在计算机与计算机的用户之间进行数据交换时，并非是随机的交换数据比特流，而是交换一些有具体意义的数据信息，这些数据信息有一定的表示格式，例如，表示人名用字符型数据，表示货币数量用浮点型数据等。那么不同的计算机可能采用不同的编码方法来表示这些数据类型和数据结构，为让采用不同编码方法的计算机能够进行交互通信，能相互理解所交换数据的值，可以采用抽象的标准法来定义数据结构，并采用标准的编码形式。表示层管理这些抽象数据结构，并且在计算机内部表示和网络的标准表示法之间进行转换，也即表示层关心的是数据传送的语义和语法两个方面的内容。但其仅完成语法的处理，而语义的处理是由应用层来完成的。

表示层的另一功能是数据的加密和解密，为了防止数据在通信子网中传输时被敌意地窃听和篡改，发送方的表示层将要传送的报文进行加密后再传输，接收方的表示层在收到密文后，对其进行解密，把解密后还原成的原始报文传送给应用层。表示层所提供的功能还有文本的压缩功能，文本压缩的目的是为了把文本非常大的数据量利用压缩技术使其数据量尽可能地减小，以满足一般通信带宽的要求，提高线路利用率，从而节省经费。综上所述，表示层是为上层提供共同需要数据或信息语法的表示变换。

（7）应用层。应用层是 OSI 网络协议体系结构的最高层，是计算机网络与终端用户的界面，为网络用户之间的通信提供专用的程序。OSI 的七层协议从功能划分来看，下面六层主要解决支持网络服务功能所需要的通信和表示问题，应用层则提供完成特定网络功能服务所需要的各种应用协议。应用层主要解决的一个问题是虚拟终端的问题。世界上有上百种互不兼容的终端，要把它们组装成网络，即让一个厂家的主机与另一个厂家的终端通信，就不得不在主机方设计一个专用的软件包，以实现异种机、终端的连接。如果一个网络中有 N 种不同类型的终端和 M 种不同类型的主机，为实现它们之间的交互通信，要求每一台主机都得为每一种终端设计一个专用的软件包，最坏情况下，需要配置 $M \times N$ 个专用的软件包，显然这种方法实现起来很困难，为此，可采用建立一个统一的终端协议方法，使所有不同类型的终端都能通过这种终端协议与网络主机互联。这种终端协议就称为虚拟终端协议。

应用层的另一个功能是文件传输协议 FTP。计算机网络中各计算机都有自己的文件管理系统，由于各台机器的字长、字符集、编码等存在着差异，文件的组织和数据表示又因机器而各不相同，这就给数据、文件在计算机之间的传输带来不便，有必要在全网范围内建立一个公用的文件传输规则，即文件传输协议。应用层还有电子邮件的功能，电子邮件系统是用电子方式代替邮局进行传递信件的系统。信件泛指文字、数字、语音、图形等各种信息，利用电子手段将其由一处传递至另一处或多处。

3. TCP/IP 参考模型

OSI 参考模型研究的初衷是希望为网络体系结构与协议的发展提供一种国际标准，但由于 Internet 在全世界的飞速发展，使得 TCP/IP 协议得到了广泛的应用，虽然 TCP/IP 不是 ISO 标准，但广泛的使用也使 TCP/IP 成为一种"实际上的标准"，并形成了 TCP/IP 参考模型。不过，ISO 的 OSI 参考模型的制定，也参考了 TCP/IP 协议集及其分层体系结构的思想。而 TCP/IP 在不断发展的过程中也吸收了 OSI 标准中的概念及特征。

TCP/IP 体系共分成四个层次。它们分别是网络接口层、网络层、传输层和应用层。如图 1-24 所示，为 TCP/IP 参考模型。

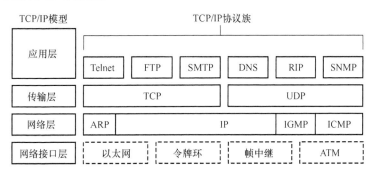

图 1-24 TCP/IP 参考模型

（1）网络接口层。网络接口层与 OSI 参考模型的数据链路层和物理层相对应，它不是 TCP/IP 协议的一部分，但它是 TCP/IP 赖以存在的与各种通信网之间的接口，所以，TCP/IP 对网络接口层并没有给出具体的规定。

（2）网络层。网络层有四个主要的协议，网际协议 IP、Internet 控制报文协议 ICMP、地址解析协议 APR 和反向地址解析协议 RARP。网络层的主要功能是使主机可以把分组发往任何网络并使分组独立地传向目标（可能经由不同的网络）。这些分组到达的顺序和发送的顺序可能不同，因此如果需要按顺序发送和接收时，高层必须对分组排序。这就像一个人邮寄一封信，不管他准备邮寄到哪个国家，他仅需要把信投入邮箱，这封信最终会到达目的地。这封信可能会经过很多的国家，每个国家可能有不同的邮件投递规则，但这对用户是透明的，用户不必知道这些投递规则。另外，网络层的网际协议 IP 的基本功能是，无连接的数据报传送和数据报的路由选择，即 IP 协议提供主机间不可靠的、无连接数据报传送。Internet 控制报文协议 ICMP 提供的服务有，测试目的地的可达性和状态、报文不可达的目的地、数据报的流量控制、路由器路由改变请求等。地址转换协议 ARP 的任务是查找与给定 IP 地址相对应主机的网络物理地址。反向地址转换协议 RARP 主要解决物理网络地址到 IP 地址的转换。

（3）传输层。TCP/IP 的传输层提供了两个主要的协议，即传输控制协议 TCP 和用户数据报协议 UDP，它的功能是使源主机和目的主机的对等实体之间可以进行会话。其中 TCP 是面向连接的协议。所谓连接，就是两个对等实体为进行数据通信而进行的一种结合。面向连接服务是在数据交换之前，必须先建立连接。当数据交换结束后，则应终止这个连接。面向连接服务具有连接建立、数据传输和连接释放这三个阶段。在传送数据时是按序传送的。用户数据报协议是无连接的服务。在无连接服务的情况下，两个实体之间的通信不需要先建立好一个连接，因此其下层的有关资源不需要事先进行预定保留。这些资源将在数据传输时动态地进行分配。无连接服务的另一特征就是它不需要通信的两个实体同时是活跃的（即处于激活态）。当发送端的实体正在进行发送时，它才必须是活跃的。无连接服务的优点是灵活方便和比较迅速，但不能防止报文的丢失、重复或失序，因此特别适合于传送少量零星的报文。

（4）应用层。在 TCP/IP 体系结构中并没有 OSI 的会话层和表示层，TCP/IP 把它都归结到应用层（见表 1-4）。所以，应用层包含所有的高层协议，如远程登录协议（Telnet）、文件传输协议（FTP）、简单邮件传输协议（SMTP）和域名服务（DNS）等。

表 1-4　　　　　　　OSI 参考模型与 TCP/IP 参考模型结构比较

OSI 参考模型	TCP/IP 参考模型
应用层	应用层
表示层	
会话层	
传输层	传输层
网络层	网络层
数据链路层	网络接口层
物理层	

4. OSI 和 TCP/IP 比较

（1）OSI 和 TCP/IP 有着许多的共同点。

1）采用了协议分层方法，将庞大且复杂的问题划分为若干个较容易处理的范围较小的问题。

2）各协议层次的功能大体上相似，都存在网络层、传输层和应用层。两者都可以解决异构网的互联，实现世界上不同厂家生产的计算机之间的通信。

3）都是计算机通信的国际性标准，虽然 OSI 是国际通用的，但 TCP/IP 是当前工业界使用最多的。

4）都能够提供面向连接和无连接两种通信服务机制。

5）都基于一种协议集的概念，协议集是一簇完成特定功能的相互独立的协议。

（2）OSI 和 TCP/IP 的差异。

1）模型设计的差别。OSI 参考模型是在具体协议制定之前设计的，对具体协议的制定进行约束。因此，造成在模型设计时考虑不全面，有时不能完全指导协议某些功能的实现，从而反过来导致对模型的修补。例如，数据链路层最初只用来处理点到点的通信网络，当广播网出现后，存在一点对多点的问题，OSI 不得不在模型中插入新的子层来处理这种通信模式。当人们开始使用 OSI 模型及其协议集建立实际网络时，才发现它们与需求的服务规范存在不匹配，最终只能用增加子层的方法来掩饰其缺陷。TCP/IP 正好相反。协议在先，模型在后。模型实际上只不过是对已有协议的抽象描述。TCP/IP 不存在与协议的匹配问题。

2）层数和层间调用关系不同。OSI 协议分为七层，而 TCP/IP 协议只有四层，除网络层、传输层和应用层外，其他各层都不相同，其结构比较如表 1-4 所示。另外，TCP/IP 虽然也分层次，但层次之间的调用关系不像 OSI 那么严格。在 OSI 中，两个实体通信必须涉及下一层实体，下层向上层提供服务，上层通过接口调用下层的服务，层间不能有越级调用关系。OSI 这种严格分层确实是必要的。但是，严格按照分层模型编写的软件效率极低。为了克服以上缺点，提高效率，TCP/IP 协议在保持基本层次结构的前提下，允许越过紧挨着的下一级而直接使用更低层次提供的服务。

3）最初设计差别。TCP/IP 在设计之初就着重考虑不同网络之间的互联问题，并将网际协议 IP 作为一个单独的重要的层次。

OSI 最初只考虑到用一种标准的公用数据网将各种不同的系统互联在一起。后来，OSI 认识到了 Internet 协议的重要性，然而已经来不及像 TCP/IP 那样将 Internet 协议 IP 作为一个独立的层次，只好在网络层中划分出一个子层来完成类似 IP 的作用。

4）对可靠性的强调不同。OSI 认为数据传输的可靠性应该由点到点的数据链路层和端到端的传输层来共同保证，而 TCP/IP 分层思想认为，可靠性是端到端的问题，应该由传输层解决。因此，它允许单个的链路或机器丢失或损坏数据，网络本身不进行数据恢复。对丢失或被损坏数据的恢复是在源节点设备与目的节点设备之间进行的。在 TCP/IP 网络中，可靠性的工作是由主机完成。

5）标准的效率和性能上存在差别。由于 OSI 是作为国际标准由多个国家共同努力而制定的，不得不照顾到各个国家的利益，有时不得不走一些折中路线，造成标准大而全，效率却低（OSI 的各项标准已超过 200 多）。

TCP/IP 参考模型并不是作为国际标准开发的，它只是一种对已有标准的概念性描述。

所以，它的设计目的单一，影响因素少，不存在照顾和折中，结果是协议简单高效，可操作性强。

6）市场应用和支持上不同。OSI 参考模型制定之初，人们普遍希望网络标准化，对 OSI 寄予厚望，然而，OSI 迟迟无成熟产品推出，妨碍了第三方厂家开发相应的软、硬件，进而影响了 OSI 的市场占有率和未来发展。另外，在 OSI 出台之前 TCP/IP 就代表着市场主流，OSI 出台后很长时间不具有可操作性，因此，在信息爆炸、网络迅速发展的近 10 多年里，性能差异、市场需求的优势客观上促使众多的用户选择了 TCP/IP，并使其成为"既成事实"的国际标准。

1.2.2　局域网中常用的三种通信协议

在学习局域网中常用的三种通信协议之前，先简单了解一下跟协议相关的基本知识。

1. 协议的基本概念

计算机网络是各类计算机通过通信线路连接起来的一个复杂的系统，在这个系统中，由于计算机型号不一、类型各异，并且连接方式、同步方式、通信方式、线路类型等都有可能不一样，这就给网络通信带来了一定的困难。要做到各设备之间有条不紊地交换数据，所有设备必须遵守共同的规则，这些规则明确地规定了数据交换时的格式和时序。这些为进行网络中数据交换而建立的规则、标准或约定称为网络协议（Protocol）。协议是交互双方为传送数据而建立的规则或约定，它包括以下几个要素。

（1）语法是指数据与控制信息的结构和格式；

（2）语义表明需要发出何种控制信息，以及完成的动作和做出的响应；

（3）时序是对事件实现顺序的详细说明。

计算机网络中不同的工作站，服务器之间能传输数据，源于协议的存在。随着网络的发展，不同的开发商开发了不同的通信方式。为了使通信成功可靠，网络中的所有主机都必须使用同一语言，不能带有方言。因而必须开发严格的标准定义主机之间的每个包中每个字中的每一位。这些标准来自于多个组织的努力，约定好通用的通信方式，即协议。这些都使通信更容易。

2. 局域网中常见的三个协议

虽然已经开发了许多协议，但是只有少数被保留了下来。那些协议的淘汰有多种原因，如设计不好、实现不好或缺乏支持等。而保留下来的协议经历了时间的考验并成为有效的通信方法。当今局域网中最常见的三个协议是 Microsoft 的 NetBEUI、Novell 的 IPX/SPX 和交叉平台 TCP/IP。

（1）NetBEUI 协议。用户扩展接口（NetBIOS Extended User Interface，NetBEUI）由 IBM 于 1985 年开发完成，它是一种体积小、效率高、速度快的通信协议。NetBEUI 也是微软最钟爱的一种通信协议，所以它被称为微软所有产品中通信协议的"母语"。微软在其早期产品，如 DOS、LAN Manager、Windows 3.x 和 Windows for Workgroup 中主要选择 NetBEUI 作为自己的通信协议。曾经在微软的主流产品，如 Windows 95/98 和 Windows NT 中，NetBEUI 已成为其固有的默认协议。NetBEUI 是为 IBM 开发的非路由协议，用于携带 NetBIOS 通信。NetBEUI 缺乏路由和网络层寻址功能，这既是其最大的优点，也是其最大的缺点。因为它不需要附加的网络地址和网络层头尾，所以很快并很有效且适用于只有单个网络或整个环境都桥接起来的小工作组环境。

因为不支持路由，所以 NetBEUI 永远不会成为企业网络的主要协议。NetBEUI 帧中唯一的地址是数据链路层媒体访问控制（MAC）地址，该地址标识了网卡但没有标识网络。路由器靠网络地址将帧转发到最终目的地，而 NetBEUI 帧完全缺乏该信息。

网桥负责按照数据链路层地址在网络之间转发通信，但是有很多缺点。因为所有的广播通信都必须转发到每个网络中，所以网桥的扩展性不好。NetBEUI 特别包括了广播通信的记数并依赖它解决命名冲突。一般而言，桥接 NetBEUI 网络很少超过 100 台主机。

近年来依赖于第二层交换器的网络变得更为普遍。完全的转换环境降低了网络的利用率，尽管广播仍然转发到网络中的每台主机。事实上，联合使用 100BASE-T Ethernet，允许转换 NetBIOS 网络扩展到 350 台主机，才能避免广播通信成为严重的问题。

（2）TCP/IP。TCP/IP（Transmission Control Protocol/Internet Protocol，传输控制协议/网际协议）是目前最常用到的一种通信协议，它是计算机世界里的一个通用协议。在局域网中，TCP/IP 最早出现在 Unix 系统中，现在几乎所有的厂商和操作系统都开始支持它。同时，TCP/IP 也是 Internet 的基础协议。

1）TCP/IP 通信协议的特点。TCP/IP 具有很高的灵活性，支持任意规模的网络，几乎可连接所有的服务器和工作站。但其灵活性也为它的使用带来了许多不便，在使用 NetBEUI 和 IPX/SPX 及其兼容协议时都不需要进行配置，而 TCP/IP 协议在使用时首先要进行复杂的设置。每个节点至少需要一个"IP 地址"、一个"子网掩码"、一个"默认网关"和一个"主机名"。如此复杂的设置，对于一些初识网络的用户来说的确带来了不便。不过，在 Windows NT 中提供了一个称为动态主机配置协议（DHCP）的工具，它可自动为客户机分配连入网络时所需的信息，减轻了联网工作上的负担，并避免了出错。当然，DHCP 所拥有的功能必须要有 DHCP 服务器才能实现。

同 IPX/SPX 及其兼容协议一样，TCP/IP 也是一种可路由的协议。但是，两者存在着一些差别。TCP/IP 的地址是分级的，这使得它很容易确定并找到网上的用户，同时也提高了网络带宽的利用率。当需要时，运行 TCP/IP 协议的服务器（如 Windows NT 服务器）还可以被配置成 TCP/IP 路由器。与 TCP/IP 不同的是，IPX/SPX 协议中的 IPX 使用的是一种广播协议，它经常出现广播包堵塞，所以无法获得最佳的网络带宽。

Windows 95/98 中的 TCP/IP 协议。Windows 95/98 的用户不但可以使用 TCP/IP 组建对等网，而且可以方便地接入其他的服务器。值得注意的是，如果 Windows 95/98 工作站只安装了 TCP/IP 协议，它是不能直接加入 Windows NT 域的。虽然该工作站可通过运行在 Windows NT 服务器上的代理服务器（如 Proxy Server）来访问 Internet，但却不能通过它登录 Windows NT 服务器的域。如果要让只安装 TCP/IP 协议的 Windows 95/98 用户加入到 Windows NT 域，还必须在 Windows 95/98 上安装 NetBEUI 协议。

2）TCP/IP 协议在局域网中的配置。在提到 TCP/IP 协议时，有许多用户便被其复杂的描述和配置所困扰，而不敢放心地去使用。其实就局域网用户来说，只要你掌握了一些有关 TCP/IP 方面的知识，使用起来也非常方便。

IP 地址基础知识。后面在谈到 IPX/SPX 协议时就会知道，IPX 的地址由"网络 ID"（Network ID）和"节点 ID"（Node ID）两部分组成，IPX/SPX 协议是靠 IPX 地址来进行网上用户识别的。同样，TCP/IP 协议也是靠自己的 IP 地址来识别在网上的位置和身份的，IP 地址同样由

"网络 ID"和"节点 ID"（或称 HOST ID，主机地址）两部分组成。一个完整的 IP 地址用 32 位（bit）二进制数组成，每 8 位（1 个字节）为一个段（Segment），共 4 段（Segment1～Segment4），段与段之间用"."号隔开。为了便于应用，IP 地址在实际使用时并不直接用二进制，而是用大家熟悉的十进制数表示，如 192.168.0.1 等。IP 地址的完整组成，"网络 ID"和"节点 ID"都包含在 32 位二进制数中。目前，IP 地址主要分为 A、B、C 三类（除此之外，还存在 D 和 E 两类地址，现在局域网中这两类地址基本不用，故本文暂且不涉及），A 类用于大型网络，B 类用于中型网络，C 类一般用于局域网等小型网络中。其中，A 类地址中的最前面一段 Segment1 用来表示"网络 ID"，且 Segment1 的 8 位二进制数中的第一位必须是"0"，其余 3 段表示"节点 ID"；B 类地址中，前两段用来表示"网络 ID"，且 Segment1 的 8 位二进制数中的前二位必须是"10"，后两段用来表示"节点 ID"；在 C 类地址中，前三段表示"网络 ID"，且 Segment1 的 8 位二进制数中的前三位必须是"110"，最后一段 Segment4 用来表示"节点 ID"。

值得一提的是，IP 地址中的所有"网络 ID"都要向一个名为互联网络信息中心（Internet Network Information Center，InterNIC）申请，而"节点 ID"可以自由分配。目前可供使用的 IP 地址只有 C 类，A 类和 B 类的资源均已用尽。不过在选用 IP 地址时，总的原则是，网络中每个设备的 IP 地址必须唯一，在不同的设备上不允许出现相同的 IP 地址。其实，将 IP 地址进行分类，主要是为了满足网络的互联。如果你的网络是一个封闭式的网络，只要在保证每个设备的 IP 地址唯一的前提下，三类地址中的任意一个都可以直接使用（为以防万一，还是使用 C 类 IP 地址为好）。

子网掩码。对 IP 地址的解释称之为子网掩码。从名称可以看出，子网掩码是用于对子网的管理，主要是在多网段环境中对 IP 地址中的"网络 ID"进行扩展。例如，某个节点的 IP 地址为 192.168.0.1，它是一个 C 类网。其中前面三段共 24 位用来表示"网络 ID"，是非常珍贵的资源；而最后一段共 8 位可以作为"节点 ID"自由分配。但是，如果公司的局域网是分段管理的，或者该网络是由多个局域网互联而成，是否要给每个网段或每个局域网都申请分配一个"网络 ID"呢？这显然是不合理的。此时，可以使用子网掩码的功能，将其中一个或几个节点的 IP 地址全部充当成"网络 ID"来使用，用来扩展"网络 ID"不足的困难。

（3）IPX/SPX。IPX/SPX（Internet work Packet exchange/Sequences Packet exchange，网际包交换/顺序包交换）是 Novell 公司的通信协议集。与 NetBEUI 的明显区别是，IPX/SPX 显得比较庞大，在复杂环境下具有很强的适应性。因为，IPX/SPX 在开始设计时就考虑了多网段的问题，具有强大的路由功能，适合于大型网络的使用。当用户端接入 NetWare 服务器时，IPX/SPX 及其兼容协议是最好的选择。但在非 Novell 网络环境中，一般不使用 IPX/SPX。

IPX/SPX 协议的工作方式。IPX/SPX 及其兼容协议不需要任何配置，它可通过"网络地址"来识别自己的身份。Novell 网络中的网络地址由两部分组成，标明物理网段的"网络 ID"和标明特殊设备的"节点 ID"。其中"网络 ID"集中在 NetWare 服务器或路由器中，"节点 ID"即为每个网卡的 ID 号（网卡卡号）。所有的"网络 ID"和"节点 ID"都是一个独一无二的"内部 IPX 地址"。正是由于网络地址的唯一性，才使 IPX/SPX 具有较强的路由功能。

在 IPX/SPX 协议中，IPX 是 NetWare 最底层的协议，它只负责数据在网络中的移动，并不保证数据是否传输成功，也不提供纠错服务。IPX 在负责数据传送时，如果接收节点在同一网段内，就直接按该节点的 ID 将数据传给它；如果接收节点是远程的（不在同一网段内，或位于不同的局域网中），数据将交给 NetWare 服务器或路由器中的网络 ID，继续数据的下一步传输。SPX 在整个协议中负责对所传输的数据进行无差错处理，所以将 IPX/SPX 也叫做"Novell 的协议集"。

IPX/SPX 协议本来就是 Novell 开发的专用于 NetWare 网络中的协议，但是现在也经常用——大部分可以联机的游戏都支持 IPX/SPX 协议，如星际争霸，反恐精英等。虽然这些游戏通过 TCP/IP 协议也能联机，但显然还是通过 IPX/SPX 协议更省事，因为根本不需要任何设置。除此之外，IPX/SPX 协议在局域网络中的用途似乎并不是很大，如果确定不在局域网中联机玩游戏，那么这个协议可有可无。

1.2.3　网络测试常用命令简介

有时上网可能会遇到这样一种情形，访问某一个网站时可能会花费好长时间，或者根本就无法访问需要的网站，这样许多宝贵的时间就消耗在等待上了。那到底有没有办法节省花在等待上的时间，最大限度地来提高上网的效率呢？答案当然是肯定的。之所以访问一个网站需要等待好长时间，那是因为用户的计算机与要访问的网站之间的线路可能出现了信息堵塞的不稳定情况甚至出现了故障，如果能事先知道线路的质量不太好的话，就可以做到有的放矢，回避这一不稳定的情况，等到线路状态完好后再去访问需要的网站。现在就介绍几个常用网络测试命令，了解和掌握它们将会有助于大家更好地使用和维护网络。

1．ping 命令

该命令主要是用来检查路由是否能够到达，由于该命令的包长非常小，所以在网上传递的速度非常快，可以快速地检测你要去的站点是否可达，一般你在去某一站点时可以先运行一下该命令看该站点是否可达。如果执行 ping 不成功，则可以预测故障出现在以下几个方面：网线是否连通，网络适配器配置是否正确，IP 地址是否可用等；如果执行 ping 成功而网络仍无法使用，那么问题很可能出现在网络系统的软件配置方面，ping 成功只能保证当前主机与目的主机间存在一条连通的物理路径。它的使用格式是在命令提示符下输入，ping IP 地址或主机名，执行结果显示响应时间，重复执行这个命令，你可以发现 ping 报告的响应时间是不同的。具体的 ping 命令后还可跟好多参数，只要输入"ping"后按"Enter"键其中会有很详细的说明。

（1）主要功能。用来测试一帧数据从一台主机传输到另一台主机所需的时间，从而判断出响应时间。

（2）ping 命令的格式。

ping 目的地址[参数 1][参数 2]……

其中目的地址是指被测试计算机的 IP 地址或域名。ping 工具主要包括以下参数。

A：解析主机地址。

N：数据，发出的测试包的个数，缺省值为 4。

L：数值，所发送缓冲区的大小。

T：继续执行 ping 命令，直到用户按组合键"Ctrl＋C"终止。

有关 ping 的其他参数，可通过在 MS-DOS 提示符下运行"ping"或"ping/？"命令来查看。

（3）使用 ping 程序来验证计算机的配置和测试路由连接的一般步骤。

1）ping 回环地址以验证 TCP/IP 已经安装且正确装入。

命令：`ping 127.0.0.1`

2）ping 工作站的 IP 地址以验证工作站是否正确加入，并检验 IP 地址是否冲突。

命令：`ping 工作站 IP 地址`

3）ping 默认网关的 IP 地址，以验证默认网关打开且在运行，验证你是否可以与本地网络通信。

命令：`ping 默认网关 IP 地址`

4）ping 远程网络上主机的 IP 地址以验证能通过路由器进行通信。

命令：`ping 远程主机的 IP 地址`

若直接运行第 4 步并获成功，则步骤 1~3 默认都成功。在配置 TCP/IP 的示例完成后，就可以进行 TCP/IP 的测试了，看上面列举的配置 TCP/IP 的示例是否成功。

（4）应用实例。下面就对 ping www.bjjgx.org.cn 后屏幕出现的信息逐条进行解释。

1）ping www.bjjgx.org.cn [210.77.155.200] with 32 bytes of data。正在将 32B 数据（Windows 默认，但可改变）发送到远程服务器 www.bjjgx.org.cn，一旁的数字 210.77.155.200 就是该服务器的 IP 地址，所以有时也可用来实现域名与 IP 地址的转换功能。

2）Reply from 210.77.155.200:bytes＝32 time＝126ms TTL＝244。本地主机已收到回送信息，具体为 32B，共用 126ms，TTL 为 244。TTL（Time to Live）是存在时间值，你可以通过 TTL 值推算一下数据包已经通过了多少个路由器。

源地点 TTL 起始值（就是比返回 TTL 略大的一个 2 的乘方数，如 128、256 等）－返回时 TTL 值。

例如，返回 TTL 值为 119，那么可以推算数据包离开源地址的 TTL 起始值为 128，而源地点到目标地点要通过 9 个路由器网段（128-119），如果返回 TTL 值为 244，TTL 起始值就是 256，源地点到目标地点要通过 11 个路由器网段。

3）request timed out。回收信息时间超时，说明此时网络繁忙，可以稍后再试。

4）ping statistics for 210.77.155.200:

Packets:Sent＝4，Received＝2，lost＝2（50%）

Approximate round trip times in milli-seconds

Minimum＝177ms，Maximum＝182ms，Average＝89ms

对照解释如下，

ping 210.77.155.200 的信息如下。

数据包个数：发送 4 个数据包（系统缺省设置，每次 ping 时向服务器端发送 4 个数据包），共回收到 2 个，共丢失 2 个，占总的 50%。

发送时间总的概括：最快回收时间为 177ms，最慢回收时间为 182ms，平均为 89ms。

2．Ipconfig 命令

利用 Ipconfig 工具可以查看和修改网络中的 TCP/IP 协议的有关配置，如 IP 地址、网关、子网掩码等。Ipconfig 是以 DOS 的字符形式显示。

（1）主要功能。用于显示用户所在主机内部的 IP 协议的配置信息。

（2）Ipconfig 命令格式和应用。Ipconfig 可运行在 Windows 98/XP 的 DOS 提示符下，其命令格式为，

```
Ipconfig    [参数 1][参数 2]……
```

其中两个最实用的参数为，

all：显示与 TCP/IP 协议相关的所有细节，其中包括主机名、节点类型、是否启用 IP 路由、网卡的物理地址、默认网关等。

Batch［文本文件名］：将测试的结果存入指定的文本文件中，以便于逐项查看。

其他参数可在 DOS 提示符下输入"Ipconfig/？"命令来查看。

3．Netstat 命令

Netstat 程序有助于了解网络的整体使用情况。它可以显示当前正在活动的网络连接的详细信息，如显示网络连接、路由表和网络接口信息，可以让用户得知目前总共有哪些网络连接正在运行。可以使用 Netstat/？命令来查看一下该命令的使用格式及详细的参数说明，该命令的使用格式是在 DOS 命令提示符下或者直接在运行对话框中输入如下命令：Netstat［参数］，利用该程序提供的参数功能，可以了解该命令的其他功能信息，如显示以太网的统计信息，显示所有协议的使用状态，这些协议包括 TCP 协议、UDP 协议及 IP 协议等，另外还可以选择特定的协议并查看其具体使用信息，还能显示所有主机的端口号及当前主机的详细路由信息。

（1）主要功能。该命令可以使用户了解到自己的主机是怎样与 Internet 相连接的。

（2）Netstat 工具的命令格式。

```
Netstat   [－参数 1 ] [－参数 2]
```

其中主要参数有，

A：显示所有与该主机建立连接的端口信息。

E：显示以太网的统计信息，该参数一般与 S 参数共同使用。

N：以数字格式显示地址和端口信息。

S：显示每个协议的统计情况。

其他参数，可在 DOS 提示符下输入"Netstat/？"命令来查看。另外，在 Windows 7 下还集成了一个名为 Nbtstat 的工具，此工具的功能与 Netstat 基本相同，例如，需要用户可通过输入"Nbtstat/?"来查看它的主要参数和使用方法。

4．tracert 命令

这个应用程序主要用来显示数据包到达目的主机所经过的路径。该命令的使用格式是在 DOS 命令提示符下或者直接在运行对话框中输入如下命令"tracert 主机 IP 地址或主机名"。执行结果返回数据包到达目的主机前所经历的中继站清单，并显示到达每个中继站的时间。该功能同 ping 命令类似，但它所看到的信息要比 ping 命令详细得多，它把使用者送出的到某一站点的请求包，所走的全部路由都显示出来，并且通过该路由的 IP 是多少，通过该 IP 的时延是多少全部列出。具体的 tracert 命令后还可跟好多参数，大家可以输入 tracert 后按"Enter"键，其中会有很详细的说明。

（1）主要功能。用于判定数据包到达目的主机所经过的路径、显示数据包经过的中继节点清单和到达时间。

（2）tracert 命令的格式。

```
tracert [-d] [-h maximum_hops] [-j host_list] [-w timeout]
```

参数介绍：

-d：解析目标主机的名字。

-h maximum_hops：指定搜索到目标地址的最大跳跃数。

-j host_list：按照主机列表中的地址释放源路由。

-w timeout：指定超时时间间隔，程序默认的时间单位是毫秒。

想要了解自己的计算机与目标主机之间详细的传输路径信息，可以使用 tracert 命令来检测一下。其具体操作步骤如下，在"运行"对话框中，直接输入"tracert www.chinayancheng.net"命令，接着按 Enter 键，就会看到一个界面；当然也可以在 MS-DOS 方式下，输入"tracert www.chinayancheng.net"命令，同样也能看到结果画面。在该画面中，可以很详细地跟踪连接到目标网站 www.chinayancheng.net 的路径信息，例如，中途经过多少次信息中转，每次经过一个中转站时花费了多长时间，通过这些时间，可以很方便地查出用户主机与目标网站之间的线路到底是在什么地方出了故障等情况。如果在 tracert 命令后面加上一些参数，还可以检测到其他更详细的信息，例如，使用参数-d，可以指定程序在跟踪主机的路径信息时，同时也解析目标主机的域名。

1.2.4 Wi-Fi 协议

1. Wi-Fi 简介

Wi-Fi 是一种可以将个人计算机、手持设备（如 PDA、手机）等终端以无线方式互相连接的技术。Wi-Fi 是一个无线网路通信技术的品牌，由 Wi-Fi 联盟（Wi-Fi Alliance）所持有。目的是改善基于 IEEE 802.11 标准的无线网路产品之间的互通性。现时一般人会把 Wi-Fi 及 IEEE 802.11 混为一谈。甚至把 Wi-Fi 等同于无线网际网路。

"Wi-Fi"这个词到底该怎么念？英语专家解释，"Wi-Fi"是由"wireless（无线电）"和"fidelity（保真度）"组成，根据英文标准韦伯斯特词典的读音注释，标准发音为['wai'fai]因为 Wi-Fi 这个单词是两个单词组成的，所以书写形式最好为 WI-FI，这样也就不存在所谓专家所说的读音问题。

Wi-Fi 原先是无线保真的缩写，Wi-Fi 英文全称为 wireless fidelity，在无线局域网的范畴是指"无线相容性认证"，实质上是一种商业认证，同时也是一种无线联网技术，以前通过网线连接电脑，而 2010 年则是通过无线电波来连网；常见的就是一个无线路由器，那么在这个无线路由器的电波覆盖的有效范围都可以采用 Wi-Fi 连接方式进行联网，如果无线路由器连接了一条 ADSL 线路或者别的上网线路，则又被称为"热点"。

Wi-Fi 上网可以简单地理解为无线上网，2010 年不少智能手机与多数平板电脑都支持 Wi-Fi 上网，Wi-Fi 全称 wireless fidelity，是当今使用最广的一种无线网络传输技术。实际上就是把有线网络信号转换成无线信号，就如在开头为大家介绍的一样，使用无线路由器供支持其技术的相关计算机，手机，平板等接收。手机如果有 Wi-Fi 功能的话，在有 Wi-Fi 无线信号的时候就可以不通过移动联通的网络上网，省掉了流量费。但是 Wi-Fi 信号也是由有线网提供的，如家里的 ADSL，小区宽带等，只要接一个无线路由器，就可以把有线信号转换成 Wi-Fi 信号。国外很多发达国家城市里到处覆盖着由政府或大公司提供的 Wi-Fi 信号供居民使用，我国 2010 年该技术还没得到推广。

所以 Wi-Fi 上网当前还是非常容易实现的，只要将家用传统的路由器换成无线路由器，简单设置即可实现 Wi-Fi 无线网络共享了，一般 Wi-Fi 信号接收半径约 95m，但会受墙壁等影响，实际距离会小一些，但在办公室完全可以使用，就是在整栋大楼中也可使用，因为距离不是很远。

Wi-Fi 无线上网 2010 年在大城市比较常用，虽然由 Wi-Fi 技术传输的无线通信质量不是很好，数据安全性能比蓝牙差一些，传输质量也有待改进，但传输速度非常快，可以达到 54Mb/s，符合个人和社会信息化的需求。Wi-Fi 最主要的优势在于不需要布线，可以不受布线条件的限制，因此非常适合移动办公用户的需要，并且由于发射信号功率低于 100MW，低于手机发射功率，所以 Wi-Fi 上网相对也是最安全健康的。

Wi-Fi 是 IEEE 定义的无线网技术，在 1999 年 IEEE 官方定义 802.11 标准的时候，IEEE 选择并认定了 CSIRO 发明的无线网技术是世界上最好的无线网技术，因此 CSIRO 的无线网技术标准，就成为了 2010 年 Wi-Fi 的核心技术标准。

Wi-Fi 技术由澳洲政府的研究机构 CSIRO 在 20 世纪 90 年代发明并于 1996 年在美国成功申请了无线网技术专利（US Patent Number 5，487，069）[3]。

发明人是悉尼大学工程系毕业生 Dr John O'Sullivan 领导的一群由悉尼大学工程系毕业生组成的研究小组。

一般架设无线网络的基本配备就是无线网卡及一台 AP，如此便能以无线的模式，配合既有的有线架构来分享网络资源，架设费用和复杂程度远低于传统的有线网络。

如果只是几台计算机的对等网，也可不要 AP，只需要每台计算机配备无线网卡。图 1-25 为有 AP 的无线网络示意图，图 1-26 是无限网卡及 AP 等网络设备。

图 1-25 无线网络示意图　　　　　　　　图 1-26 无线网络硬件设备

AP 为 AccessPoint 简称，一般翻译为"无线访问接入点"，或"桥接器"。它主要在媒体存取控制层 MAC 中扮演无线工作站及有线局域网络的桥梁。有了 AP，就像一般有线网络的 Hub 一般，无线工作站可以快速且轻易地与网络相连。特别是对于宽带的使用，Wi-Fi 更显优势，有线宽带网络（ADSL、小区 LAN 等）到户后，连接到一个 AP，然后在计算机中安装一块无线网卡即可。普通的家庭有一个 AP 已经足够，甚至用户的邻里得到授权后，则无需增加端口，也能以共享的方式上网。

2. Wi-Fi 相关协议

IEEE 802.11 Wi-Fi 协议摘要如表 1-5 所示。

表 1-5   IEEE 802.11Wi-Fi 协议摘要

协议	频率	信号	最大数据率
传统 802.11	2.4GHz	FHSS 或 DSSS	2Mb/s
802.11a	5GHz	OFDM	54Mb/s
802.11b	2.4GHz	HR-DSSS	11Mb/s
802.11g	2.4GHz	OFDM	54Mb/s
802.11n	2.4 或 5GHz	OFDM	600Mb/s（理论值）

（1）传统 802.11

1）1997 年发布；

2）两个原始数据传输率 1 和 2Mb/s；

3）跃频展布频谱（FHSS）或直接序列展布频谱（DSSS）；

4）非重叠信道工业、科学和医疗（ISM）频带频率为 2.4GHz；

5）最初定义的载波监听多路访问/冲突避免（CSMA-CA）；

6）支持当前使用的英特尔适配器 None。

（2）802.11a

1）于 1999 年发行；

2）各种调制类型的数据传输率：6、9、12、18、24、36、48 和 54Mb/s；

3）正交频分复用（OFDM）带 52 子载波频道；

4）–12 非重叠需要许可证的国家信息基础设施（UNII）频道 5GHz 频带；

5）支持主动英特尔适配器（s）；

6）英特尔 WiMAX/Wi-Fi 链接 5350；

7）英特尔 WiMAX/Wi-Fi 链接 5150；

8）英特尔 Wi-Fi 链接 5300；

9）英特尔 Wi-Fi 链接 5100；

10）英特尔无线 Wi-Fi 链接 4965AGN；

11）英特尔 PRO/无线 3945ABG 网络链接；

12）英特尔 PRO/无线 2915ABG 网络链接。

（3）802.11b

1）于 1999 年发行；

2）各种调制类型的数据传输率为 1、2、5.5 和 11Mb/s；

3）3 非重叠信道工业、科学和医疗（ISM）频带频率为 2.4GHz；

4）支持主动英特尔适配器（s）；

5）英特尔 WiMAX/Wi-Fi 链接 5350；

6）英特尔 WiMAX/Wi-Fi 链接 5150；

7）英特尔 Wi-Fi 链接 5300；

8）英特尔 Wi-Fi 链接 5100；

9）英特尔无线 Wi-Fi 链接 4965AGN；

10）英特尔 PRO/无线 3945ABG 网络链接；

11）英特尔 PRO/无线 2915ABG 网络链接；

12）英特尔 PRO/无线 2200BG 网络链接；

13）英特尔 PRO/无线 2100 网络链接。

（4）802.11g

1）2003 发布；

2）各种调制类型的数据传输率为 6、9、12、18、24、36、48 和 54Mb/s，可以转换为 5.5
和 11Mb/s 使用 DSSS 和 CCK

3）正交频分复用（OFDM）带 52 子载波频道；向后兼容 802.11b 使用 DSSS 和 CCK；

4）3 非重叠信道工业、科学和医疗（ISM）频带频率为 2.4GHz；

5）支持主动英特尔适配器（s）；

6）英特尔 WiMAX/Wi-Fi 链接 5350；

7）英特尔 WiMAX/Wi-Fi 链接 5150；

8）英特尔 Wi-Fi 链接 5300；

9）英特尔 Wi-Fi 链接 5100；

10）英特尔无线 Wi-Fi 链接 4965AGN；

11）英特尔 PRO/无线 3945ABG 网络链接；

12）英特尔 PRO/无线 2915ABG 网络链接；

13）英特尔 PRO/无线 2200BG 网络链接。

（5）802.11n

1）3200 万美元 IEEE 认证 2008 年第二季度；但是，11n 的接入点（AP）和无线适配器
现在存在；

2）各种调制类型的数据传输率为 1、2、5.5、6、9、11、12、18、24、36、48 和 54Mb/s；

3）正交频分复用（OFDM）使用多输入、多输出（MIMO）和通道捆绑（CB）；

4）3 非重叠信道工业、科学和医疗（ISM）频带频率为 2.4GHz；

5）–12 非重叠需要许可证的国家信息基础设施（UNII）频道 5GHz 频带有无 CB；

6）支持主动英特尔适配器（s）；

7）英特尔 WiMAX/Wi-Fi 链接 5350；

8）英特尔 WiMAX/Wi-Fi 链接 5150；

9）英特尔 Wi-Fi 链接 5300；

10）英特尔 Wi-Fi 链接 5100；

11）英特尔无线 Wi-Fi 链接 4965AGN。

1.2.5　实训二：网络测试常用命令的使用

1．工作任务

网络测试常用命令的使用。

2．工作环境

Windows 2000/XP 局域网机房。

3．工作情境

小王将小张的 PC 联入单位的局域网后，为其分配了 IP（168.1.20.116）后，需要检测各

主机间是否能够正常通信,同时还要了解与 Internet 相连接的情况。他决定使用网络测试命令。

4. 工作目标

通过本次实训,掌握 Ipconfig、Ping 命令的使用方法及运行结果的实际意义。

5. 任务执行要点

(1)Ipconfig 命令。为了查看小张主机分配的 IP 地址情况使用 Ipconfig 命令(见图 1-27)。

图 1-27　使用 Ipconfig 命令

(2)ping 命令。

1)ping 回环地址以验证 TCP/IP 已经安装且正确装入(见图 1-28)。

命令:ping　127.0.0.1

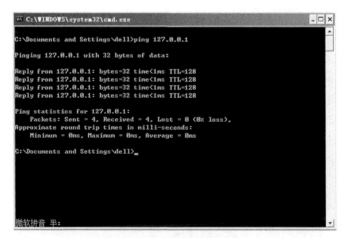

图 1-28　执行 ping127.0.0.1

2)ping 工作站的 IP 地址以验证工作站是否正确加入,并检验 IP 地址是否冲突(见图 1-29)。

命令:ping 168.1.0.116

3)ping 默认网关的 IP 地址 168.1.0.5,以验证默认网关打开且在运行,验证是否可以与本地网络通信(见图 1-30)。

命令：`ping 168.1.0.5`

4）ping 远程网络上主机的 IP 地址以验证你能通过路由器进行通信（见图 1-31）。

命令：`ping www.sohu.com`

图 1-29　执行 ping　168.1.0.116

图 1-30　执行 ping　168.1.0.5

图 1-31　执行 ping www.sohu.com

习　题

一、选择题

1．MAC 地址通常存储在计算机的（　　）
　　A．内存中　　　　　　　B．网卡中　　　　　C．硬盘中　　　　　D．高速缓冲区中

2．在以太网中，冲突（　　）
　　A．是由于介质访问控制方法的错误使用造成的
　　B．是由于网络管理员的失误造成的
　　C．是一种正常现象
　　D．是一种不正常现象

3．下面关于以太网的描述哪个是正确的？（　　）
　　A．数据是以广播方式发送的
　　B．所有节点可以同时发送和接收数据
　　C．两个节点相互通信时，第 3 个节点不检测总线上的信号
　　D．网络中有一个控制中心，用于控制所有节点的发送和接收

4．网络中用集线器或交换机连接各计算机的这种结构属于（　　）
　　A．总线结构　　　　B．环形结构　　　　C．星形结构　　　D．网状结构

5．在计算机网络中，所有的计算机均连接到一条公共的通信传输线路上，这种连接结构被称为（　　）
　　A．总线结构　　　　B．环形结构　　　　C．星形结构　　　D．网状结构

6．下列哪个 MAC 地址是正确的（　　）
　　A．00-16-5B-4A-34-2H　　　　　　　　B．192.168.1.55
　　C．65-10-96-58-16　　D．00-06-5B-4F-45-BA

二、填空题

1．局域网的传输介质主要有_____、_____、_____和_____四种，其中，_____抗干扰能力最高；_____的数据传输率最低；_____传输距离居中。

2．采用 CSMA/CD 介质访问控制方法，节点在发送数据帧前要_____，在发送数据帧的同时要_____，当发生冲突后要_____，并且延迟时间 T，T=_____，其中 A 是_____，at 是_____，N 是_____，当延迟结束后，节点要_____。

3．局域网常见的拓扑结构有_____、_____和_____等。

4．在计算机网络中，双绞线、同轴电缆及光纤等用于传输信息的载体被称为_____。

5．CSMA/CD 的发送流程可以简单地概括为 4 点：_____，_____，_____和_____。

6．在网络中，网络接口卡的 MAC 地址，它位于 OSI 参考模型的_____。

三、问答题

1．局域网的主要特点是什么？

2．简述以太网 CSMA/CD 介质访问控制方法发送和接收的工作原理。

3．简述常用 Wi-Fi 协议及其作用。

第2章 组建网络的软、硬件及工具

计算机网络主要由软件系统和硬件系统构成，本章将介绍网络组建所需要的一些主要的软硬件及其识别与选择。

2.1 组建网络的软件

组建网络的最重要的软件是操作系统，包括服务器上的网络操作系统和工作站上的单机操作系统。本节介绍操作系统，包括 UNIX、Linux、Windows 2000 Server、Windows XP、Windows Server 2003、Windows Server 2008 等。

2.1.1 操作系统简介

操作系统（Operation System，OS）是系统软件的核心，是人机接口。

OS 分为简单的批处理系统、多道程序批处理系统、多道程序分时系统、微型计算机操作系统和网络操作系统。

微型计算机 OS 负责文件管理、设备管理、内存管理、CPU 管理及输入输出管理。

构建和管理网络离不开网络操作系统（Network Operation System，NOS），是网络的灵魂和心脏，是向网络上的其他计算机提供服务的特殊的操作系统，它在网络中发挥着核心作用，除了具有单机 OS 的功能外，它还控制了网络资源的共享、网络的安全和网络的各种应用。流行的网络操作系统种类繁多，它们都各有特点，分别应用在不同的领域。

目前商用主流的 NOS 是 Windows 2000 Server/Advanced Server、Windows Server 2003、Windows Server 2008。而对于像电信、金融、证券、保险、公安等要求高度稳定性和安全性的单位中，微软的 Windows 服务器系统不是首要选择，因为它存在较多的安全漏洞，容易被黑客攻击，同时微软的 Windows 服务器也达不到这类用户的需求。这类用户通常选择 UNIX 或者 Linux 操作系统。

下面将通过两个实训介绍两类操作系统——微软 Windows 操作系统（Window Server 2008）和类 UNIX 操作系统（Red Hat Linux 9.0）。

2.1.2 常见的操作系统

1. UNIX

UNIX 作为网络操作系统，有着悠久的历史。UNIX 出现在 20 世纪 60 年代末、70 年代初之间，最早由 AT&T Bell 实验室研制开发，后来发展成为在科研和工程用工作站上最流行的操作系统软件，许多 Internet 服务器也在使用 UNIX 操作系统。现在发展迅猛的 Linux 操作系统其实也是在 UNIX 系统的基础上进一步研发的。UNIX 和其他网络操作系统相比，主要的优点体现在较高的安全性和对 TCP/IP 协议的支持上。

（1）UNIX 不容易受病毒感染和恶意的网络攻击，系统的安全性、可靠性有充分的保障；

（2）使用 UNIX 操作系统的计算机对 TCP/IP 协议的支持很好，可以方便地接入 Internet，目前 Internet 上大量的 WWW（World Wide Web）服务器仍在使用着 UNIX 系统。

UNIX 的主要缺点在于，

（1）用 UNIX 建立和管理网络比使用 Windows NT、Windows 2000 Server 等其他操作系统要求更多的计算机知识技能；

（2）UNIX 的版本众多，各版本之间的兼容性不好，可以在 Windows 系列操作系统中使用的商业软件比在 UNIX 上可以使用的商业软件要多很多；

（3）UNIX 对计算机硬件的支持不是很好，往往只能运行在少数几家厂商所生产的品牌硬件平台中。

这些缺点的存在严重限制了 UNIX 操作系统的应用范围。

2. Linux

Linux 是 1991 年由一位芬兰的学生 Linus Torvalds 在 UNIX 基础上开发出来的一套操作系统并以自己的名字命名。它是一种免费软件，它所有的源代码都是开放的，任何人都可以通过 Internet 或其他途径得到它，可以不受限制地复制给其他用户，还可以进行进一步地修改和优化，然后再发布出来，供他人使用，因此它的发展非常迅速。

Linux 的特点包括以下几个方面。

（1）支持多种硬件平台和外部设备。它不仅支持单处理器的计算机，还能支持对称多处理器（SMP）的计算机。目前，在 PC 上使用的大量的外部设备，都可以在 Linux 系统下使用。现在世界上大多数的硬件厂商都积极地为 Linux 系统开发驱动程序，在最新版本的 Linux 安装文件中，可以找到市面上流行的大部分硬件设备的驱动程序。

（2）提供了先进的网络支持。Linux 系统内置了对 TCP/IP 协议的支持，可以使用 Internet 上的全部网络功能。

（3）支持多种文件系统。Linux 目前支持的文件系统有 32 种之多，包括 EXT2、EXT3、XIAFS、ISOFS、HPFS、FAT、NTFS 等，其中最常用的是 EXT2。Linux 以其低廉的费用、强大的性能、坚固的可靠性赢得了越来越多的用户，采用 Linux 系统来做电子商务网络平台、构建企业防火墙、E-mail 服务器、Web 服务器等都是很好的选择。

Linux 现在存在的主要问题和当年的 UNIX 类似。版本繁多并且各版本之间不兼容的现象很明显。如何尽早确定一套标准是 Linux 发展的当务之急。

3. Windows 2000

Windows 2000 继承了 Windows NT 4.0 和 Windows 95/98 的优点，并且融入了很多新的技术和功能，是一套功能强大、界面友好、工作稳定的操作系统，可以说是微软推出的又一个划时代的产品。

Microsoft Windows 2000 家族由 4 个产品组成。Windows 2000 Professional，一种用于商业台式计算机和便携式计算机的可靠的客户端操作系统；Windows 2000 Server，一种用于各种规模商务处理的多用途的服务器端网络操作系统；Windows 2000 Advanced Server，一种用于电子商务和行业应用的服务器端操作系统；Windows 2000 Datacenter Server，一种用于公司中关键任务企业服务器系统的服务器端操作系统。

Windows 2000 系列操作系统具有以下特点。

（1）友好的用户界面；

（2）稳定的性能；

（3）方便的系统管理；

（4）强大的 Web 功能。

4．Windows XP

2001 年 10 月 25 日，微软又推出了 Windows 系列的新一代产品，Windows XP。这次发布的 Windows XP 主要面对家庭、个人和小型网络用户，有两个版本，即 Windows XP Personal 和 Windows XP Professional。Windows XP 加入了对各种最新的网络技术的支持，同时界面更加友好、更为易用。不过这两个版本的 Windows XP 都不适于用作网络服务器，它们并不是专门为提供网络服务所设计的，很多网络服务功能并不是很完善。Windows XP Professional 相当于 Windows 2000 Professional 的升级版本，而 Windows XP Personal 则是 Windows XP Professional 的简化版本。不过 Windows XP 在组建家庭网络或者小型办公网络方面的优越性还是很突出的，如方便的配置、漂亮的界面、对各种网络服务的广泛支持、稳定的系统、良好的技术支持等。所以对于小型的局域网用户来讲，Windows XP 是客户端计算机操作系统的一个很好的选择。

5．Windows Server 2003

Windows Server 2003 是在可靠的 Windows 2000 Server 系列的基础上发展起来的，它集成了功能强大的应用程序环境以开发全新的 XML Web 服务和改进的应用程序，这些程序将会显著提高进程效率。下面这些主要的新增功能和改进是为从 Windows 2000 Server 升级到 Windows Server 2003 的单位来考虑的。相比 Windows 2000 Server，Windows Server 2003 的新功能主要有以下十方面。

（1）Active Directory 改进。Windows Server 2003 为 Active Directory 提供许多简捷易用的改进和新增功能，包括跨森林信任、重命名域的功能及使架构中的属性和类别禁用，以便能够更改其定义的功能。

（2）组策略管理控制台。管理员可以使用组策略定义设置及允许用户和计算机执行的操作。基于策略的管理简化了系统更新操作、应用程序安装、用户配置文件和桌面系统锁定等任务。此优势将使更多的企业用户能够更好地使用 Active Directory 并利用其强大的管理功能。

（3）策略结果集。策略结果集（RSoP）工具允许管理员查看目标用户或计算机上的组策略效果。有了 RSoP，企业用户将具有强大灵活的基本工具来计划、监控组策略和解决组策略问题。

（4）卷影子副本恢复。作为卷影子副本服务的一部分，此功能使管理员能够在不中断服务的情况下配置关键数据卷的即时点副本。然后可使用这些副本进行服务还原或存档。用户可以检索他们文档的存档版本，服务器上保存的这些版本是不可见的。

（5）IIS 6.0。IIS（Internet Information Services）6.0 是启用了 Web 应用程序和 XML Web 服务的全功能的 Web 服务器。IIS 6.0 是使用新的容错进程模型完全重新搭建的，此模型很大程度上提高了 Web 站点和应用程序的可靠性。

（6）集成的.NET 框架。.NET 框架是将现有的投资与新一代应用程序和服务集成起来提供了高效率的基于标准的环境。另外，它帮助企业用户解决部署和操作 Internet 范围的应用程序所遇到的问题。

（7）命令行管理。Windows Server 2003 系列的命令行结构得到了显著增强，使管理员无须使用图形用户界面就能执行绝大多数的管理任务。

（8）集群（8 节点支持）。此服务为任务关键型应用程序（如数据库、消息系统及文件和打印服务）提供高可用性和伸缩性。

（9）安全的无线 LAN（IEEE 802.1x）。使用基于 IEEE 802.1x 的无线访问点或选项，公司可以确保只有受信任的系统才能与受保护的网络连接并交换数据包。此功能为无线局域网（LAN）提供了安全和性能方面的改进，如访问 LAN 之前的自动密钥管理、用户身份验证和授权。当有线以太网在公共场所使用时，它还提供对以太网络的访问控制。

（10）紧急管理服务（无外设服务器支持）。"无外设服务器"功能使管理员在没有监视器、VGA 显示适配器、键盘或鼠标的情况下也能安装和管理计算机。紧急管理服务是一种新增功能，它使 IT 管理员在无法使用服务器时通过网络或其他标准的远程管理工具和机制，执行远程管理和系统恢复任务。

6. Windows Server 2008

Windows Server 2008 继承了 Windows Server 2003，代表了下一代 Windows Server（现在最新的版本是 Windows Server 2008R2）。使用 Windows Server 2008，IT 专业人员对其服务器和网络基础结构的控制能力更强，从而可重点关注关键业务需求。Windows Server 2008 通过加强操作系统和保护网络环境提高了安全性，通过加快 IT 系统的部署与维护、使服务器和应用程序的合并与虚拟化更加简单、提供直观管理工具，Windows Server 2008 还为 IT 专业人员提供了灵活性。Windows Server 2008 为任何组织的服务器和网络基础结构奠定了最好的基础。Windows Server 2008 具有新的增强的基础结构，先进的安全特性和改良后的 Windows 防火墙支持活动目录用户和组的完全集成。

Microsoft Windows Server 2008 用于在虚拟化工作负载、支持应用程序和保护网络方面向组织提供最高效的平台。它为开发和可靠地承载 Web 应用程序和服务提供了一个安全、易于管理的平台。从工作组到数据中心，Windows Server 2008 都提供了令人兴奋且很有价值的新功能，对基本操作系统做出了重大改进。具体 Windows Server 2008 的新功能主要有以下六方面。

（1）增强的保护。Windows Server 2008 提供了减小内核攻击面的安全创新（如 Patch Guard），因而使服务器环境更安全、更稳定。通过保护关键服务器服务使之免受文件系统、注册表或网络中异常活动的影响，Windows 服务强化有助于提高系统的安全性。借助网络访问保护（NAP）、只读域控制器（RODC）、公钥基础结构（PKI）增强功能、Windows 服务强化、新的双向 Windows 防火墙和新一代加密支持，Windows Server 2008 操作系统中的安全性也得到了增强。

（2）更大的灵活性。它允许用户从远程位置（如远程应用程序和终端服务网关）执行程序，这一技术为移动工作人员增强了灵活性。Windows Server 2008 使用 Windows 部署服务（WDS）加速对 IT 系统的部署和维护，使用 Windows Server 虚拟化（WSV）帮助合并服务器。对于需要在分支机构中使用域控制器的组织，Windows Server 2008 提供了一个新配置选项，即只读域控制器（RODC），它可以防止在域控制器出现安全问题时暴露用户账户。

（3）自修复 NTFS 文件系统。从 DOS 时代开始，文件系统出错就意味着相应的卷必须下线修复，而在 Windows Server 2008 中，一个新的系统服务会在后台默默工作，检测文件系统错误，并且可以在无需关闭服务器的状态下自动将其修复。有了这一新服务，在文件系统发生错误的时候，服务器只会暂时停止无法访问的部分数据，整体运行基本不受影响，所以CHKDSK 基本就可以退休了。

（4）核心事务管理器（KTM）。它可以大大减少甚至消除最经常导致系统注册表或者文件系统崩溃的原因，如多个线程试图访问同一资源。

（5）SMB2 网络文件系统。SMB2 媒体服务器的速度可以达到 Windows Server 2003 的 4～5 倍，相当于 400%的效率提升。这样会更好地管理体积越来越大的媒体文件。

（6）随机地址空间分布（ASLR）。ASLR 在 64 位 Vista 里就已出现，它可以确保操作系统的任何两个并发实例每次都会载入到不同的内存地址上。恶意软件其实就是一堆不守规矩的代码，不会按照操作系统要求的正常程序执行，但如果它想在用户磁盘上写入文件，就必须知道系统服务身在何处。在 32 位 Windows XP 上，如果恶意软件需要调用 KERNEL32.DLL，该文件每次都会被载入同一个内存空间地址，因此非常容易恶意利用。但有了 ASLR，每一个系统服务的地址空间都是随机的，因此恶意软件想要轻松找到它们，基本不可能。

Windows Server 2008 在虚拟化技术及管理方案、服务器核心、安全部件及网络解决方案等方面也都表现出众多的创新性能。通过内置的服务器虚拟化技术，Windows Server 2008 可以帮助企业降低成本，提高硬件利用率，优化基础设施，并提高服务器可用性；通过 Server Core、PowerShell、Windows Deployment Services 及增强的联网与集群技术等，Windows Server 2008 为工作负载和应用要求提供功能最为丰富且可靠的 Windows 平台；Windows Server 2008 的操作系统和安全创新，为网络、数据和业务提供网络接入保护、联合权限管理及只读的域控制器等提供前所未有的保护，是有史以来最安全的 Windows Server；通过改进的管理、诊断、开发与应用工具，以及更低的基础设施成本，Windows Server 2008 能够高效地提供丰富的 Web 体验和最新网络解决方案。动态硬件分区有助于使 Windows Server 2008 在如增加可靠性和可用性，提升资源管理和按需容量上受益。Windows Server 2008 中改进的故障转移集群（前身为服务器集群，是一组一起工作能使应用程序和服务达到高可用性的独立服务器）的目的是简化集群，使它们更安全，提高集群的稳定性。群集的设置和管理已经编得更为简易。改进了集群中的安全性和网络，并作为一种故障转移群集与存储的方式。

Windows Server 2008 完全基于 64 位技术，在性能和管理等方面系统的整体优势相当明显。在此之前，企业对信息化的重视越来越强，服务器整合的压力也就越来越大，因此应用虚拟化技术已经成为大势所趋。经过测试，Windows Server 2008 完全基于 64 位的虚拟化技术，为未来服务器整合提供了良好的参考技术手段。Windows 服务器虚拟化（Hyper-V）能够使组织最大限度实现硬件的利用率，合并工作量，节约管理成本，从而对服务器进行合并，并由此减少服务器所有权的成本。Windows Server 2008 在虚拟化应用的性能方面完全可以和其他主流虚拟化系统相媲美，而在成本和性价比方面，Windows Server 2008 更是具有压倒性的优势。

2.1.3　局域网操作系统的选择

网络操作系统能使网络上的计算机方便而有效地共享网络资源，为用户提供所需要的各种服务。除了具备单机操作系统所需的功能，还应有下列功能。

（1）提供高效可靠的网络通信能力；

（2）提供多项网络服务功能，如远程管理、文件传输、电子邮件、远程打印等。

作为网络用户和计算机网络之间的接口，如何识别网络操作系统的优劣？选择网络操作系统时，一般要从以下几个方面进行考虑。

1. 硬件独立

硬件独立就是指独立于具体的硬件平台，支持多平台，即系统应该可以运行于各种硬件平台之上。例如，可以运行于基于 X86 的 Intel 系统，还可以运行于基于 RISC 精简指令集的系统，如 DEC Alpha、MIPS R4000 等。用户作系统迁移时，可以直接将基于 Intel 系统的机器平稳转移到 RISC 系列主机上，不必修改系统。

2. 网络特性

具体来说，就是管理计算机资源并提供良好的用户界面。它是运行于网络上的，首先需要管理共享资源，例如，Novell 公司的 NetWare 最著名的就是它的文件服务和打印管理功能。

3. 可移植性和可集成性

具有良好的可移植性和可集成性也是现在网络操作系统必须具备的特征。

4. 多用户和多任务

在多进程系统中，为了避免两个进程并行处理所带来的问题，可以采用多线程的处理方式。线程相对于进程而言需要较少的系统开销，其管理比进程易于进行。抢先式多任务就是操作系统不专门等待某一线程完成后，再将系统控制交给其他线程，而是主动将系统控制交给首先申请到系统资源的其他线程，这样就可以使系统具有良好的操作性能。支持 SMP（对称多处理）技术等都是现代网络操作系统的基本要求。

2.1.4 实训一：安装 Windows Server 2008

1. 工作任务

安装 Windows Server 2008。

2. 工作环境

一台主流配置的计算机，Windows Server 2008 的安装盘或者光盘映像文件，虚拟机软件。

3. 工作情境

公司里最近饱受病毒攻击，一台安装有 Windows Server 2008 的服务器已经濒临崩溃，为确保网络能够正常工作，使单位的软硬件及数据免受损失，网管员小王决定重新安装服务器的系统。

4. 工作目标

通过本次实训，初步了解操作系统的安装方法。

5. 项目组织

每人一台计算机，一套安装软件，一套虚拟机软件，要求独立完成整个安装过程。

6. 任务执行要点

（1）准备工作。

1）硬件准备。因为 Windows Server 2008 对系统的要求非常高，因此在安装 Windows Server 2008 前，必须确认计算机能够安装和使用 Windows Server 2008。

CPU。其实 Windows Server 2008 对 CPU 的性能要求并不是太高，不过微软宣称 X86 系统最低使用 1.0GHz，64 位系统最低使用 1.4GHz 的 CPU，但最好还是使用 2.0GHz 或更高；

安腾版则需要 Itanium 2。

内存。最低 512MB，强烈建议使用 2GB 以上的内存。内存最大支持 32 位标准版 4GB、企业版和数据中心版 64GB；内存最大支持 64 位标准版 32GB，其他版本 2TB。

硬盘。最少 10GB，推荐 40GB 或更多。因为内存大于 16GB 的系统需要更多空间用于页面、休眠和转存储文件硬盘。这里建议为了安装 Windows Server 2008，应该准备 10GB 的硬盘空间。另外，如果要建立双启动系统，最好为其他准备启动的操作系统单独准备一个磁盘分区。

2）软件准备。Windows Server 2008 安装盘及相关驱动程序。

（2）开始安装。下面简述一下光盘启动的安装方法。

1）调整系统引导顺序。一般是在开机的时候，按"Del"键，进入 BIOS 设置界面，将系统引导顺序中的设置更改为 CD-ROM（光驱优先启动）。

2）用启动盘对硬盘进行重新格式化。为了让新安装的操作系统拥有"绝对纯净"的环境，很多人都习惯在重装前对系统分区重新进行格式化，以消除原有系统可能造成的影响。

需要注意的是，如果原先在硬盘的某个分区中安装了其他操作系统，那么新的操作系统就不要再安装在同一个分区了，这样有利于在多系统并存情况下加强各个系统的稳定性。

3）安装新的操作系统。用 Windows 安装光盘引导系统，然后按照安装向导的提示一步一步进行操作。

4）安装各种驱动程序。大多数情况下，虽然系统会预置一些基本的驱动程序，但为了更好地发挥硬件效能，还是应该手工安装一些更合适的驱动程序。

需要注意的是，如果经常上网，那么安装最新的补丁程序或补丁包也是一个必要的步骤。

5）开始安装。将可以自启动的安装光盘放入光驱，重新启动系统，系统将从光驱中自动运行安装文件，开始 Windows Server 2008 的安装。

6）复制安装文件。Windows Server 2008 将复制一些必要的安装文件到硬盘中，在以后安装的时候就直接从硬盘读取，安装程序将自动安排备份文件的储存空间。

7）重新启动系统。在这之前，程序提示将光驱中的光盘取走。按"Enter"键继续。

8）启动提示。系统启动后，提示将安装 Windows Server 2008，提示的时间很短，在这个提示间歇，可以使用光标键选择进入以前的系统。

9）装载设备文件。安装程序将装载一些设备驱动文件，并提示这些设备文件的内容。

10）选择安装项目。直接按"Enter"键就可正式开始安装 Windows Server 2008。修复安装，在这一步中，还可以选择修复 Windows Server 2008，当 Windows Server 2008 出现问题时，可以选择这种安装方式。

11）许可协议。按"F8"键表示同意，如果要查看协议可按"Page Down"翻页键。提示，这一步完成后，安装程序将检测已经有的 Windows 版本，如果检测到硬盘上已经安装了一个 Windows Server 2008，会再次提示是否要重新安装 Windows Server 2008。

12）选择磁盘分区。安装程序列出了硬盘中所有的磁盘分区，可以使用上下箭头键选择 Windows Server 2008 安装到哪一个磁盘分区。提示，如果要建立 Windows Server 2008 双启动系统，一定要选择非系统分区（C 盘），如 D 盘分区、E 盘分区等，不过安装 Windows　Server 2008 的分区必须有大于 1GB 的剩余空间。

7. 指导说明

（1）Windows Server 2008 安装七大要点。

1）计算机硬件是否适合安装 Windows Server 2008。在开始安装 Windows Server 2008 之前，为保证安装的顺利和成功，必须保证硬件符合下列最低的需求。1GHz Pentium 或更高的微处理器（或相当的其他微处理器）；推荐最小 2GB 内存；10GB 硬盘。

除了要满足最低硬件配置需求外，还要考虑硬件和软件是否与 Windows Server 2008 兼容，如果计算机中有一些老的如 ISA 接口的设备等最好进行更新。还要了解硬件的驱动程序是否适用于 Windows Server 2008。

2）只安装 Windows Server 2008 还是安装双重引导系统。开始安装程序之前，还应该决定是只安装 Windows Server 2008 还是安装双重引导系统，以便在计算机上同时使用 Windows Server 2008 和其他操作系统。

3）选择文件系统是用 NTFS 还是 FAT、FAT32。如果只安装 Windows Server 2008，建议选择 NTFS 文件系统，NTFS 是 Windows Server 2008 推荐使用的文件系统，NTFS 具有 FAT 的所有基本功能，并提供了下列优于 FAT 和 FAT 32 文件系统的特点，如更好的文件安全性；更大的磁盘压缩；支持大磁盘，最大可达 2TB（NTFS 的最大驱动器容量远远大于 FAT 的最大驱动器容量，并且随着驱动器容量的增加，NTFS 的性能并不下降，这与 FAT 有很大不同）。

可以在安装过程中，将现有的分区转换为 NTFS。也可以在安装后的任何时候，通过在命令提示符下使用 Convert.exe 程序，将文件系统从 FAT 转换为 NTFS。

但是 NTFS 文件系统存在一个明显的不足，就是如果使用 NTFS 格式化分区，那么只有 Windows Server 2008 可以访问在该分区上创建的文件（除了 Windows NT 4.0 Service Pack 4（SP4）及其后续版本外），其他操作系统不能使用 Windows Server 2008 NTFS 分区。

如果安装分区小于 2GB，那么应使用 FAT 格式分区。对于容量为 2GB 或更大的分区，则使用 FAT32 文件系统。如果在运行 Windows Server 2008 安装程序过程中使用 FAT 格式化分区，且分区大于 2GB，那么安装程序会自动使用 FAT32 格式化分区。大于 32GB 的分区推荐使用 NTFS 而不是 FAT32 文件系统格式。

4）选择全新安装还是更新安装。如果想保留现有的文件和参数设置，而且使用的是支持升级以前版本的 Windows，那么应该选择更新安装。在更新过程中，安装替换了现有的 Windows 文件，但保留了已有的设置和应用程序。有些应用程序可能与 Windows Server 2008 不兼容，因此在更新后，它们可能无法在 Windows Server 2008 中正常运行。

如果符合下面的任何一种情况，那么应该选择全新安装。当前的操作系统不支持升级到 Windows Server 2008；已使用某个操作系统，但不想保留现有的文件和参数设置；有两个分区，并想使用 Windows Server 2008 和当前的操作系统创建双重引导配置。

5）若要安装双重引导系统，必须为每个操作系统使用单独的分区。如果选择 Windows Server 2008 的双重引导配置，那么每个操作系统都应被安装在单独的驱动器或磁盘分区上。将 Windows Server 2008 安装到与其他操作系统相同的分区上，会导致安装程序将其他操作系统安装的文件覆盖。

安装 Windows Server 2008 的磁盘分区的大小时，建议为 1GB 以上的磁盘空间。使用较大的安装分区可为以后添加更新软件、操作系统工具或其他文件提供更大的灵活性。

6）应用程序的安装。如果希望应用程序在双重引导计算机的两个操作系统上运行，则需要在每个操作系统上分别安装所有程序。Windows Server 2008 不支持跨越操作系统共享程序。

7）指定启动时默认的操作系统。如果在计算机上使用双重引导配置，在每次启动计算机时都可以在操作系统之间（或相同操作系统的不同版本之间）做出选择。指定启动的默认操作系统的方法如下：

在控制面板中单击"系统"图标，选择"高级"选项卡上的"启动和故障恢复"选项。如果不想从启动期间显示的列表中选择，请在"系统启动"下面的"默认操作系统"列表中，单击需要启动的操作系统，在"显示操作系统列表"文本框中，输入自动启动默认操作系统之前显示该列表的秒数。

注意

如果机房配置较高，并且不能重新安装操作系统，可在虚拟机软件下完成此实训项目。

（2）在虚拟机上安装 Windows Server 2008

Windows Server 2008 在虚拟机上的安装步骤如下。

1）安装虚拟机，示例安装的虚拟机是 Oracle VM VirtualBox，版本号为 4.2.12（见图 2-1）。

图 2-1　虚拟机安装界面

2）单击"Next"按钮进入安装位置选择界面（见图 2-2），如果采用默认安装位置，直接单击"Next"按钮即可。

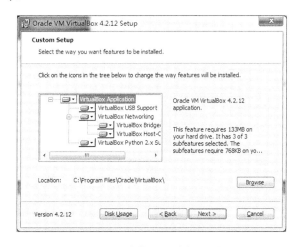

图 2-2　安装位置选择界面

3）后面的安装界面中分别单击"Next"→"Yes"→"Install"按钮直至如图 2-3 所示的界面出现，单击"Finish"按钮即可完成虚拟机安装。

图 2-3　虚拟机安装结束界面

4）在弹出的虚拟机初始管理界面（见图 2-4）中单击"新建"按钮，创建虚拟计算机名称和系统类。因为本次安装的是 Windows Server 2008，需要在版本中选择 Windows Server 2008（见图 2-5）。

图 2-4　虚拟机管理界面

5）在单击"下一步"按钮后对虚拟内存和虚拟硬盘大小进行设置，建议虚拟内存 2GB，虚拟硬盘 40GB。设置完成后的界面如图 2-6 所示。通过对该界面的浏览，可以对虚拟计算机配置有一个清晰地认识。然后单击绿色箭头代表的"启动"按钮就可以进行 Windows Server 2008 的安装了。

图 2-5　新建虚拟电脑

图 2-6　虚拟环境设置完成

6）在选择启动盘所在位置后单击"启动"按钮（见图 2-7）就进入 Windows Server 2008 的安装程序了。安装过程中，需要选择 Windows Server 2008 版本，如图 2-8 所示，本书选择的版本是 Windows Server 2008 Enterprise。

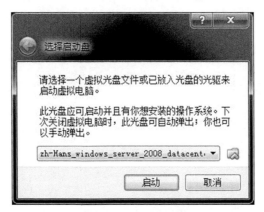

图 2-7　选择启动盘

图 2-8　Windows Server 2008 版本选择

注意

Windows Server 2008（Win 2008）作为服务器操作系统，分为 3 个版本，分别是，
（1）Windows Server 2008 Standard 标准版
（2）Windows Server 2008 Enterprise 企业版
（3）Windows Server 2008 Datacenter 数据中心版
（4）Windows Server 2008 Standard（Server Core Installation）标准版（服务器核心安装）
（5）Windows Server 2008 Enterprise（Server Core Installation）企业版（服务器核心安装）
（6）Windows Server 2008 Datacenter（Server Core Installation）数据中心版（服务器核心安装）

　　如果是家庭桌面应用及配置一般的入门用户推荐安装 Windows Server 2008 Standard 标准版。本版本的系统服务相比另外的版本相对要少，内存占用最少，并且可以通过学生序列号或者 OEM 方式激活。有一定经验并且计算机配置为当前流行的推荐安装 Windows Server 2008 Enterprise 企业版。如果不是高要求的服务器应用不推荐安装后三种带有 Server Core Installation 服务器核心安装的版本。

7）Windows Server 2008 Enterprise 安装结束后，启动界面如图 2-9 所示。

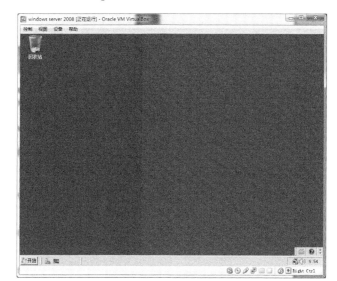

图 2-9　Windows Server 2008 的启动界面

2.1.5　实训二：Red Hat Linux 9.0 的安装

1. 工作名称

安装 Red Hat Linux 9.0。

2. 工作环境

一台主流配置的计算机，Red Hat Linux 9.0 的安装盘。

3. 工作情境

小王的朋友小李因工作需要使用 Linux 系统，找他帮忙安装 Red Hat Linux 9.0。

4. 工作目标

（1）通过本次实训掌握基本的 Linux 操作；

（2）通过本次实训掌握操作系统的安装方法。

5. 项目组织

每人一台计算机，一套 Red Hat Linux 9.0 安装软件，要求独立完成整个安装过程。

6. 任务执行要点

将计算机设置成光驱引导，把安装 CD1 放入光驱，重新引导系统，在安装界面中直接按 "Enter" 键，即进入图形化安装界面，如图 2-10 所示。

如图 2-10 所示，在提供 "豪华" 的图形化 GUI 安装界面的同时，Red Hat Linux 9.0 仍然保留了以往版本中的字符模式安装界面，这对于追求安装速度与效率的用户一直是很有吸引力的。因为许多用户是将 Red Hat Linux 9.0 安装成服务器来使用的，不需要 X-Window 及 GUI 安装界面。Red Hat Linux 9.0 的安装步骤中比以往多了一个环节，那就是对安装光盘介质的检测。它允许在开始安装过程前对安装光盘介质进行内容校验，以防止在安装的中途由于光盘无法读取或是内容错误造成意外的安装中断，导致前功尽弃。

图 2-10　Red Hat Linux9.0 图形化安装界面

之后就可以进行正式安装了，安装过程和安装 Windows 很类似，包括如下几个重要步骤。

（1）选择系统默认语言。Red Hat 支持世界上几乎所有国家的语言，这里只要选中简体中文复选框，如图 2-11 所示。将系统默认语言选择为简体中文，那么在安装过程结束，系统启动后，整个操作系统的界面都将是简体中文的，用户不用做任何额外的中文化操作和设置。

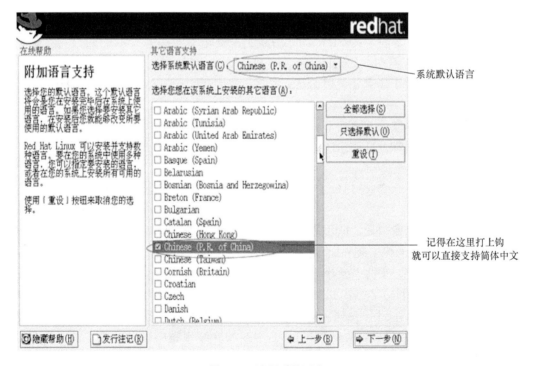

图 2-11　选择系统语言

（2）磁盘分区如图 2-12 所示。这也许是整个安装过程中唯一需要用户较多干预的步骤，Red Hat Linux 9.0 提供了两种分区方式——自动分区和用 Disk Druid 手工分区。

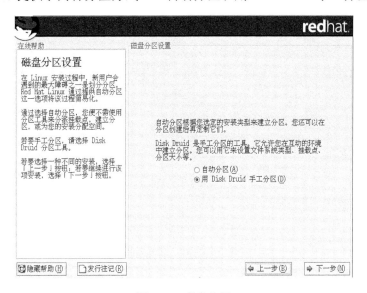

图 2-12　磁盘分区

1）自动分区。如果是全新的计算机，上面没有安装任何操作系统，建议使用"自动分区"功能，它会自动根据磁盘及内存的大小，分配磁盘空间和 SWAP 空间。这是一个"危险"的功能，因为它会自动删除原先硬盘上的数据并格式化成为 Linux 的分区文件系统（EXT3、REISERFS 等），所以除非计算机上没有任何其他操作系统或是没有任何需要保留的数据，才可以使用"自动分区"功能。

2）手工分区。如果硬盘上有其他操作系统或是需要保留其他分区上的数据，建议采用 Disk Druid 程序进行手工分区。Disk Druid 是一个 GUI 的分区程序，它可以对磁盘的分区进行方便地删除、添加和修改属性等操作，它比以前版本中使用的 Fdisk 程序的字符界面更加友好，操作更加直观。下面来看看如何使用 Disk Druid 程序对硬盘进行分区。因为 Linux 操作系统需要有自己的文件系统分区，而且 Linux 的分区和微软 Windows 的分区不同，不能共用，所以，需要为 Linux 单独开辟一个（或若干个）分区。Linux 一般可以采用 EXT3 分区，这也是 Red Hat Linux 9.0 默认采用的文件系统。

为 Linux 建立文件分区可以有两种方法，一种是利用空闲的磁盘空间新建一个 Linux 分区，另一种是编辑一个现有的分区，使它成为 Linux 分区。如果没有空闲的磁盘空间，就需要将现有的分区删除后，腾出空间，来建立 Linux 分区。

Disk Druid 程序中有明显的"新建"、"删除"、"编辑"、"重设"等按钮。用户可以直观地对磁盘进行操作。在使用 Disk Druid 对磁盘分区进行操作时，有 4 个重要的参数需要仔细设定，它们是挂载点、文件系统类型、驱动器、分区大小，如图 2-13 所示。

（3）选择安装组件。Red Hat Linux 9.0 和先前的版本在安装组件的选择上非常相似，用户既可以选择桌面计算机、工作站、服务器、最简化安装这四个安装方法中的一个，也可以自己定义需要安装哪些软件包，并且安装程序会实时地估算出需要的磁盘空间，对用户而言非常方便。

图 2-13　手工分区

　　系统组件安装完毕后，安装程序会自动将用户选择的软件包从光盘介质复制到计算机的硬盘上，中途不需人工操作，并且在安装每个系统组件时都会对该组件做简短的说明。

　　在选择软件包时，如果想进一步配置系统，可以选定制软件包集合。建议定制，选中 KDE 桌面环境，这样就有两个可以和 Windows XP 媲美的真彩图标的桌面。

2.2　组建网络的硬件

　　组建网络的硬件包括网卡、集线器、交换机、路由器、防火墙及服务器等。

2.2.1　网卡

　　1.　网卡概述

　　网卡与计算机中其他插卡一样，是一块布满了芯片和电路的电路板。网卡将计算机连接到网络，将数据打包并处理包传输与接收的所有细节，这样就得以缓解 CPU 的运算压力，使得数据可以在网络中更快地传输。

　　网卡（Network Interface Card，NIC）是 OSI 模型中数据链路层的设备。

　　网卡是 LAN 的接入设备，是计算机与局域网络间架设的桥梁。它主要完成如下功能。

　　（1）读入由其他网络设备（Router、Switch、Hub 或其他 NIC）传输过来的数据包，经过拆包，将其变成客户机或服务器可以识别的数据，通过主板上的总线将数据传输到所需设备中（CPU、RAM 或 Hard Driver）。

　　（2）将 PC 设备（CPU、RAM 或 Hard Driver）发送的数据，打包后输送至其他网络设备。

　　2.　网卡物理地址简介

　　介质访问控制（Media Access Control，MAC），地址是烧录在 Network Interface Card（网

卡，NIC）里的，也叫硬件地址，是由 48b 长（6B），十六进制的数字组成。0～23 位是由厂家自己分配，24～47 位，叫做组织唯一标志符（Organizationally Unique），是识别 LAN（局域网）节点的标识。其中第 40 位是组播地址标志位。网卡的物理地址通常是由网卡生产厂家烧录网卡的 EPROM（一种闪存芯片，通常可以通过程序擦写），它存储的是传输数据时真正标识发出数据的计算机和接收数据的主机的地址。

也就是说，在网络底层的物理传输过程中，是通过物理地址来识别主机的，它一般也是全球唯一的。例如，著名的以太网卡，其物理地址是 48b（位）的整数，如 11-AC-22-16-33-55，以机器可读的方式存入主机接口中。以太网地址管理机构（IEEE）将以太网地址，也就是 48b 的不同组合，分为若干独立的连续地址组，生产以太网网卡的厂家就购买其中一组，具体生产时，逐个将唯一地址赋予以太网卡。

形象地说，MAC 地址就如同身份证上的身份证号码，具有全球唯一性。

对于计算机的 MAC 地址可以通过如下的方法来获取。

在 Windows 2000/XP 以后的操作系统中，首先单击"开始"菜单选择"运行"命令，在打开的对话框中输入"CMD"，单击"确定"按钮后在打开的 DOS 命令界面中输入"ipconfig/all"按"Enter"键，即可看到本机 MAC 地址。

3．网卡的分类

网卡的种类繁多，分为有线以太网网卡和无线以太网网卡。

目前市场主流产品如下。

（1）按总线接口类型分。按网卡的总线接口类型来分，网卡一般可分为早期的 ISA 总线网卡、PCI 总线网卡以及目前在服务器上得到应用的 PCI-X 总线网卡，笔记本电脑上用的 PCMCIA 总线网卡。

1）ISA 总线网卡。这是早期的一种接口类型网卡，在 20 世纪 80 年代末、90 年代初期几乎所有内置板卡都是采用 ISA 总线接口类型，一直到 20 世纪 90 年代末都还有部分这类接口类型的网卡。当然这种总线接口不仅用于网卡，像现的 PCI 接口一样，当时也普遍应用于包括网卡、显卡、声卡等在内所有内置板卡。

ISA 总线接口由于 I/O 速度较慢，随着 20 世纪 90 年代初 PCI 总线技术的出现，很快就被淘汰了。目前在市面上基本上看不到有 ISA 总线类型的网卡。不过近期出现一种复古现象，就是在一些品牌的 i865 系列芯片组主板中居然又提供了几条 ISA 插槽。

2）PCI 总线网卡。这种总线类型的网卡在当前的台式机上相当普遍，也是目前最主流的一种网卡接口类型。因为它的 I/O 速度远比 ISA 总线网卡快（ISA 最高仅为 33Mb/s，而目前的 PCI 2.2 标准 32 位的 PCI 接口数据传输速度最高可达 133Mb/s），所以在这种总线技术出现后很快就替代了原来老式的 ISA 总线。它通过网卡所带的两个指示灯颜色初步判断网卡的工作状态。目前能在市面上买到的网卡基本上是这种总线类型的网卡，一般的 PC 和服务器中也提供了几个 PCI 总线插槽，基本上可以满足常见 PCI 适配器（包括显示卡、声卡等，不同的产品利用金手指（PCI 连接器）的数量是不同的）安装。目前主流的 PCI 规范有 PCI 2.0、PCI 2.1 和 PCI 2.2 三种，PC 机上用的 32 位 PCI 网卡，三种接口规范的网卡外观基本上差不多（主板上的 PCI 插槽也一样）。服务器上用的 64 位 PCI 网卡外观就与 32 位的有较大差别，主要体现在金手指的长度较长。

3）PCI-X 总线网卡。这是目前最新的一种在服务器开始使用的网卡类型，它与原来的

PCI 相比在 I/O 速度方面提高了一倍，比 PCI 接口具有更快的数据传输速度（PCI 2.0 版本最高可达到 266Mb/s 的传输速率）。目前这种总线类型的网卡在市面上还很少见，主要是由服务器生产厂商随机独家提供，如在 IBM 的 X 系列服务器中就可以见到它的踪影。PCI-X 总线接口的网卡一般为 32 位总线宽度，也有的是用 64 位数据宽度的。

但目前因受到 Intel 新总线标准 PCI-Express 的排挤，是否能最终流行还是未知之数，因为由 Intel 提出，由 PCI-SIG（PCI 特殊兴趣组织）颁布的 PCI-Express 无论在速度上，还是结构上都比 PCI-X 总线要强许多。目前 Intel i875P 芯片组之后的芯片组开始提供对 PCI-Express 总线的支持。它很可能取代 PCI 和现行的 AGP 接口，最终实现内部总线接口的统一。

4）PCMCIA 总线网卡。这种类型的网卡是笔记本电脑专用的，它受笔记本电脑的空间限制，体积远不可能像 PCI 接口网卡那么大。随着笔记本电脑的日益普及，这种总线类型的网卡目前在市面上较为常见，很容易找到，而且现在生产这种总线型的网卡的厂商也较原来多了许多。PCMCIA 总线分为两类，一类为 16 位的 PCMCIA，另一类为 32 位的 CardBus。

CardBus 是一种用于笔记本计算机的新的高性能 PC 卡总线接口标准，就像广泛地应用在台式计算机中的 PCI 总线一样。该总线标准与原来的 PC 卡标准相比，具有以下的优势。

1）32 位数据传输和 33MHz 操作。CardBus 快速以太网 PC 卡的最大吞吐量接近 90 Mb/s，而 16 位快速以太网 PC 卡仅能达到 20～30 Mb/s。

2）总线自主。使 PC 卡可以独立于主 CPU，与计算机内存间直接交换数据，这样 CPU 就可以处理其他的任务。

3）3.3V 供电，低功耗。提高了电池的寿命，降低了计算机内部的热扩散。

4）后向兼容 16 位的 PC 卡。老式以太网和 MODEM 设备的 PC 卡仍然可以插在 CardBus 插槽上使用。

5）USB 接口网卡。作为一种新型的总线技术，通用串行总线（Universal Serial Bus，USB）已经被广泛应用于鼠标、键盘、打印机、扫描仪、MODEM、音箱等各种设备。由于其传输速度远远大于传统的并行口和串行口，设备安装简单并且支持热插拔。USB 设备一旦接入，就能够立即被计算机所识别，并装入任何所需要的驱动程序，而且不必重新启动系统就可立即投入使用。当不再需要某台设备时，可以随时将其拔除，并可再在该端口上插入另一台新的设备，而这台新的设备也同样能够立即得到识别并马上开始工作，所以越来越受到厂商和用户的喜爱。USB 这种通用接口技术不仅在一些外置设备中得到广泛的应用，如 MODEM、打印机、数码相机等，在网卡中也不例外。

（2）按网络接口划分。除了可以按网卡的总线接口类型划分外，还可以按网卡的网络接口类型来划分。网卡最终是要与网络进行连接，所以也就必须有一个接口使网线通过它与其他计算机网络设备连接起来。不同的网络接口适用于不同的网络类型，目前常见的接口主要有以太网的 RJ-45 接口、细同轴电缆的 BNC 接口和粗同轴电缆 AUI 接口、FDDI 接口、ATM 接口等。而且有的网卡为了适用于更广泛的应用环境，提供了两种或多种类型的接口，如有的网卡会同时提供 RJ-45、BNC 接口或 AUI 接口。

1）RJ-45 接口网卡。这是最为常见的一种网卡，也是应用最广的一种接口类型网卡，这主要得益于双绞线以太网应用的普及。因为这种 RJ-45 接口类型的网卡就是应用于以双绞线为传输介质的以太网中，它的接口类似于常见的电话接口 RJ-11，但 RJ-45 是 8 芯线，而电话线的接口是 4 芯的，通常只接 2 芯线（ISDN 的电话线接 4 芯线）。在网卡上还自带两个状态指示灯，通过这两个指示灯颜色可初步判断网卡的工作状态。

2）BNC 接口网卡。这种接口网卡主要应用于使用细同轴电缆作为传输介质的以太网或令牌网中，目前这种接口类型的网卡较少见，主要因为使用细同轴电缆作为传输介质的网络本身比较少。

3）AUI 接口网卡。这种接口类型的网卡主要应用于以粗同轴电缆为传输介质的以太网或令牌网中，这种接口类型的网卡目前更是很少见，因为用粗同轴电缆作为传输介质的网络更是难得一见。

4）FDDI 接口网卡。这种接口的网卡是适应于 FDDI 网络中，这种网络具有 100Mb/s 的带宽，但它所使用的传输介质是光纤，所以这种 FDDI 接口网卡的接口也是光模接口的。随着快速以太网的出现，它的速度优越性已不复存在，但它须采用昂贵的光纤作为传输介质的缺点并没有改变，所以目前也非常少见。

5）ATM 接口网卡。这种接口类型的网卡是应用于 ATM 光纤（或双绞线）网络中。它能提供物理的传输速度达 155Mb/s。

（3）按带宽划分。随着网络技术的发展，网络带宽也在不断提高，但是不同带宽的网卡所应用的环境也有所不同，当然价格也完全不一样了，为此有必要对网卡的带宽作进一步了解。

目前主流的网卡主要有 10Mb/s 网卡、100Mb/s 以太网卡、10Mb/s/100Mb/s 自适应网卡、1000Mb/s 以太网卡四种。

1）10Mb/s 网卡。10Mb/s 网卡主要是比较老式、低档的网卡。它的带宽限制在 10Mb/s，这在当时的 ISA 总线类型的网卡中较为常见，目前 PCI 总线接口类型的网卡中也有一些是 10Mb/s 网卡，不过目前这种网卡已不是主流，基本已被淘汰。

2）100Mb/s 网卡。100Mb/s 网卡在目前来说是一种技术比较先进的网卡，它的传输 I/O 带宽可达到 100Mb/s，这种网卡一般用于骨干网络中。目前这种带宽的网卡在市面上已得到普及，价格也很便宜。注意，一些杂牌的 100Mb/s 网卡不能向下兼容 10Mb/s 网络。

3）10Mb/s/100Mb/s 自适应网卡。这是一种 10Mb/s 和 100Mb/s 两种带宽自适应的网卡，也是目前应用最为普及的一种网卡类型，最主要因为它能自动适应两种不同带宽的网络需求，保护了用户的网络投资。它既可以与老式的 10Mb/s 网络设备相连，又可应用于较新的 100Mb/s 网络设备连接，所以得到了用户普遍的认同。这种带宽的网卡会自动根据所用环境选择适当的带宽，如与老式的 10Mb/s 旧设备相连，那它的带宽就是 10Mb/s，但如果是与 100Mb/s 网络设备相连，那它的带宽就是 100Mb/s，仅需简单的配置即可（也有不用配置的）。也就是说它能兼容 10Mb/s 的老式网络设备和新的 100Mb/s 网络设备。

4）1000Mb/s 以太网卡。千兆以太网（Gigabit Ethernet）是一种高速局域网技术，它能够在铜线上提供 1Gb/s 的带宽。与它对应的网卡就是千兆网卡了，同理这类网卡的带宽也可达到 1Gb/s。千兆网卡的网络接口也有两种主要类型，一种是普通的双绞线 RJ-45 接口，另一种是多模 SC 型标准光纤接口。

（4）按网卡应用领域划分。如果根据网卡所应用的计算机类型来分，可以将网卡分为应用于工作站的网卡和应用于服务器的网卡。前面所介绍的基本上都是工作站网卡，其实通常也应用于普通的服务器上。但是在大型网络中，服务器通常采用专门的网卡。它相对于工作站所用的普通网卡来说在带宽（通常在100Mb/s以上,主流的服务器网卡都为64位千兆网卡）、接口数量、稳定性、纠错等方面都有比较明显的提高。还有的服务器网卡支持冗余备份、热拔插等服务器专用功能。

4. 网卡的识别

（1）挑选网卡时要考察网卡的以下技术指标。

1）系统资源占用率。网卡对系统资源的占用一般感觉不出来，但在网络数据量大的情况下就很明显了，如在线点播、语音传输、IP 电话等。一般 PCI 网卡要比 ISA 网卡对系统资源的占用率小得多，而且 PCI 总线也是计算机发展的主流。

2）全双工和半双工模式。网卡的全双工技术是指网卡在发送（接收）数据的同时可以进行数据接收（发送）的能力。所以从理论上来说，全双工能把网卡的传输速度提高 1 倍，性能肯定比半双工模式的要好很多。现在的网卡一般都是全双工模式。

3）网络（远程）唤醒。网络（远程）唤醒功能是现在很多用户购买网卡时很看重的一个指标。通俗地说，它就是远程开机，这对于需要管理一个具有几十台计算机的局域网的工作人员来说，无疑是十分有用的。

4）兼容性。和其他计算机产品相似，网卡的兼容性也很重要，不仅要考虑到和自己的机器兼容，还要考虑到和其他所连接的网络兼容，否则很难联网成功，出了问题也很难查找原因，所以选用网卡要尽量采用知名品牌的产品，不仅容易安装，而且大都能享受到一定的服务。

（2）在识别网卡的优劣时，要注意以下几方面。

1）要注意看网卡的主芯片种类。网卡的主芯片在很大程度上决定了计算机对驱动支持的完善程度。如现在市场上非常流行的 Netcore 3210 网卡，就是一款 PCI 接口的 10Mb/s/100Mb/s 自适应网卡，主芯片采用了技术相对成熟、质量稳定的 Realtek RTL8139C 芯片，这种芯片在全球 100Mb/s 网卡中已占据了 70%的市场份额。巨大的市场份额一方面可以证明其质量的稳定性，另外，一旦出现问题，也可以确保能很快在互联网上找到解决办法。

2）观察电路板的生产工艺也是众多高手推荐的办法。一方面是看生产网卡的板材选择，这从根本上决定了网卡的使用寿命和故障率。目前市场上主要采用的板材有两种，即喷锡板和画金板。喷锡板的空白焊点是银白色的，而画金板的为黄色。一般来说，喷锡板的焊接效果要好于画金板。这是因为喷锡板的焊点实际上是经过上锡处理的，所以在生产过程中不容易出现虚焊的机会，因此早期故障率会低很多。Netcore 3210 采用的就是优质的喷锡板材，做工精致，焊点稳固，与劣质网卡常见的粗糙做工有非常明显的差异。另外，网卡的插片部位也是决定网卡能否长期稳定工作的关键要素。Netcore 3210 在这个部位做了镀钛金处理，高度耐磨而且金属部分伸展性好，时间再长也不会出现与 PCI 插槽的接触问题。很多劣质网卡往往会在这个地方投机取巧，在实用中很容易出现计算机找不到网卡甚至死机等现象。

3）要注意观察网卡的电路设计。一般网卡很少会对电路设计做更多的关注。优秀的网卡则出于长远利益考虑，会注重增加自己产品相对于其他产品的优势，在电路的设计方面下大工夫。众所周知，快速以太网的工作频率是 125MHz，这在传统意义上已经在射频的频率范围了，在这样高的频率上，直角连线所产生的感抗已经不容忽视。虽然采用直角电路也能使用，但性能肯定是要逊色很多的。观察 Netcore 3210 网卡能发现，在电路布线上基本都是使用弧形的拐弯和 45°的拐弯，这是与一般网卡的明显区别，可以作为辨别伪劣的主要方面。另外，Netcore 3210 的板型比较大，所以可以更合理、更从容地布设电路，改善电路环境。

在电源设置上，Netcore 3210 网卡采用了标准的 3 端稳压电路，从 5V 的主电源降压获得 3.3V 的工作电源，保证了供电的稳定，对于网卡的兼容性和稳定性都有很大的帮助。

4）网卡的 MAC 地址。所有正规厂商生产的网卡都有一个全球独一无二的 MAC 地址，MAC 地址是一组 12 位的十六进制数，其中前 6 位标明的是网卡的生产厂商，后 6 位标明的是有生产商分配给网卡的唯一的号码。这样做的目的是为了网卡的物理位置的唯一性，使不同的网卡不会产生地址上的冲突。网卡的 MAC 地址可以通过一些软件进行检测，一般测试网卡的 MAC 地址可以用网卡自带的驱动程序或者 DOS 下的 MSD 命令，还有 Windows 95/98 下的 Winipcfg 命令。

除了上述几点之外，还有一个判断网卡优劣的最简单的办法，即看品牌。目前 Netcore 公司对产品实施一年包换、三年包修的服务承诺，这样的产品当然是值得信赖的。

（3）网卡的选择。在选择网卡时，除了要注意上面提到的技术指标和如何识别网卡优劣外，还应参考以下一些经验。

1）有线网卡的选择。工作站的网卡基本上统一采用 10Mb/s/100Mb/s 的 RJ-45 接口快速以太网网卡即可，在服务器方面则要根据具体的网络规模和网络应用而定。如果只是一般的中小型企业的局域网，则可以采用相对廉价的 RJ-45 双绞线接口千兆位网网卡即可；而如果网络规模较大，或者网络应用较复杂，如有大型的数据库系统、复杂的电子商务应用，则可采用光纤接口的千兆位网网卡，这种网卡的性能较双绞线接口的要好得多。

2）无线网卡的选择。在无线局域网标准上，建议选择具有 54Mb/s 速度的 IEEE 802.11g 标准的无线网卡产品。如果选择的是同一品牌的无线网卡及其他无线局域网设备，还建议选择 108Mb/s 的 IEEE 802.11g+标准无线网卡。这样一来，工作站用户的无线网络带宽也可达到百兆位有线的速度，不会影响整体网络性能，对保护用户投资非常有益。

3）网卡品牌的选择。在网卡的品牌选择上，主要有 3Com、Intel、D-link、NETGEAP、TP-Link、BenQ 等，具体要根据网卡的具体网络位置决定。一般来说，越重要的位置，所选择的网卡的品牌就应该越好，这样可在网卡性能和稳定性等方面提供足够的保障。

2.2.2 集线器

集线器（Hub）是以星形拓扑结构连接网络节点（如工作站、服务器等）的一种中枢网络设备。集线器就像树的主干一样，是各分支的聚集点，同时，集线器也是对网络进行管理的重要工具。集线器的主要功能就是信息分发，把一个端口接收的信号向所有其他端口分发出去。一些集线器在分发之前将弱信号进行再生放大，再将信号传递给其他网络设备。随着交换机的价格逐年下降，集线器已经基本上走出市场，智能集线器除外。

1. 集线器分类

局域网内的集线器按配置方式的不同通常分为三种不同的类型，即独立式集线器、堆叠式集线器、模块式集线器。

（1）独立式集线器。正如其名字所示，服务于一个计算机工作组的独立式集线器，是与网络中的其他设备隔离的。独立式集线器最适合较小的独立部门、家庭、办公室或实验室环境。外形如图 2-14 所示。

图 2-14 独立式集线器

（2）堆叠式集线器。这种集线器类似于独立式集线器。但从物理结构上来看，它们被设计成与其他集线器连在一起，并被置于一个单独的电信机柜里；从逻辑上来看，堆叠式集线器代表了一个大型的集线器。使用堆叠式集线器有一个很大的好处，那就是网络或工作组不必只依赖一个单独的集线器，一个集线器出现故障并不影响网络其他部分的运行。

（3）模块式集线器。模块式集线器通过底盘提供了大量可选的接口选项。这使得它使用起来比独立式集线器和堆叠式集线器更加方便灵活。和个人计算机一样，模块式集线器有主板和插槽，这样就可以插入不同的适配器。

2. 如何判断局域网是否需要集线器

判断局域网是否需要集线器方法比较简单，即，如果想建立星形网络且有不少于两台主机，那么就需要集线器。这个规则只有一个例外，只有两台主机的10Base-T网络，可以直接将其相连，但是需要一条交叉线（交叉线制作方法，参见第1章1.1.6节）。

2.2.3 交换机

1. 交换机概述

最初的交换机（Switch）是用来替代集线器并解决局域网的传输拥塞问题的。作为高性能的集线设备，随着价格的不断降低和性能的不断提升，在以太网中，交换机已经逐步取代了集线器而成为常用的网络设备。用交换机构建的局域网称为交换式局域网，而用集线器构建的局域网则属于共享式局域网。与共享式局域网相比，交换式局域网的数据传输效率较高，适合于数据量大并且非常频繁的网络通信，因此被广泛应用于传输各种类型的多媒体数据的局域网。

2. 交换机的分类

（1）根据网络覆盖的范围。根据网络覆盖的范围交换机可以分为广域网交换机、局域网交换机。

广域网交换机主要是应用于电信城域网互联、Internet接入等领域的广域网中，提供通信应用的基础平台。

局域网交换机应用于局域网络，连接终端设备，如服务器、工作站、集线器、路由器、网络打印机等，提供高速独立通信通道。其实在局域网交换机中又可以划分为多种不同类型的交换机。

（2）根据传输介质和传输速度。根据交换机使用的网络传输介质及传输速度的不同一般可以将局域网交换机分为以太网交换机、快速以太网交换机、千兆（1Gb/s）以太网交换机、10千兆（10Gb/s）以太网交换机、FDDI交换机、ATM交换机和令牌环网交换机等。

1）以太网交换机。这里所指的"以太网交换机"是指带宽在100Mb/s以下的以太网所用交换机，后面提到的"快速以太网交换机"、"千兆以太网交换机"和"10千兆以太网交换机"也是以太网交换机，只不过它们所采用的协议标准、或者传输介质不一样，当然其接口类型也可能不一样。

2）快速以太网交换机。这种交换机是用于100Mb/s快速以太网。快速以太网是一种在普通双绞线或者光纤上实现100Mb/s传输带宽的网络技术。要注意的是，一提到快速以太网就认为全都是纯正100Mb/s带宽的端口，事实上目前基本上还是10Mb/s/100Mb/s自适应型的为主。一般来说这种快速以太网交换机通常所采用的介质也是双绞线，有的快速以太网交换机为了兼顾与其他光传输介质的网络互联，或许会留有少数的光纤接口。如图2-15所示的是一款锐捷快速以太网交换机产品。

3）千兆以太网交换机。千兆以太网交换机应用于目前较新的一种网络——千兆以太网中，也有人把这种网络称之为"吉位以太网"，那是因为它的带宽可以达到 1000Mb/s。它一般应用于一个大型网络的骨干网段，所采用的传输介质有光纤、双绞线两种，对应的接口为 SC 和 RJ-45 接口两种。如图 2-16 所示的就是千兆以太网交换机产品示意图。

图 2-15　锐捷快速以太网交换机　　　　　　图 2-16　千兆以太网交换机

4）10 千兆以太网交换机。10 千兆以太网交换机主要是为了适应当今 10 千兆以太网络的接入，它一般是应用于骨干网段上，采用的传输介质为光纤，其接口方式也就相应为光纤接口。同样这种交换机也称之为"10G 以太网交换机"。因为目前 10Gb/s 以太网技术还处于研发初级阶段，价格也非常昂贵（一般要 2 万～9 万美元），所以 10Gb/s 以太网在实际应用中还不是很普遍，再则多数企业用户都早已采用了技术相对成熟的千兆以太网，并且认为这种速度已能满足企业数据交换需求。如图 2-17 所示的是一款锐捷 10 千兆以太网交换机产品示意图。

5）ATM 交换机。ATM 交换机是应用于 ATM 网络的交换机产品。ATM 网络由于其独特的技术特性，现在还只广泛应用于电信、邮政网的主干网段，因此其交换机产品在市场上很少看到，ATM 交换机的价格是很高的，所以也就在普通局域网中见不到它的踪迹。

图 2-17　锐捷 10 千兆以太网交换机

6）FDDI 交换机。FDDI 技术是在快速以太网技术还没有开发出来之前开发的，它主要是为了解决当时 10Mb/s 以太网和 16Mb/s 令牌网速度的局限，因为它的传输速度可达到 100Mb/s，这比前两种网络速度高出许多，所以在当时还是有一定市场。但它当时是采用光纤作为传输介质的，比以双绞线为传输介质的网络成本高许多，所以随着快速以太网技术的成功开发，FDDI 技术也就失去了它原有的市场。正因如此，FDDI 设备，如 FDDI 交换机也就比较少见了，FDDI 交换机应用于老式中、小型企业的快速数据交换网络中的，它的接口类型都为光纤接口。

（3）根据交换机工作的协议层。网络设备都工作在 OSI/RM 的一定层次上，工作的层次越高，说明其设备的技术性越高，性能越好，档次也就越高。交换机也一样，随着交换技术的发展，交换机由原来工作在 OSI/RM 的第二层，发展到现在已有可以工作在第四层的交换机，所以根据工作的层，交换机可分第二层交换机、第三层交换机和第四层交换机。

1）第二层交换机。第二层交换机是对应于 OSI/RM 的第二层来定义的，因为它只能工作在 OSI/RM 开放体系模型的第二层，即数据链路层。

2）第三层交换机。第三层同样是对应于 OSI/RM 开放体系模型的第三层，即网络层来定义的，也就是说这类交换机可以工作在网络层，它比第二层交换机更加高档，功能更强。第三层交换机因为工作于 OSI/RM 模型的网络层，所以它具有路由功能，它是将 IP 地址信息提供给网络路径选择，并实现不同网段间数据的交换。当网络规模较大时，可以根据特殊应用需求划分为小而独立的 VLAN 网段，以减小广播所造成的影响时。通常这类交换机是采用模块化结构，以适应灵活配置的需要。在大中型网络中，第三层交换机已经成为基本配置设备。

3）第四层交换机。第四层交换机是采用第四层交换技术而开发出来的交换机产品，它工作于 OSI/RM 模型的第四层，即传输层，直接面对具体应用。第四层交换机支持的协议是各种各样的，如 HTTP，FTP、Telnet、SSL 等。目前由于这种交换技术尚未真正成熟且价格昂贵，所以，第四层交换机目前在实际应用中还较少见。

3．交换机的识别

一般来讲，评价交换机的优劣要从总体构架、性能和功能三方面入手。总体架构是指交换机设备的端口密度、端口支持的最高速度、交换容量等基本性能参数的值，可以让用户从总体上把握该设备的定位和档次。

而交换机的性能除了要满足 RFC2544 建议的基本标准，即吞吐量、时延、丢包率外，随着用户业务的增加和应用的深入，还增加了一些额外的指标，如 MAC 地址数、路由表容量（三层交换机）、ACL 数目、LSP 容量、支持 VPN 数量等。以 MAC 地址数为例，MAC 地址数是指交换机的 MAC 地址表中最多可以存储的 MAC 地址数量，支持的 MAC 地址数越多，数据转发的速度也就越高。

（1）功能是最直接指标。对于一般的接入层交换机，简单的 QoS 保证、安全机制、支持网管策略、生成树协议和 VLAN 都是必不可少的功能，但是如果仔细分析，在简单的表象下还可以对某些功能进行进一步的细分，而这些细分功能正是导致产品差异的主要原因，也是体现产品附加值的重要途径。

（2）应用级 QoS 保证。为了在实际应用中为用户提供更大的灵活性，交换机的 QoS 策略必须支持多级别的数据包优先级设置，既可分别针对 MAC 地址、VLAN、IP 地址、端口进行优先级设置。同时，交换机还要具有良好的拥塞控制和流量限制的能力，支持 Diffserv 区分服务，能够根据源/目的的 MAC/IP 智能区分不同的应用流，满足实时多媒体应用的需求。目前市场上的一些交换机虽然也号称具有 QoS 保证，但其实只支持单级别的优先级设置，为用户的实际应用带来很多不便。

（3）VLAN 支持。VLAN 即虚拟局域网，通过将局域网划分为虚拟网络 VLAN 网段，可以强化网络管理和网络安全，控制不必要的数据广播，网络中工作组可以突破共享网络中的地理位置限制，而根据管理功能来划分子网。不同厂商的交换机对 VLAN 的支持能力不同，支持 VLAN 的数量也不同。

（4）网管功能。通过网管功能可以使用管理软件来管理、配置交换机，例如，可通过 Web 浏览器、Telnet、SNMP、RMON 等管理。通常，交换机厂商都提供管理软件或第三方管理软件远程管理交换机。一般的交换机满足 SNMP MIB I/MIB II 统计管理功能，并且支持配置管理、服务质量的管理、告警管理等策略，而较为复杂的千兆交换机会通过增加内置 RMON 组（mini-RMON）来支持 RMON 主动监视功能。瑞斯康达 ISCOM2826 交换机就具备这样的策略支持，在 SNMP 网管方式下，可由瑞斯康达公司的综合网管平台 RCNVIEW进行管理。

（5）链路聚合。链路聚合可以让交换机之间和交换机与服务器之间的链路带宽有非常好的伸缩性，如可以把 2 个、3 个、4 个千兆的链路绑定在一起，使链路的带宽成倍增长。链路聚合技术可以实现不同端口的负载均衡，同时也能够互为备份，保证链路的冗余性。在一些千兆以太网交换机中，最多可以支持 4 组链路聚合，每组中最多 4 个端口。生成树协议和链路聚合都可以保证一个网络的冗余性。在一个网络中设置冗余链路，并用生成树协议让备份链路阻塞，在逻辑上不形成环路，而一旦出现故障，启用备份链路。GreenNet 公司的 TiNetS3526不仅支持 8 个 10/100Base-T 自适应端口的捆绑，还支持千兆端口的聚合。

（6）支持 VRRP 协议。VRRP（虚拟路由冗余协议）是一种保证网络可靠性的解决方案。在该协议中，对共享多存取访问介质终端 IP 设备的默认网关（Default Gateway）进行冗余备份，从而在其中一台三层交换机设备宕机时，备份的设备会及时接管转发工作，向用户提供透明的切换，提高了网络服务质量。VRRP 协议与 Cisco 的 HSRP 协议有异曲同工之妙，只不过 HSRP 是 Cisco 独有的。目前，主流交换机厂商均已在其产品中支持 VRRP 协议，但广泛应用尚需时日。

最后需要说明的是，如果需要组建 VLAN 网络，则在选购交换机时建议选择第三层交换机，虽然有些第二层交换机也具有 VLAN 功能，但所支持的配置方式限于基本的端口方式，很难满足应用需求。

在中型以上企业网络中的二级交换机通常也需要是部门级交换机，也应至少有一个1000Mb/s 双绞线 RJ-45 或者光纤接口，用于与核心交换机实现千兆位级联。当然也有些规模较小的企业，在二级交换机中选择的是工作组第二层交换机，这类交换机通常不具备千兆位端口，只是采用统一的普通 5 类或超 5 类双绞线，实现 10/100Mb/s 连接。三级或以下交换机可以选择二层的工作组或者桌面级交换机。

交换机的品牌也非常多，国外著名的品牌有 3Com、Cisco、安奈特、NETGEAR 等，国内的如华为、D-Link、TP-Link、锐捷等。

4. 交换机的选择

高性价比是目标，"让每一分钱都花得很值"是每个经营者的追求目标。性价比原则主要体现在以下几个方面。

（1）端口密度。在各种性能参数基本相同的情况下，交换机的端口密度越大，每个端口的花费就越少。也就是说，一台有 48 个端口的交换机要比两台各有 24 个端口的交换机便宜，因此，高密度端口的交换机往往拥有较高的性价比。

（2）性能与功能。性能越好、功能越丰富，自然价格越高。就网吧来说，其规模往往并不是很大，各种网络应用并不是特别丰富，对网络安全的要求也不是很高，所以，一般的100Mb/s 傻瓜交换机完全能够担当重任。

（3）考虑差异。有的交换机（核心交换机）用于连接其他交换机和服务器，而有的交换机（工作组交换机）则直接连接计算机，因此，不同位置的交换机应当选择不同性能的产品。只有这样，才能充分发挥各个设备的最高性能。还拿网吧来说，其计算机超过 200 台时，建议购置一台第三层交换机作为中心交换机。

（4）厂商品牌。美国、中国大陆和中国台湾地区都有生产交换机的厂商。其中，美国产品价格最高，功能最丰富，性能最强，其次就是中国大陆和中国台湾地区的产品。如果是网吧采购，则交换机不需要具备太多的功能，因此，中国大陆的知名品牌往往是首选。

5．集线器和交换机的区别

集线器和交换机在外表上相同，而且使用较多，容易将两者混淆。其实，它们之间具有很大的区别。

1）集线器上的所有端口争用一个共享信道的带宽，因此随着网络节点数量的增加，数据传输量的增大，每个节点的可用带宽将随之减少。集线器采用广播形式传输数据，即向所有端口传送数据。

2）交换机上的所有端口均有独享的信道带宽，以保证每个端口上数据快速有效传输。交换机为用户提供的是独占的、点对点的连接，数据包只被发送到目的端口，而不会向所有端口发送。

6．无线 AP

在介绍交换机之后，之所以加入无线 AP 内容是因为两者在不同网络中的功能类似，都是把工作站集中连接起来。

AP 为 Access Point 简称，无线 AP 一般翻译为"无线访问节点"，它主要是提供无线工作站对有线局域网和从有线局域网对无线工作站的访问，在访问接入点覆盖范围内的无线工作站可以通过它进行相互通信。通俗地讲，无线 AP 是无线网和有线网之间沟通的桥梁。由于无线 AP 的覆盖范围是一个向外扩散的圆形区域，因此，应当尽量把无线 AP 放置在无线网络的中心位置，而且各无线客户端与无线 AP 的直线距离最好不要超过 30m，以避免因通信信号衰减过多而导致通信失败。

在无线 AP 的选型上，主要考虑它所支持的无线局域网技术标准、有效距离及其他辅助功能。因为现在的无线网络通常还仅应用于小型网络，或者作为有线网络的补充，所以无线节点的选择相对较为简单，建议选择与所选择的无线网卡和其他无线网络设备一样的品牌，在支持标准上目前必须选择支持 54Mb/s 的 IEEE 802.11g 标准及以上。对于 AP 这样用于集中连接的设备，不要再选择仅支持 11Mb/s 的 IEEE 802.11b 标准的。如果在与其他无线网络设备兼容性方面不存在问题，建议选择支持 108Mb/s 的 IEEE 802.11g+标准的产品。

在无线 AP 产品品牌上，比较著名的有 D-Link、3Com、NETGEAR、SMC、Linksys、TP-Link、BenQ 等，国内用户普遍认可的是 NETGEAR、D-Link、TP-Link 这三个品牌。

在有多个无线 AP 的网络环境中，无线 AP 可以通过有线交换机集中连接在一起，也可以通过无线网桥连接在一起。在单一无线 AP 的网络环境中，如家庭用户、SOHO 办公用户和小型办公室用户等，它通常是与有线宽带路由器连接，实现共享上网。

2.2.4　路由器

近年来，随着计算机网络规模的不断扩大，大型互联网络的迅猛发展，将自己的网络同其他的网络互联起来，从网络中获取更多的信息并向网络发布自己的消息，是网络互联的最主要的动力。网络的互联有多种方式，其中使用最多的是路由器互联。

1．路由器概述

路由器（Router）是 Internet 上最为重要的设备之一，路由器是一种负责寻找路径的网络设备，它工作在 OSI/RM 的第三层，它在互联网络中从多条路径中寻找通信量最少的一条网络路径提供给用户通信。正是遍布世界各地的数以万计的路由器构成了 Internet 的"桥梁"。

常说的路由器的主要参数指标如下。

（1）全双工线速转发能力。全双工线速转发能力是指以最小包长（64b）和最小包间隔，该参数是标志路由器性能的最重要指标。

（2）设备吞吐量。设备吞吐量指设备整机对包的转发能力，是设备性能的重要指标。路由器的性能指标是每秒转发包的数量。设备吞吐量通常小于路由器所有端口吞吐量之和。该指标值越大越好。

（3）端口吞吐量。端口吞吐量指路由器在某端口上的包转发能力，通常使用 p/s（包每秒）表示，越大越好。

（4）路由表能力。路由表能力是指路由表内所容纳路由表项数量的极限，它是路由器能力的重要体现。

（5）背板能力。背板能力是路由器的内部实现。背板能力能够体现在路由器的吞吐量上。背板能力通常大于根据吞吐量和测试包长所计算的值。但是背板能力只能在设计中体现，一般无法测试。

（6）转发时延。转发时延是指需转发的数据包最后一个比特进入路由器端口，到该数据包第一个比特出现在端口链路上的时间间隔，该间隔越短越好。

（7）CPU。无论在中低端路由器还是在高端路由器中，CPU 都是路由器的心脏。需要注意的是，CPU 性能并不完全反映路由器性能，路由器性能主要由路由器吞吐量、时延和路由计算能力等指标体现。

（8）内存。一般来说，路由器内存越大越好。需要注意的是，内存也不直接反映路由器性能与能力，因为高效的算法与优秀的软件可大大节约内存。

2.　路由器的分类

路由器产品，按照不同的划分标准有多种类型。常见的分类有以下几类。

（1）按性能档次分为高、中、低档路由器。

（2）从结构上分为"模块化路由器"和"非模块化路由器"。

模块化结构可以灵活地配置路由器，以适应企业不断增加的业务需求，非模块化的就只能提供固定的端口。通常中高端路由器为模块化结构，低端路由器为非模块化结构。如图 2-18 所示为 RG-R2632 高性能模块化多业务路由器。

（3）从功能上划分，可将路由器分为"骨干级路由器"，"企业级路由器"和"接入级路由器"。

图 2-18　RG-R2632 高性能模块化多业务路由器

骨干级路由器是实现企业级网络互联的关键设备，它数据吞吐量较大，对于骨干级网络来说非常重要。对骨干级路由器的基本性能要求是高速度和高可靠性。

企业级路由器连接许多终端系统，连接对象较多，但系统相对简单，且数据流量较小，对这类路由器的要求是以尽量便捷的方法实现尽可能多的端点互联，同时还要求能够支持不同的服务质量。

接入级路由器主要应用于连接家庭或 ISP 内的小型企业客户群体。

（4）按所处网络位置划分通常把路由器划分为"边界路由器"和"中间节点路由器"。

很明显，边界路由器是处于网络边缘，用于不同网络路由器的连接；而中间节点路由器则处于网络的中间，通常用于连接不同网络，起到一个数据转发的桥梁作用。

（5）从性能上可分为"线速路由器"和"非线速路由器"。

所谓线速路由器就是完全可以按传输介质带宽进行通畅传输，基本上没有间断和延时。通常线速路由器是高端路由器，具有非常高的端口带宽和数据转发能力，能以媒体速率转发数据包；中低端路由器是非线速路由器。但是一些新的宽带接入路由器也具有线速转发能力。

3．路由器的识别

正如前面所提到的路由器也有一个按性能来划分不同档次的标准，那就是按路由器的背板带宽来划分高、中、低档。通常将背板能力大于 40Gb/s 的路由器称为高档路由器（有的高达几百上千吉比特每秒），背板能力为 25～40Gb/s 的路由器称为中档路由器，低于 25Gb/s 的当然就是低档路由器了。

不同档次的路由器其实也决定了它在网络中应用的位置，如高档路由器通常属于核心级或企业级路由器，主要应用于大型企业网络中心，或者应用于其他大型网络的连接；中档路由器则通常用于大型企业网络内部，担当二级路由器，连接各子网或网段，也可以应用于其他中型机构、合作伙伴、供应商网络之间的连接；而低档路由器则通常应用于企业网络与互联网服务器商之间的连接，或者与分支办公室、小型供应商、合作伙伴之间的连接。

在核心级或企业级路由器中，为了连接多个不同网络，甚至是不同类型的网络，提供了多个不同类型的局域网或广域网接口，也有许多采用模块式结构，以便于用户需要时扩充。当然这类路由器接口通常是千兆位级别的，支持各种千兆位网络技术标准。

一般小型网络可能只有一个边界路由器，没有中间节点路由器，但在一些大型网络中，边界和中间节点路由器都可能不止一个，特别是中间节点路由器。因为路由器产品的价格通常非常贵（几万元以上），这就要根据不同路由器所处的位置来选择适当性能的路由器，以最经济的方式实现各网络、子网或网段的高性能互联。

4．路由器的选择

选择路由器时应考虑的因素。

（1）实际需求。首先应当认真考查企业网络的实际需求，包括对端口类型的需求和对路由器性能的需求。一方面，必须满足企业网络互联和 Internet 接入的需要；另一方面，也不要盲目追求品牌和高性能，只需略有余量就可以了。对于只拥有 50 个以下用户的小型企业而言，可选购拥有 VPN 和静态路由功能的宽带路由器，既能保证网络的 Internet 接入，又可以实现复杂的网络应用。

（2）可扩展性。路由器有模块化结构与固定配置两类。模块化结构具有较大的灵活性，无论网络结构和接入方式如何变化，只需选择相关的模块即可适应各种复杂的网络情况。当然，模块化结构的性能较好，价格也通常较高。

固定配置路由器只拥有固定的端口，无法更换端口类型或增加端口数量，只能应用于较为稳定的网络环境，其路由性能较差，价格也非常便宜。由此可见，中型网络应当选择模块化路由器，而小型网络则可选用固定配置路由器。

（3）性能因素。从性能上看，路由器可分高端路由器和中、低端路由器。低端路由器（如 Cisco 2600 系列和 Cisco 3600 系列）主要适合中小企业的应用，考虑的一个主要因素是端口数量，另外还要看包交换能力。中端路由器（如 Cisco 7500 系列）适合大中型企业，其选用原则也是考虑端口支持能力和包交换能力。

而高端路由器（如 Cisco 12000 系列）则主要应用在核心和骨干网络，一般是提供千兆能力的产品，端口密度要求极高。通常情况下，中小型企业可以选择 Cisco 2600 系列和 Cisco 3600 系列路由器，当用户数量超过 1500 时，可以考虑选择 Cisco 7500 系列路由器。

（4）接口类型。不同的 Internet 接入方式和网络间的互联需要不同类型的接口。通常情况下，V.35 串口端口和 Fast Ethernet 快速以太网端口是经常使用的端口，前者用于连接 DDN 专线，实现远程网络和 Internet 接入，后者实现与局域网的连接。因此，应当根据具体的网络环境选择适当的插槽数量和路由模块。

除了要考虑上述 4 个因素外，还可以借鉴下面的几点经验。

（1）外形漂亮不如散热"痛快"。在选购路由器时，产品的外形设计和模具质量可以给人最直观的感受。一般来说，国内的产品外形设计较为人性化，而国外产品的设计风格则更偏重于工业化。目前无线路由器的外壳设计大多采用塑料或者金属（铁制居多）两类。一般来说，采用金属外壳的产品价格稍贵，散热能力也更强些。

另外，一些细节也非常值得注意，如产品的散热口，对于处在长期工作状态下的网络产品来说，散热能力的优劣直接会影响到产品稳定性和使用寿命，所以通过仔细观察外壳材料、散热口及体积大小，能够大概得到一些关于产品散热性能的信息。

（2）选择主流配置。处理器是路由器中最为核心的部件，其性能的优劣可以直接影响产品的性能。用户完全可以在有限的挑选时间里，以路由器内核的参数性能，作为选购与否的主要标准。

（3）内存容量和 Flash 容量。路由器在运算中所有的数据都是在内存中存放的，所以说路由器内存容量的大小也是决定整体性能的关键因素，可以通过仔细观察产品参数来确定内存大小。当然，也不能走进内存越大越好的误区，其中，由于厂商设计能力的不同，内存的优化能力和使用效率也有所不同。水平高的软件设计能很好地规划和使用内存，否则内存就不能得到有效的规划和使用。所以建议消费者在选购前能查阅产品相关资料，对其性能特点做到心中有数。

对于路由器的 Flash 容量来说，用得越小软件水平越高，产品的设计水平越高。作为用来存放操作系统和应用程序的 Flash，其大小主要取决于操作系统、应用程序编写效率和用户界面的清晰度。

5. 宽带路由器和无线宽带路由器

宽带路由器顾名思义就是用于 Internet 宽带连接的。它集成了 DHCP、防火墙、NAT、VPN 等，有的还集成了应答服务器功能。它通常有一个广域网接口和 4 个局域网交换机端口，所以对于 4 个以内用户主机的情况，可以不用另外购买集线器或交换机，而直接用路由器的 4 个端口连接。当然这主要对于家庭或者 SOHO 用户而言，对于企业用户来说，一般情况下，远不止 4 个用户，所以通常还是需要先用集线器或交换机集中连接用户，然后再通过一条电缆与宽带路由器连接。

无线宽带路由器在接口方面也是一样，一般也是提供 4 个有线 LAN 接口，可用于有线网络交换机和有线工作站的连接。它是无线 AP 与宽带路由器的一种结合体，因此，它既有无线连接的功能，又有无线路由功能。它借助于路由器功能，可实现家庭无线网络中的 Internet 连接共享，实现 ADSL 和小区宽带的无线共享接入。另外，无线宽带路由器可以把通过它进行无线和有线连接的终端都分配到一个子网，这样子网内的各种设备交换数据就非常方便。现在，有些无线网络设备厂商推出了许多家庭套装，其中就包括一块无线网卡和一台无线宽带路由器，价格在 300 元左右，非常实惠。

2.2.5 防火墙

由于 Internet 的迅速发展，提供了发布信息和检索信息的场所，但它也带来了信息污染和信息破坏的危险，人们为了保护其数据和资源的安全，研制开发了防火墙（Firewall）。

1. 防火墙概述

防火墙是一种获取安全性方法的形象说法。它是一种计算机硬件和软件的结合、使因特网（Internet）与内部网（Intranet）之间建立起一个安全网关（Security Gateway），从而保护内部网免受非法用户的入侵，从本质上说是一种保护装置，它保护的是数据、资源和用户的声誉。

防火墙方法有助于提高计算机主系统总体的安全性，因而可使联网用户获得许多好处。如，

（1）防止易受攻击的服务；

（2）控制访问网点系统；

（3）集中安全性；

（4）增强的保密；

（5）进行网络使用、滥用的记录和统计，能在可疑活动发生时发出音响警报，还可以提供防火墙和网络是否受到试探或攻击的细节，并确定防火墙上的控制措施是否得当。网络使用率统计数字之所以重要，还因为它可作为网络需求研究和风险分析的依据。

2. 防火墙的分类

（1）硬件防火墙和软件防火墙。

1）硬件防火墙。硬件防火墙是指把防火墙程序做到芯片里面，由硬件执行这些功能，减少 CPU 的负担，使路由更稳定。

硬件防火墙是保障内部网络安全的一道重要屏障。它的安全和稳定，直接关系到整个内部网络的安全。因此，日常例行的检查对于保证硬件防火墙的安全是非常重要的。

如图 2-19 所示为锐捷硬件防火墙。

2）软件防火墙。软件防火墙运行于特定的计算机上，它需要客户预先安装好的计算机操作系统的支持，一般来说这台计算机就是整个网络的网关，俗称"个人防火墙"。软件防火墙就像其他的软件产品一样需要事先在计

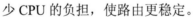
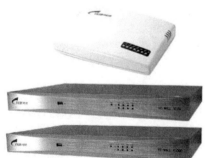

图 2-19　锐捷硬件防火墙

算机上安装并做好配置才可以使用。防火墙厂商中做网络版软件防火墙最出名的莫过于

Checkpoint。使用这类防火墙，需要网管对所工作的操作系统平台比较熟悉。

（2）根据过滤技术分类。

1）包过滤型防火墙。目前在广大中小企业中应用最广，主要是它的价格比较便宜，而且性能也相当不错。它在安全性方面的不足在这类企业中也表现得不是很明显。

2）应用代理型防火墙。它运行于内部网络和外部网络之间的主机上，其提供的安全级别高于包过滤型防火墙，它的一个明显的缺点是速度比包过滤慢。它是目前最为主流的防火墙技术，也是应用最广的一种防火墙类型，特别是在一些中型或以上网络中。它有非常全面的安全防护技术和措施，可以为企业网络提供全方位的安全防护和管理，但价格比包过滤型防火墙要贵许多。

3）状态包过滤型防火墙。它就是为了克服包过滤型防火墙明显的安全不足而开发的。其优点在于传输效率和安全性得到了进一步提高。目前这种防火墙还具备了应用代理型防火墙的应用代理功能，可以代理 HTTP、FTP、SMTP、POP3、Telnet 和 Sockets4/Sockets5 等常用协议。这样一来，它就属于混合型的防火墙，具有包过滤和应用代理两种技术的优势。

但这种防火墙还处于发展阶段，也只是在一些较大型企业或者应用较复杂的 Internet 应用中采用，如 Web 服务器、数据库应用和电子商务应用等。另外，也有专门的无线防火墙，当然是为了应用于无线局域网中的，不过目前这一设备还没有得到广泛应用。

3．硬件防火墙的识别

有一些问题常令用户困惑，在硬件防火墙的功能上，各个厂商的描述十分雷同，一些后起之秀与知名品牌极其相似。面对这种情况，该如何鉴别？描述得十分类似的产品，即使是同一个功能，在具体实现上、可用性和易用性上，个体差异也十分明显。

（1）网络层的访问控制。所有防火墙都必须具备此项功能，否则就不能称其为防火墙。

1）规则编辑。对网络层的访问控制主要表现在防火墙的规则编辑上，一定要考察对网络层的访问控制是否可以通过规则表现出来，规则配置是否提供了友善的界面等。

2）IP/MAC 地址绑定。同样是 IP/MAC 地址绑定功能，有一些细节必须考察，如防火墙能否实现 IP 地址和 MAC 地址的自动搜集？对违反了 IP/MAC 地址绑定规则的访问是否提供相应的报警机制？因为这些功能非常实用，如果防火墙不能提供 IP 地址和 MAC 地址的自动搜集，网管可能被迫采取其他的手段获得所管辖用户的 IP 与 MAC 地址，这将是一件非常乏味的工作。

3）NAT（网络地址转换）。这原本是路由器具备的功能已逐渐演变成防火墙的标准功能之一。但对此项功能，各厂家实现的差异非常大，许多厂家实现 NAT 功能存在很大的问题，如难于配置和使用，这将会给网络管理员带来巨大的麻烦。作为网络管理员必须学习 NAT 的工作原理，提高自身的网络知识水平，通过分析比较，找到一种在 NAT 配置和使用上简单处理的防火墙。

（2）应用层的访问控制。这一功能是各个防火墙厂商的实力比拼点，也是最出彩的地方。在对应用层的控制上，选择防火墙时可以考察以下几点。

1）是否提供 HTTP 协议的内容过滤；

2）是否提供 SMTP 协议的内容过滤；

3）是否提供 FTP 协议的内容过滤。

（3）管理和认证。这是防火墙非常重要的功能。目前，防火墙管理分为基于 Web 界面的

WUI 管理方式、基于图形用户界面的 GUI 管理方式和基于命令行 CLI 的管理方式。各种管理方式中，基于命令行的 CLI 方式最不适合防火墙。

（4）审计和日志及存储方式。目前，绝大多数防火墙都提供了审计和日志功能，区别是审计的粒度粗细不同、日志的存储方式和存储量不同。

（5）区分包过滤和状态监测。一些小公司为了推销自己的防火墙产品，往往宣称采用的是状态监测技术。从表面上看，往往容易被迷惑。这里给出区分这两种技术的小技巧。

1）是否提供实时连接状态查看；

2）是否具备动态规则库。

状态监测防火墙可以支持动态规则，通过跟踪应用层会话的过程自动允许合法的连接进入，禁止其他不符合会话状态的连接请求。

4. 硬件防火墙的选择

选择防火墙的关键是要把握住 4 方面，即品牌、性能、价格和服务（这 4 方面对于选择任何产品都是要有所考虑的）。

（1）品牌，品质要保证。作为企业信息安全保护最基础的硬件，防火墙在企业整体防范体系中占据至关重要的地位。一款反应和处理能力不高的防火墙，不但保护不了企业的信息安全，甚至会成为安全的最大隐患。如现在许多黑客就重点对防火墙进行攻击，而他们一旦得逞，就可以在整个系统内为所欲为。因此，选择防火墙需谨慎，应购买具有品牌优势，质量信得过的产品。目前市场上的防火墙产品虽然众多，但有品牌优势的并不多。

有人认为，要选最好的，就应该选国外的品牌。确实，因为国外厂家比国内起步早，在高端技术上占有优势。但国内品牌在这几年飞速发展，已具备一定实力，特别在行业低端应用上，与国外不相上下，而价格与服务却明显比国外有优势。对于在高端功能应用上不多的中小企业来说，选择国内品牌，性价比更高。

（2）性能，只选适合不选最高。面对市场上用尽专业术语标榜自己技术最先进、功能最强大的各种防火墙，用户往往有点无从选择的感觉。其实，一款适合企业自身应用的防火墙，不一定是技术最高超的，而应是最能满足企业需要的。为此，在选择的过程中，应从下面几个方面综合考虑。

首先，产品本身应该安全可靠。许多用户把视线集中在防火墙的功能上，却忽略防火墙自身的安全问题，这很容易使防火墙成为黑客攻击的突破口。

其次，产品应具有良好的扩展性与适应性。今天黑客攻击与反攻击的斗争在不断持续和升级，网络随时都面临新攻击的威胁。而新的危险来临时，防火墙需要采用新的对策，这就要求它必须具有良好的可扩展性与适应性。

除了上面几点，对防火墙的基本性能，如效率与安全防护能力、网络吞吐量、提供专业代理的数量，以及与其他信息安全产品的联动等，当然也必须好好考虑，原则是在预算范围内，选择最好的。

（3）价格，并非越贵越好。目前市场上的防火墙产品众多，而价格从几百元到几百万元不等。不同价格的防火墙，带来的是安全程度的不同。如个人防火墙最低只要一百多元，但它只是针对个人计算机。同时，硬件防火墙因为比软件防火墙稳定性与效率更高，一般价格也要高一些。而单一的防火墙与整套防火墙解决方案的安全保护能力不同，价格更相差悬殊。

对于有条件的企业来说，最好选择整套企业级的防火墙解决方案。目前国外产品集中在行业高端市场，价格都比较昂贵，属于百万量级。对于规模较小的企业来说，可以选择国内的产品，同样能获得比较完整的安全防范解决方案，而在价格上只需十几万元，比国外品牌同类产品低很多。还有像瑞星这样刚刚进入防火墙市场的厂商，把产品价格定在了 10 万元以内。

（4）服务，应该细致周到。好的防火墙，应该是企业整体网络的保护者，能弥补其他操作系统的不足，并支持多种平台。而防火墙在恒久的使用过程中，可能出现一些技术问题，需要有专人进行维修和维护。同时，由于攻击手段的层出不穷，与防病毒软件一样，防火墙也需要不断进行升级来完善。因此用户在选择防火墙时，除了考虑性能与价格外，还应考虑厂商提供的售后服务。只有如此，千辛万苦构筑起来的安全屏障，才会长久的坚固与有效。

2.2.6　光纤收发器

信息化建设的突飞猛进，人们对于数据、语音、图像等多媒体通信的需求日益旺盛，以太网宽带接入方式因此被提到了越来越重要的位置。但是传统的 5 类双绞线只能将以太网电信号传输 100m，在传输距离和覆盖范围方面已不能适应实际网络环境的需要。与此同时，光纤通信以其信息容量大、保密性好、重量轻、体积小、无中继、传输距离长等优点得到了广泛的应用，光纤收发器正是利用了光纤这一高速传播介质很好地解决了以太网在传输方面的问题。在一些规模较大的企业，网络建设时直接使用光纤作为传输介质建立骨干网，而内部局域网的传输介质一般为铜线，如何实现局域网同光纤主干网相连呢？这就需要在不同端口、不同线型、不同光纤间进行转换并保证连接质量。光纤收发器的出现，将双绞线电信号和光信号进行相互转换，确保了数据包在两个网络间顺畅传输，同时它将网络的传输距离极限从铜线的 100m 扩展到 100km（单模光纤）。

光纤收发器是一种将短距离的双绞线电信号和长距离的光信号进行互换的以太网传输媒体转换单元，在很多地方也被称之为光电转换器。产品一般应用在以太网电缆无法覆盖、必须使用光纤来延长传输距离的实际网络环境中，且通常定位于宽带城域网的接入层应用；同时在帮助把光纤最后一千米线路连接到城域网和更外层的网络上也发挥了巨大的作用。

企业在进行信息化基础建设时，通常更多地关注路由器、交换机乃至网卡等用于节点数据交换的网络设备，却往往忽略介质转换这种非网络核心必不可少的设备。特别是在一些要求信息化程度高、数据流量较大的政府机构和企业，网络建设时需要直接上连到以光纤为传输介质的骨干网，而企业内部局域网的传输介质一般为铜线，确保数据包在不同网络间顺畅传输的介质转换设备成为必需品。

关于光纤的知识请参见第 1 章 1.1.4 节。

2.2.7　服务器

1. 服务器概述

服务器是所有 C/S 模式网络中最核心的网络设备，在相当大的程度上决定了整个网络的性能。它既是网络的文件中心，同时又是网络的数据中心。

服务器的类型也很复杂，仅从外观结构上可分为塔式、机架式、刀片式三种。

服务器的档次通常分为入门级服务器、工作组级服务器、部门级服务器和企业级服务器4个不同的档次。决定档次的主要依据是服务器处理器。

服务器作为网络的节点，存储、处理网络上80%的数据、信息，因此也被称为网络的灵魂。做一个形象的比喻，服务器就像是邮局的交换机，而计算机、笔记本电脑、PDA、手机等固定或移动的网络终端，就如散落在家庭、各种办公场所、公共场所等处的电话机。人们与外界日常的生活、工作中的电话交流、沟通，必须经过交换机，才能到达目标电话；同样如此，网络终端设备如家庭、企业中的计算机上网，获取资讯，与外界沟通、娱乐等，也必须经过服务器，因此也可以说是服务器在"组织"和"领导"这些设备。

服务器是网络上一种为客户端计算机提供各种服务的高性能的计算机，它在网络操作系统的控制下，将与其相连的硬盘、磁带、打印机、MODEM及各种专用通信设备提供给网络上的客户站点共享，也能为网络用户提供集中计算、信息发表及数据管理等服务。它的高性能主要体现在高速度的运算能力、长时间的可靠运行、强大的外部数据吞吐能力等方面。

服务器的构成与计算机基本相似，有处理器、硬盘、内存、系统总线等，它们是针对具体的网络应用特别制定的，因而服务器与计算机在处理能力、稳定性、可靠性、安全性、可扩展性、可管理性等方面存在差异很大。尤其是随着信息技术的进步，网络的作用越来越明显，对自己信息系统的数据处理能力、安全性等的要求也越来越高，如果在进行电子商务的过程中被黑客窃走密码、损失关键商业数据；如果在自动取款机上不能正常地存取，应该考虑问题出在这些设备系统的幕后指挥者——服务器，而不是埋怨工作人员的素质和其他客观条件的限制。

2. 服务器的选择

今天的PC服务器面对各种各样的用户需求，除了文件、电子邮件及打印服务等传统任务外，还承担起数据库查询及多媒体应用等新的任务。无论是Internet，还是企业的Intranet，PC服务器的地位都变得越来越重要。总体上讲，技术选型应在分析性能、高扩展性、高可用性、可管理性、高可靠性基础上，综合考虑市场价格、服务支持等因素，主要包括如下几方面。

（1）符合技术主流发展要求，即产品要适应网络应用和发展的需求；

（2）符合可扩展性、可用性、易管理性和可靠性等技术要求；

（3）总体拥有较好的性能价格比；

（4）较好的服务和支持水平；

性能指标内涵如下。

（1）可靠性。服务器的可靠性是由服务器的平均无故障时间来度量，故障时间越少，服务器的可靠性越高。如果用户应用服务器来实现文件共享和打印功能，只要求服务器在用户工作时间段内不出现停机故障，并不要求服务器24×7小时无故障运转，服务器中的低端产品就完全可以胜任。但是对于银行、电信、航空之类的关键业务，即便是短暂的系统故障，也会造成难以挽回的损失。可以说，可靠性是服务器的灵魂，其性能和质量直接关系到整个网络系统的可靠性。服务器在设计之初就应考虑到可靠性，在产品发布之前也应通过多项严格测试。所以，用户在选购时必须把服务器的可靠性放在首位。

（2）可管理性。服务器的可管理性是PC服务器的标准性能。服务器管理有两个层次，即硬件管理接口和管理软件。管理的内容可以包括性能管理、存储管理、可用性/故障管理、网络管理、安全管理、配置管理、软件分发、统计管理和技术支持管理等。使用合适的系统管理工具有助于降低支持和管理成本，有效监控系统的运行状态，及时发现并解决问题，将问题消灭于萌芽状态。这些都为 PC 服务器在可管理性方面提供了极大方便，特别是安装软件为管理员安装服务器或扩容（增加硬盘、内存等）服务器所提供的方便就像安装 PC 一样简单。

（3）可用性。关键的企业应用都追求高可用性服务器，希望系统 24×7 小时不停机、无故障运行。有些服务器厂商采用服务器全年停机时间占整个年度时间的百分比来描述服务器的可用性。一般来说，服务器的可用性是指在一段时间内服务器可供用户正常使用时间的百分比。服务器的故障处理技术越成熟，向用户提供的可用性就越高。提高服务器可用性有两个方式，减少硬件的平均故障间隔时间和利用专用功能机制（容错、冗余等）。可在出现故障时自动执行系统或部件切换，以避免或减少意外停机。然而不管采用哪种方式，都离不开系统或部件冗余，当然这也提高了系统成本。

（4）易用性。服务器应多采用国际标准，机箱设计科学合理，拆卸方便，可热拔插部件较多，可随时更换故障部件，而且随机配有完善的用户手册，可以指导用户迅速简单的安装和使用。

（5）可扩展性。服务器的可扩展性是服务器的重要性能之一。服务器在工作中的升级特点，表现为工作站或用户的数量增加是随机的。为了保持服务器工作的稳定性和安全性，就必须充分考虑服务器的可扩展性能。首先，在机架上要为硬盘和电源的增加留有充分余地，一般 PC 服务器的机箱内都留有 3 个以上的硬驱动器间隔，可容纳 4～6 个硬盘可热插拔驱动器，甚至更多。若 3 个驱动器间隔全部占用，至少可容纳 18 个内置的驱动器。另外还支持 3 个以上可热插拔的负载平衡电源 UPS。其次，在主机板上的插槽不但种类齐全，而且要有一定数量。一般的 PC 服务器都有 64 位 PCI 和 32 位 PCI 插槽 2～6 条，有 1～2 条 PCI 和 ISA 插槽。

（6）安全性。安全性是网络的生命，而 PC 服务器的安全就是网络的安全。为了提高服务器的安全性，服务器部件冗余就显得非常重要。因为服务器冗余是消除系统错误、保证系统安全和维护系统稳定的有效方法，所以冗余是衡量服务器安全性的重要标准。某些服务器在电源、网卡、SCSI 卡、硬盘、PCI 通道都实现设备完全冗余，同时还支持 PCI 网卡的自动切换功能，大大优化了服务器的安全性能。当然，设备部件冗余需要两套完全相同的部件，也大大提高了系统的造价。

2.2.8　双绞线

1. 双绞线概述

关于双绞线的基础知识请参见第 1 章 1.1.4 节。

2. 双绞线的识别

下面主要介绍 5 类 UTP 的正确识别和选择方法。

（1）传输速度。双绞线质量的优劣是决定局域网带宽的关键因素之一。某些厂商在 5 类 UTP 电缆中所包裹的是 3 类或 4 类 UTP 中所使用的线对，这种制假方法对一般用户来说很难辨别。这种所谓的"5 类 UTP"无法达到 100Mb/s 的数据传输速度，最大为 10Mb/s

或 16Mb/s。

（2）电缆中双绞线对的扭绕应符合要求。为了降低信号的干扰，双绞线电缆中的每一线对都是由两根绝缘的铜导线相互扭绕而成，而且同一电缆中的不同线对具有不同的扭绕度（就是扭绕线圈的数量多少）。同时，标准双绞线电缆中的线对是按逆时针方向进行扭绕。但某些非正规厂商生产的电缆线却存在许多问题。

1）为了简化制造工艺，电缆中所有线对的扭绕密度相同。

2）线对中两根绝缘导线的扭绕密度不符合技术要求。

3）线对的扭绕方向不符合要求。

如果存在以上问题，将会引起双绞线的近端串扰（指 UTP 中两线对之间的信号干扰程度），从而使传输距离达不到要求。双绞线的扭绕密度在生产中都有较严格的标准，实际选购时，在有条件的情况下可用一些专业设备进行测量，但一般用户只能凭肉眼来观察。需说明的是，5 类 UTP 中线对的扭绕密度要比 3 类密，超 5 类要比 5 类密。

除组成双绞线线对的两条绝缘铜导线要按要求进行扭绕外，标准双绞线电缆中的线对之间也要按逆时针方向进行扭绕。否则将会引起电缆电阻的不匹配，限制了传输距离。这一点一般用户很少注意到。有关 5 类双绞线电缆的扭绕密度和其他相关参数，有兴趣的读者可查阅 TIA/EIA 568A（TIA/EIA 568 是 ANSI 于 1996 年制定的布线标准，该标准给出了网络布线时有关基础设施，包括线缆、连接设备等的内容。字母 A 表示为 IBM 的布线标准，而 AT&T 公司用字母 B 表示）中的具体规定。

（3）5 类双绞线应该是多少对。以太网在使用双绞线作为传输介质时只需要 2 对（4 芯）线就可以完成信号的发送和接收。在使用双绞线作为传输介质的快速以太网中存在着三个标准：100Base-TX、100Base-T2 和 100Base-T4。其中，100Base-T4 标准要求使用全部的 4 对线进行信号传输，另外两个标准只要求 2 对线。而在快速以太网中最普及的是 100Base-TX 标准，所以在购买 100Mb/s 网络中使用的双绞线时，不要贪图小便宜去使用只有 2 个线对的双绞线。在美国线缆标准（AWG）中对 3 类、4 类、5 类和超 5 类双绞线都定义为 4 对，在千兆位以太网中更是要求使用全部的 4 对线进行通信。所以，标准 5 类线缆中应该有 4 对线。

3. 双绞线的选择

（1）看。

1）看包装箱质地和印刷。仔细查看线缆的箱体，包装是否完好。许多厂家还在产品外包装上贴上了防伪标志。在双绞线电缆的外面包皮上应该印有像 AMP SYSTEMS CABLE… 24AWG…CAT5 的字样，表示该双绞线是 AMP 公司（最具声誉的双绞线品牌）的 5 类双绞线，其中 24AWG 表示是局域网中所使用的双绞线，CAT5 表示为 5 类；此外还有一种 NORDX/CDT 公司的 IBDN 标准 5 类网线，上面的字样就是 IBDN PLUS NORDX/CDX…24 AWG… CATEGORY 5，这里的 CATEGORY 5 也表示 5 类线（CATEGORY 是"种类"的意思）。

2）看外皮颜色及标识。双绞线绝缘皮上应当印有如厂商产地、执行标准、产品类别（如 CAT5e、C6T 等）、线长标识之类的字样。最常见的一种安普 5 类或者超 5 类双绞线塑料包皮颜色为深灰色，外皮发亮。

3）看绞合密度。如果发现电缆中所有线对的扭绕密度相同，或线对的扭绕密度不符合技术要求，或线对的扭绕方向不符合要求，均可判定为伪劣品。

4）看导线颜色。与橙色线缠绕在一起的是白橙色相间的线，与绿色线缠绕在一起的是白绿色相间的线，与蓝色线缠绕在一起的是白蓝色相间的线，与棕色线缠绕在一起的则是白棕色相间的线。需要注意的是，这些颜色绝对不是后来用染料染上去的，而是使用相应颜色的塑料制成的。

5）看阻燃情况。双绞线最外面的一层包皮除应具有很好的抗拉特性外，还应具有阻燃性。判断线缆是否阻燃，最简单的方法就是用火烧一下，不阻燃的线肯定不是真品。

（2）闻。

1）闻电缆。真品双绞线应当无任何异味，而劣质双绞线则有一种塑料味道。

2）闻气味。点燃双绞线的外皮，正品线采用聚乙烯，应当基本无味；而劣质线采用聚氯乙烯，则味道刺鼻。

（3）问。

1）问价格。真货的价格要贵一些，而假货较便宜，一般是真货的价格一半左右。

2）问来历。问网线的来历，并要求查看其进货凭证和单据。

3）问质保。正规厂商的网线都有相应的技术参数，都提供完善的质量保证。

（4）试。

1）试手感。真线手感舒服，外皮光滑，捏一捏线，手感应当饱满。

2）试弯曲。线缆还应当可以随意弯曲，以方便布线。

2.3　组建网络的工具简介

2.3.1　RJ-45 压线钳

RJ-45 压线钳工具上有三处不同的功能，最前端是剥线口，它用来剥开双绞线外壳。中间是压制 RJ-45 头工具槽，可将 RJ-45 头与双绞线合成。离手柄最近端是锋利的切线刀，此处可以用来切断双绞线，如图 2-20 所示。

图 2-20　RJ-45 压线钳

2.3.2　打线器（打线钳）

信息插座与模块是嵌套在一起的，埋在墙中的网线是通过信息模块与外部网线进行连接的，墙内部网线与信息模块的连接是通过把网线的 8 条芯线按规定卡入信息模块的对应线槽中的。网线的卡入需用一种专用的卡线工具，称之为"打线钳"，如图 2-21 所示的第一、二幅是两款单线打线钳，第三幅是一款多对打线工具。多对打线工具通常用于配线架网线芯线的安装。

图 2-21　打线钳

2.3.3 测线器

测线器是用来测试网线是否连通的常用测试工具，测线仪是由两部分组成的，线头两边各装一部分，如果开关打开后灯开始往下连续的闪（两边同时亮），说明这两端连着一根线，并且线是通的。如图 2-22 所示是一款常用的测线器。

2.3.4 线槽

星形网络需要从中心设备向每个网络节点单独甩线，如果不用线槽走线的话，地面上经常爬满一捆又一捆的网线。所以经常把网线走在线槽中。线槽的金属材质和非金属材质，可以根据实际应用环境的不同区分选择。

2.3.5 信息模块

与信息插座配套的是信息模块，这个模块就是安装在信息插座中的，一般是通过卡位来实现固定的，通过它把从交换机出来的网线与接好水晶头的到工作站端的网线相连。目前信息模块也是比较杂，如杂牌的只有 2 元多一个，而正品却至少需要 18 元以上一个，所以现在通常的网络中大家还是比较喜欢选购杂牌的，因为在价格方面相差实在太大。如图 2-23 所示的是一种正品信息模块示意图。

图 2-22　网线测线器

图 2-23　信息模块

2.3.6 RJ-45 接头

1. RJ-45 接头概述

RJ-45 接头俗称"水晶头"，双绞线的两端必须都安装 RJ-45 接头，以便插在网卡、集线器（Hub）或交换机（Switch）RJ-45 接口上。水晶头也有几种档次之分，一般比较好的也有如 AMP 这样的名牌大厂生产的。杂牌价格很便宜，约为 1.5 元一个。不过在选购时千万别贪图便宜，否则质量得不到保证，主要体现在它的接触探针是镀铜的，容易生锈，造成接触不良，网络不通。质量差的还有一点明显表现为塑料扣位不紧（通常是变形所致），也很容易造成接触不良，使网络中断。

水晶头虽小，但在网络的重要性一点都不能小看，在许多网络故障中就有相当一部分是因为水晶头质量不好而造成的。

2. RJ-45 接头的选择

水晶头是架构网络中最基础的部件，与那些动辄成千上万的网络设备相比较而言，显得太不起眼。但可别看它体积小，功能可不小。它是各种网络设备得以相互通信必不可少的配件，如果在选购时不加以注意，那么在网络建成后，轻则造成单机网络不通，重则影响整个网络，其影响力不容忽视。

（1）从外观上判断真伪。水晶头的价格并不太贵，市场上销售的一般都在 0.5～2 元。虽然不贵，但彼此之间的价格差距却非常大。为避免买到劣质的水晶头，第一招就是从外观上判断其质量的好坏。

首先，水晶头看起来是亮色透明的，有点像水晶的感觉，质量好的会发现其外部非常光滑，各个部位的材质都一样，不会含有任何杂质，透明度也比较高。其次水晶头塑料口部分比较结实，可以简单地判断一下，用手挤压水晶头空心部件，如果有较明显的变形，那么则说明其质量存在问题；但是水晶头背面的塑料弹片的韧性却需要相当的好，可以尝试将其背向弯折，一般能够轻松地弯折 180°左右而不折断，松开后也不会有变形现象的出现。

如果外观符合上述现象，那么说明水晶头质量还是比较优良的。而一些水晶头制作的材质中含有杂质，塑料片弯折后被折断或变形，那么说明质量就非常有问题了。

技巧
抓一把水晶头，然后在手里上下颠簸，如果有清脆的响声，那么说明其使用的材料还是比较好的；如果声音比较沉闷，说明质量就比较差。

其次，检查其水晶头的外形。因为水晶头的尺寸都是有严格规定的，为此可以将水晶头与其他有 RJ-45 端口的设备（网卡、交换机等）进行连接，连接后如果严丝合缝，左右不会晃动，不按住塑料弹片无法取下水晶头，则说明其规格比较准确；相反连接后有明显的缝隙，轻轻一拨就能够取下，说明其制作工艺不过关，存在质量问题。

（2）从水晶头的铜片上判断真伪。水晶头中最重要的部分就是顶端的铜片了，其质量的好坏直接影响着水晶头的质量。在检查铜片时，首先检查金属端子部分的削切边缘是否整齐。因为劣质产品在制作工艺上肯定不过关，用放大镜观察时就会有很多金属毛刺；另外从颜色上看，好的水晶头铜片颜色应为金黄色，而劣质的产品因采用的材料不同，则会有氧化后表面变暗发黑的情况出现。

另外，在实际的购买过程中，还可以带上一个小刀片。刀片的作用有两个：一是用刀片刮水晶头的金属接触片部分，如果上面的铜能够轻松地刮掉，而且里面的颜色也比较暗，那肯定是假的；相反表面的镀铜很难刮掉，即使有少许脱落的部分，观察里面露出的金属触点也是光亮的。另外一个作用就是可以尝试用刀尖来撬动金属端子，一般来说好的水晶头的连接都非常牢固，很难将其撬出来，而假冒的水晶头制作工艺不规范，可能轻轻一拨就掉下来了。

虽然说在网络产品中，水晶头可以说是最小的设备之一。但是它却起着非常大的作用，在选购时切不可大意，也不可贪图小便宜从而酿成大祸。

2.3.7　机柜

机柜用于机房中专门放置服务器、路由器、交换机等设备，由于设备的总重量往往不轻，所以要选一个能装大约 500kg 的机柜，也就是说，要选受力结构好的、牢固的机柜。

2.3.8 配线架

配线架是管理子系统中最重要的组件,是实现垂直干线和水平布线两个子系统交叉连接的枢纽。配线架通常安装在机柜或墙上。通过安装附件,配线架可以全部满足 UTP、STP、同轴电缆、光纤、音视频的需要。在网络工程中常用的配线架有双绞线配线架和光纤配线架。

2.3.9 实训三:网卡的安装及连接属性的设置

1. 工作任务

网卡的安装及连接属性的设置。

2. 工作环境

(1)硬件。

1)一台 PC 机;

2)10Mb/s/100Mb/s 的网卡一块;

3)5 类双绞线;

4)螺丝刀。

(2)软件。

1)Windows 2000 或 Windows XP 操作系统;

2)网卡驱动程序。

3. 工作情境

单位的一台计算机上不了网,经过网管员小王的检查,发现是网卡坏掉了,于是他就让自己的助手小李把这台机器的网卡换掉,再配置好连接属性。

4. 工作目标

通过本次实训,掌握如下技能。

1)熟练拆装机箱,正确安装网卡;

2)能识别 PCI 插槽与其他的插槽的不同;

3)掌握连接属性的配置。

5. 项目组织

每人一台计算机,一块网卡,要求独立完成整个安装过程。

6. 任务分解

1)把网卡准确无误地安装在计算机中;

2)把机箱恢复成原样;

3)安装好网卡的驱动程序;

4)按照公司的网络设置要求,设置好网卡的连接属性;

7. 任务执行要点

(1)硬件安装。

1)准备好 PCI 网卡,如图 2-24 所示。网卡因厂家或型号不同,外观样式也不一定相同。

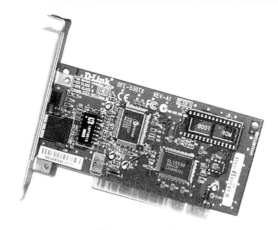

图 2-24　PCI 网卡

2）断开电源，用螺丝刀打开主机机箱，注意主板上 PCI 插槽，如图 2-25 所示。

图 2-25　PCI 插槽

3）将网卡插入一空的 PCI 插槽中，如图 2-26 所示。

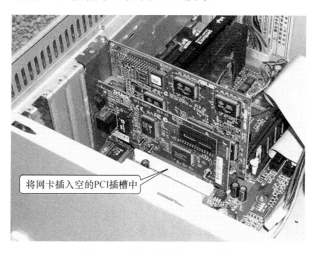

图 2-26　将网卡插入 PCI 插槽

4）旋紧螺丝，如图 2-27 所示。

上紧螺丝

图 2-27 旋紧螺丝

5）在主机背面插上网线，如图 2-28 所示。

注意主机背面网线插入口，在这里
插入网线，如同插电话线一样简单。

图 2-28 在主机背板上插上网线

注意插上网卡之前要先把机箱上相应的插槽的挡板取出，网卡一定要插到插槽的底部，因为如果没有插紧，系统就无法检测到网卡，或者虽然检测到网卡却不能正常使用，而且还有可能因为短路而烧坏主板。

用螺丝将网卡固定在机箱上，并将机箱盖上，恢复原状。如果不确定网卡是否可以正常运转，可以暂时不要盖上机箱盖，以免再次拆卸的麻烦。

（2）软件安装。对于现在的计算机，操作系统中集成主流的网卡驱动，因此无需手动安装，如果没有集成，只需把驱动程序盘放入光驱，安装即可。

（3）连接属性的设置。在网卡安装好后，在控制面板的网络连接里就会出现该网卡的本地连接。右击"本地连接"图标，从弹出的快捷菜单中选择"属性"选项，打开"Internet 协议（TCP/IP）属性"对话框，就可以对网卡 IP 地址进行设置，如图 2-29 所示。

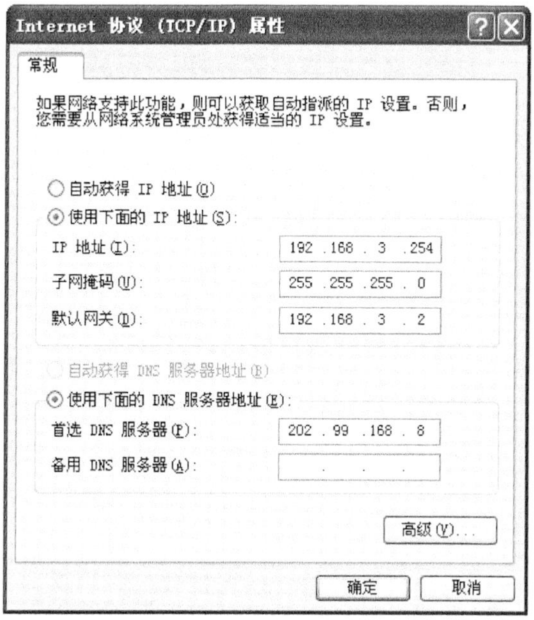

图 2-29　连接属性的设置

如果局域网中有 DHCP 服务器，则在图 2-29 中单击"自动获得 IP 地址"单选按钮即可。

8.　指导说明

（1）无线网卡的安装与此类似，只是适用于带 PCMCIA 槽的计算机。

（2）网卡安装常见问题。在硬件设备即插即用的今天，安装网卡本不是一件困难的事情；不过也有不幸之人，偏偏会遇到网卡安装失败的现象，而且用尽办法，就是不能让网卡在计算机中成功"落户"。遇到这种现象，该采取何种措施快速应对呢？

首先，检查网卡是否已经正确插入到计算机插槽中；如果网卡没有紧密地插入到插槽中，或者网卡和插槽位置有明显偏离，又或者网卡金手指上有严重的氧化层时，都会导致网卡无法被计算机正确识别到，这样一来自然就无法安装网卡。为此，在安装网卡时，一定要检查金手指上面是否有氧化层，如果有的话，必须想办法将它清除干净；然后将网卡正确地插入到对应插槽中，而且要确保网卡金手指部分与插槽紧密接触，不能有任何松动，以免在通电时损坏网卡。

提示

　　倘若计算机中同时还插有其他类型的插卡时，请尽量让网卡和这些插卡之间保持一定的距离，而不能靠得太近，否则网卡在工作时就比较容易受到来自其他插卡的信号干扰，特别是在计算机频繁与网络交流大容量数据时，网卡受到外界干扰的现象就更明显了，这样很容易导致网络传输效率不高的现象发生。

其次，检查一下网卡驱动程序，是否与所安装的网卡一致；如果驱动程序不是对应版本，或者驱动程序安装系统环境不正确，网卡是无论如何都不会安装好的。因此，在安装网卡驱动程序时，请尽量选用原装的驱动程序，要是手头没有原装的话，可以到网上下载对应型号的最新驱动，而且还要确保驱动程序适用于网卡所在的计算机操作系统。倘若计算机系统中已经安装了旧版本驱动的话，一定要通过系统设备管理器中的设备卸载功能（见图2-30），将原先的旧驱动程序彻底清除干净，之后才能安装新的驱动程序。

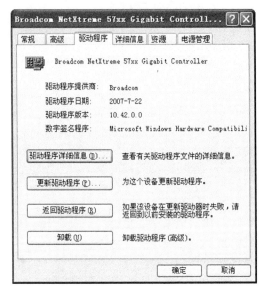

图 2-30 "设备管理器"中的卸载驱动程序功能

习　　题

一、名词解释

1. 操作系统
2. 集线器
3. 路由器
4. 防火墙

二、简答题

1. 操作系统的分类。
2. 试列举主流的网络操作系统。
3. Windows 2000 系列操作系统的特点。
4. 选择网络操作系统需要从哪些方面考虑？
5. 组件网络的硬件需要哪些？
6. 主流网卡有哪些类型？
7. 试述 UNIX 操作系统的优缺点。
8. Windows Server 2003 的新功能。
9. 论述防火墙的优点。

第 3 章 局 域 网 技 术

计算机网络的产生和发展经历了从简单到复杂、从低级到高级、从单机系统到多机系统的过程。纵观网络世界，众多的协议和技术使得网络成为一个学习对象。本章着重介绍局域网的关键技术和一些理论知识。

3.1 以 太 网 技 术

现今，人们所能接触到的大部分局域网都是以双绞线为传输介质的以太网，它已经基本上占据了企业、学校等局域网的半壁江山。本节介绍以太网的发展及技术原理。

3.1.1 以太网技术的发展

1973 年，Xerox 公司 PaloAlto 研究中心的两位研究人员 Robert Metcalfe 和 David Boggs 为了连接实验室的多个计算机设备，开发出了以太网技术。以太网的时钟取自于 Alto 的系统时钟，最初的数据传输速度为 2.94Mb/s。Meltcafe（梅特卡夫）将这项技术命名为"以太网"。这套实验型的网络当时被称为"Alto Aloha 网"。1973 年，Metcalfe 将其命名为以太网，并指出这一系统除了支持 Alto 工作站外，还可以支持任何类型的计算机，而且整个网络结构已经超越了 Aloha 系统。他选择"以太"（ether）这一名词作为描述这一网络的特征，即物理介质（比如电缆）将比特流传输到各个站点，就像古老的"以太理论"（古代的"以太理论"认为"以太"通过电磁波充满了整个空间）所阐述的那样。就这样，以太网诞生了。

以太网的成功，引起了人们的关注。1980 年，三家公司（数字设备公司、Intel 公司、施乐公司）联合研发了 10Mb/s 以太网 1.0 规范。最初的 IEEE 802.3 即基于该规范，并且与该规范非常相似。IEEE 802.3 工作组于 1983 年通过草案，于 1985 年出版了官方标准 ANSI/IEEE Std 802.3-1985。从此以后，随着技术的发展，该标准进行了大量的补充与更新，以支持更多的传输介质和更高的传输速度等。1979 年，Metcalfe 成立了 3Com 公司，并生产出第一个可用的网络设备，即以太网卡（NIC），它是允许从主机到 IBM 终端和 PC 等不同设备相互之间实现无缝通信的第一款产品，使企业能够以无缝方式共享和打印文件，从而增强工作效率，提高企业范围的通信能力。

随着计算机和网络技术的飞速发展，以太网的传输速度从最初的 10Mb/s 逐步扩展到 100Mb/s、1Gb/s、10Gb/s，以太网的价格也跟随摩尔定律及规模经济而迅速下降。同时，随着用户迅速膨胀到数以亿计，网络的价值越发无可估量。如今，以太网已经成为局域网中的主导网络技术，而且随着千兆以太网的出现，以太网已经开始向城域网（MAN）大步迈进。

> **注意**
>
> 以太网不是一种具体的网络，而是一种技术规范。以太网是当今现有局域网采用的最通用的通信协议标准。该标准定义了在局域网（LAN）中采用的电缆类型和信号处理方法。

3.1.2 以太网组网技术

以太网是应用最为广泛的局域网，包括标准以太网（10Mb/s）、快速以太网（100Mb/s）、千兆以太网（1000Mb/s）和 10Gb/s 以太网，它们都符合 IEEE 802.3 系列标准规范。

1. 以太网的相关标准

在进行网络设计时，首先要确定所采用的网络标准。不同的网络标准，对应不同的网络架构、不同的传输介质、设备和传输性能。当然其主要应用的范围也各不相同。

在企业优先局域网中，通常采用的是双绞线以太网，在一些大中型企业中还可能要有基于光纤的以太网的支持。在不同传输介质的以太网中，又对应不同的以太网标准，如最基本的 10Mb/s 的双绞线以太网，目前主流的有 10/100Mb/s 的快速以太网、100Mb/s 的光纤以太网，还有 1000Mb/s 的双绞线或光纤以太网，最新的是 10Gb/s 万兆位光纤以太网。在无线局域网中，目前也有 IEEE 802.1b、IEEE 802.11a 和 IEEE 802.11g 这三种主要的无线局域网接入标准可以选择。以上这么多不同的企业局域网可用标准，各自产生于不同的时代，对应不同的接入速率（性能），当然支持这些不同标准的设备价格也不相同，下面进行简单的介绍。

2. 主要的有线以太网技术

在有线以太网技术中，对于绝大多数企业来说，很早就已出现的纯 10Mb/s 的 10Base-T 标准以太网技术基本上不用了，目前也很少有只支持 10Mb/s 的网络设备。

而目前最新的 10Gb/s（万兆位）光纤以太网由于还在不断完善之中、条件苛刻、投资成本非常高、绝大多数企业暂时没有应用需求等因素，这一最新技术目前只是在一些非常大型的企业和电信、ISP 等运营商中试用。所以在此不再对上述两种以太网技术进行介绍。本节要向大家介绍的是目前在企业局域网中普遍使用的 10Mb/s/100Mb/s 双绞线快速以太网、100Mb/s 光纤快速以太网、10Mb/s/100Mb/s/1000Mb/s 双绞线千兆位以太网和 1000Mb/s 光纤千兆位以太网。实际上就是两大类，即"快速以太网"和"千兆位以太网"。

（1）快速以太网（Fast Ethernet）。1983 年 IEEE 正式批准的第一个以太网工业标准 IEEE 802.3，确定其采用 CSMA/CD 作为介质访问控制方法，标准带宽为 10Mb/s。

IEEE 802.3 标准为采用不同传输介质的传统以太网制定了相应得标准，主要有采用细缆的 10Base-2、采用粗缆的 10Base-5 和采用双绞线的 10Base-T。

随着网络的发展，传统标准的 10Mb/s 以太网技术已难以满足日益增长的网络数据流量速度需求。在 1993 年 10 月以前，对于要求 10Mb/s 以上数据流量的 LAN 应用，只有光纤分布式数据接口（FDDI）可供选择，但它是一种价格非常昂贵的、基于 100Mb/s 光缆的 LAN。FDDI 也曾被认为是下一代的 LAN，但是除了骨干网市场外（在这方面 FDDI 一直很出色），它很少被使用。因为其站点管理过于复杂，从而导致芯片复杂和价格昂贵。FDDI 昂贵的价格使得工作站制造商不愿让它成为标准网络，因此从不大量生产它，FDDI 也就无法占据大块市场。1992 年 IEEE 重新召集了 IEEE 802.3 委员会，指示他们制定一个快速的 LAN。IEEE 802.3 委员会决定保持 IEEE 802.3 原状，只是提高其速率，IEEE 在 1995 年 6 月正式采纳了其成果

IEEE 802.3u，即 100Base-T 标准。从技术角度上讲，IEEE 8023u 并不是一种新的标准，只是对现存 IEEE 802.3 标准的补充，习惯上称为"快速以太网"标准。

快速以太网保留了传统以太网的所有特征，即相同的帧格式、相同的介质访问方法 CSMA/CD，以及相同的组网方法。用户只要更换一张网卡，再配上一个 100Mb/s 的集线器，就可以很方便地由 10Base-T 以太网直接升级到 100Mb/s 以太网，而不必改变网络的拓扑结构。

快速以太网与原来在 100Mb/s 带宽下工作的 FDDI 相比，它具有许多优点，主要体现在快速以太网技术可以有效地保障用户在布线基础实施上的投资，它支持 3、4、5 类双绞线及光纤的连接，能有效地利用现有的设施。快速以太网的不足其实也是以太网技术的不足，那就是快速以太网仍是基于载波侦听多路访问和冲突检测（CSMA/CD）技术，当网络负载较重时，会造成效率降低，当然这可以使用交换技术来弥补。

100Mb/s 快速以太网标准又分为 100Base-FX、100Base-FX、100Base-T4 三个子类。这三个子类分别代表了可用于快速以太网的介质类型。其中 100 代表传输速度为 100Mb/s，而 Base 代表基带传输。T4 代表用 4 根双绞线，这 4 根线是语音级的（3 类双绞线）；而 TX 是指用两根双绞线，这两根双绞线是数据级的（5 类双绞线）。至于 FX 则是光纤。100Base-TX 和 100Base-FX 统称为 100Base-X 标准。这个标准不但可以在普通的语音线路上传输 100Mb/s 数据，而且可以在新介质光纤上传输 100Mb/s 数据。

（2）千兆位以太网。

千兆位以太网是建立在以太网标准基础之上的技术，但其传输速度比快速以太网的（100Mb/s）增长了 10 倍，达到了 l000Mb/s 或 1Gb/s。千兆位以太网和大量使用的标准以太网与快速以太网完全兼容，并利用了原以太网标准所规定的全部技术规范，其中包括 CSMA/CD 协议、以太网帧、全双工、流量控制及 IEEE 802.3 标准中所定义的管理对象。作为以太网的一个组成部分，千兆位以太网也支持流量管理技术，它保证在以太网上的服务质量，这些技术包括 IEEE 802.1P 第二层优先级、第三层优先级的 QoS 编码位、特别服务和资源预留协议（RSVP）。

千兆位以太网标准主要包括采用光纤作为传输介质的 1000Base-X 和采用非屏蔽双绞线作为传输介质的 1000Base-T。

千兆位以太网可适用于任何大中小型企事业单位，甚至正在取代 ATM 技术，成为城域网建设的主力军。

（3）万兆位以太网。为了使大家对最新的以太网技术有一个基本的了解，下面也简要介绍一下 10Gb/s（万兆位）以太网标准。

万兆位以太网标准是 IEEE 组织于 2002 年 7 月 18 日正式通过的 IEEE 802.3ae 标准，也称为"10Gb/s 以太网"。它是当前最新的以太网技术，其传输速率可达到 10000Mb/s 或 10Gb/s。和以往的以太网技术一样，万兆位以太网仍然采用 IEEE 802.3 标准的以太网介质访问控制方法 CSMA/CD、帧格式和帧长度，无论从技术上还是应用上都保持了高度的兼容性，给用户升级提供了极大的方便。

万兆位以太网以全双工模式工作，从而提高了网络的整体性能和通信带宽，满足了主干网络的应用需要。同时，它以更长的传输距离支持网络，目前，采用单模光纤作为传输介质至少可以达到 40 km 的传输距离。

3.1.3 以太网交换技术

1. CSMA/CD 协议

这部分内容可以结合第 1 章 1.1.5 节进行学习。

以太网采用带冲突检测的载波侦听多路访问（CSMA/CD）机制。以太网中节点都可以看到在网络中发送的所有信息，因此说以太网是一种广播网络。当以太网中的一台主机要传输数据时，它将按如下步骤进行。

（1）侦听信道上是否有信号在传输。如果有的话，表明信道处于忙状态，就继续侦听，直到信道空闲为止。

（2）若没有侦听到任何信号，就传输数据。

（3）传输的时候继续侦听，如发现冲突则执行后退算法，随机等待一段时间后，重新执行步骤（1）（当冲突发生时，涉及冲突的计算机会返回到侦听信道状态）。

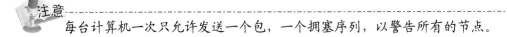
注意

　　每台计算机一次只允许发送一个包，一个拥塞序列，以警告所有的节点。

（4）若未发现冲突则发送成功，计算机所有计算机在试图再一次发送数据之前，必须在最近一次发送后等待 9.6ms（以 10Mb/s 运行）。

交换式局域网的心脏是一个交换机，在其高速背板上插有 4～32 个插板，每个板上有 1～8 个连接器。大多数情况下，交换机都是通过一根 10Base-T 双绞线与一台计算机相连。当一个站点想发送一 IEEE 802.3 帧时，它就向交换机输出一标准帧。插板检查该帧的目的地是否为连接在同一块插板上的另一站点。如果是，就复制该帧；如果不是，该帧就通过高速背板送向连有目的站点的插板。通常，背板通过采用适当的协议，传输速度高达 1Gb/s。

如果一块插板上连接的两个站点同时发送一帧，该如何解决？这取决于插板的构造方式。一种方式是插板上的所有端口连在一起形成一个插板上局域网。插板上局域网的冲突检测与处理方式与 CSMA/CD 网络完全一样，并采用二进制后退算法进行重发。采用这种插板，任一时刻每块板上只可能有一个帧发送，但所有插板的发送可以并行进行。通过使用这种方案，每个插板与其他插板独立，有属于自己的冲突域（Collision Domain）。另一种插板采用了缓冲方式，因此，当有帧到达时，它们首先被缓冲在插板上的 RAM 中。这种方案允许所有端口并行地接受和发送帧。一旦一帧被完全接收，插板就检查接收帧的目的地是同一插板上的另一端口，还是其他插板上的端口。在前一种情况下，帧会被直接发送到目的端口，在后一种情况下，帧必须通过背板发送到正确的插板上。采用这种方案，每一个端口是一个独立的冲突域，因此冲突不会发生。该系统的总吞吐量是 10Base-5 的倍数。

因为交换机只要求每个输入端口接收的是标准 IEEE 802.3 帧，所以可将它的端口用作集线器，如果所有端口连接的都是集线器，而不是单个站点，交换机就变成了 IEEE 802.3 到 IEEE 802.3 的网桥。

2. 以太网交换原理

（1）数据链路层的硬件地址。在现实的生活中，每个人都有属于自己的一个 ID 号，即身份证号码，可以去派出所把姓名改了，但是身份证号却不能随着姓名的更改而更改。在网络世界中，常常可以听到 IP 地址的概念，不过 MAC 地址这个专业术语却很少被人提起，虽然在第 2 章中已经提及，但知道更多的还是 IP 地址，而对 MAC 地址这个幕后英雄却知之甚少。正如在日常交流的时候，常常叫别人的姓名而不会去称呼别人的身份证号道理是一样的，在此对 MAC 地址加以详细介绍。

在日常的计算机使用过程中，IP 地址只要规划合理，可以任意更改 IP 地址。修改的方法也是比较简单的，只要在对应网卡的 TCP/IP 协议上双击一下然后修改参数就行了。那么 MAC 地址与 IP 地址同为地址，它们之间有什么地方相似又有什么地方不同呢？下面就让我们一起来看看吧，了解它们的差异与类似之处便于更好地掌握。在 OSI 七层网络协议参考模型中，第二层为数据链路层。MAC 地址也叫物理地址、硬件地址或链路地址，由网络设备制造商生产时写在硬件内部。IP 地址与 MAC 地址在计算机里都是以二进制表示的，IP 地址是 32 位的，而 MAC 地址则是 48 位的。MAC 地址的长度为 48 位（6 字节），通常表示为 12 个十六进制数，每 2 个十六进制数之间用冒号隔开，如 08:00:20:0A:8C:6D 就是一个 MAC 地址，其中前 6 位十六进制数 08:00:20 代表网络硬件制造商的编号，它由 IEEE 分配，而后 3 位十六进制数 0A:8C:6D 代表该制造商所制造的某个网络产品的系列号。只要不去更改自己的 MAC 地址，那么 MAC 地址在世界是唯一的。

IP 地址就如同一个职位，而 MAC 地址则好像是去应聘这个职位的人才，职位既可以让甲做，也可以让乙做，同样的道理一个节点的 IP 地址对于网卡是不做要求的，基本上什么样的厂家都可以用，也就是说 IP 地址与 MAC 地址并不存在着绑定关系。有的计算机本身流动性就比较强，正如同人才可以给不同的单位干活的道理一样，人才的流动性是比较强的。职位和人才的对应关系就有点像是 IP 地址与 MAC 地址的对应关系。比如，如果一个网卡坏了，可以被更换，而无须取得一个新的 IP 地址。如果一个 IP 主机从一个网络移到另一个网络，可以给它一个新的 IP 地址，而无须换一个新的网卡。当然 MAC 地址除了仅仅只有这个功能还是不够的，就拿人类社会与网络进行类比，通过类比，就可以发现其中的类似之处，更好地理解 MAC 地址的作用。无论是局域网，还是广域网中的计算机之间的通信，最终都表现为将数据包从某种形式的链路上的初始节点出发，从一个节点传递到另一个节点，最终传送到目的节点。数据包在这些节点之间的移动都是由 ARP 负责将 IP 地址映射到 MAC 地址上来完成的。其实人类社会和网络也是类似的，试想在人际关系网络中，甲要捎个口信给丁，就会通过乙和丙中转一下，最后由丙转告给丁。在网络中，这个口信就好比是一个网络中的一个数据包。数据包在传输过程中会不断询问相邻节点的 MAC 地址，这个过程就好比是人类社会的口信传送过程。

这里需要明白，名字指出所要寻找的那个资源，地址指出那个资源在何处，路由指出如何达到该处。

（2）以太网的交换原理。根据国际标准化组织 ISO 提出的开放系统互联参考模型，OSI 的下四层为通信子网，通信子网可根据层间通信协议进行计算机子网间的连接。从交换就是选路与连接的概念引出了一至四层交换的新概念。

OSI 参考模型的第一层为物理层。该层建立在通信物理媒体上，故能够提供物理连接的交换机应为一层交换机，传统的电路交换属于第一层交换范畴。

OSI 参考模型的第二层为数据链路层。第二层的链路是建立在第一层物理电路基础上的逻辑链路，故按照链路层通信协议提供逻辑电路连接的交换机为第二层交换机。建立在 MAC 地址基础上面向连接的分组交换属第二层交换范畴。第二层交换机包括 X.25、帧中继、以太网、ATM 等节点交换机。

局域网交换机是一种第二层网络设备，它可理解网络协议的第二层如 MAC 地址等。交换机在操作过程中不断地收集资料去建立它本身的地址表，这个表相当简单，主要标明某个 MAC 地址是在哪个端口上被发现的，所以当交换机接收到一个数据封包时，它会检查该封包的目的 MAC 地址，核对一下自己的地址表以决定从哪个端口发送出去。而不是像 Hub 那样，任何一个发送方数据都会出现在 Hub 的所有端口上。

局域网交换机的引入，使得网络站点间可独享带宽，消除了无谓的碰撞检测和出错重发，提高了传输效率，在交换机中可并行的维护几个独立的、互不影响的通信进程。在交换网络环境下，用户信息只在源节点与目的节点之间进行传送，其他节点是不可见的。但有一点例外，当某一节点在网上发送广播或多目广播时，或某一节点发送了一个交换机不认识的 MAC 地址封包时，交换机上的所有节点都将收到这一广播信息。不过，一般情况下，交换机提供基于端口的源地址锁定功能，交换机不认识的 MAC 地址封包不会发送到一个源地址锁定的端口。

多个交换机互联成了一个大的局域网，但不能有效的划分子网。广播风暴会使网络的效率大打折扣。交换机的速度实在快，比路由器快得多，而且价格便宜得多。但第二层交换也暴露出弱点，如对广播风暴、异种网络互联、安全性控制等不能有效的解决。因此产生了交换机上的虚拟网技术。

事实上一个虚拟网就是一个广播域。为了避免在大型交换机上进行的广播所引起的广播风暴，可将其进一步划分为多个虚拟网。在一个虚拟网内，由一个工作站发出的信息只能发送到具有相同虚拟网号的其他站点。其他虚拟网的成员收不到这些信息或广播帧。

随着应用的升级，网络规划实施者可根据情况在交换式局域网环境下将用户划分在不同虚拟网上。但是虚拟网之间通信是不允许的，这也包括地址解析封包。要想通信就需要用路由器桥接这些虚拟网。这就是虚拟网的问题，即不用路由器是嫌它慢，用交换机速度快但不能解决广播风暴问题，在交换机中采用虚拟网技术可以解决广播风暴问题，但又必须放置路由器来实现虚拟网之间的互通。

3.1.4 共享型以太网与交换型以太网的区别

传统的共享型以太网所说的共享，指的是共享传输介质，最有代表性的一种拓扑结构就是总线型网络。共享型以太网由于传输介质是共享的，所以存在着一个信道占用的问题，也就是说同一时刻信道上只能有一个信号在传输。而交换型以太网解决了这个问题，因为交换型以太网通过交换机组成后，每个端口和其他端口都有独立通道，不像共享型以太网那样共同占用带宽。

也就是说，交换型以太网实际上是提高了端口的带宽和整个网络的带宽。

3.1.5 实训一：网络资源的共享

1. 工作任务

网络资源的共享。

2. 工作环境

学校的网络机房，工作站为安装了 Windows 7 系统的 PC（要求计算机与计算机之间可以实现相互通信）。

3. 拓扑图

拓扑结构如图 3-1 所示。

4. 工作情境

图 3-1　网络间文件共享

小王的同事们在工作中经常要和同事互相传递文件，也就是遇到资源需要共享的情况。这样的环境，如果使用 U 盘、移动硬盘等存储设备，办公效率就会大大降低，但如果使用设置资源共享的方式，就会方便很多。作为网络管理员的小王决定对这些资源做共享设置。

5. 工作目标

掌握局域网内部的资源共享方法。

6. 项目组织

教师在对学生进行分组以后（建议 2～3 人为一个小组），按组布置任务。

7. 任务分解

一个人负责设置文件夹的共享，另外两人则在网上邻居里对共享文件夹进行访问。设置文件夹时，一定要注意权限的管理。在完成之后，换另外两个人设置共享文件夹。

8. 任务执行要点

右击需要共享的文件或文件夹，在弹出的快捷菜单中单击"属性"命令，打开属性对话框，选择"共享"选项卡，单击"高级共享"按钮，打开"高级共享"对话框选中"共享此文件夹"，输入共享名，并进行"权限"设置。单击"确定"按钮，如图 3-2 所示。

注意

在文件共享中，如果访问时需要密码或者权限不足，则需要"关闭密码保护共享"并添加访问权限。

图 3-2　共享文件夹

3.1.6 实训二：组建对等网

1. 工作任务

组建对等网。

2. 工作环境

安装 Windows 7 系统的计算机（每组至少 2 台）、交换机 RG-S2328G（或集线器）、网卡、双绞线及水晶头。

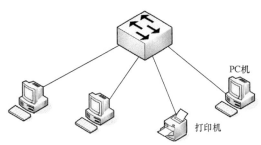

图 3-3　拓扑结构图

3. 拓扑图

拓扑结构如图 3-3 所示。

4. 工作情境

小王住进了单位宿舍，宿舍里有 4 个人，每个人都有自己的计算机，平时大家喜欢把计算机连起来玩一些局域网游戏，如 CS、星际争霸等。最好的办法就是将 4 台计算机组成一个小的局域网。

5. 工作目标

学会组建对等网，利用对等网实现网络的互联与资源的共享（如共享文件夹、联机游戏等）。

6. 项目组织

根据实际情况对学生进行分组，分组的原则是保证每一个学生都有实际操作的机会。小组内部首先制定统一的 IP 地址块，包括网络地址和子网掩码，然后每个人在地址块中任意挑选地址并对自己的计算机 IP 地址进行修改，最后用 ping 命令来测试本次实验是否成功。

7. 任务分解

首先选定自己组的 IP 地址块和子网掩码，然后每个人对自己的计算机进行设置，要求设置的 IP 地址要符合本组的 IP 网络号，然后每个人之间用 ping 命令进行测试，查看网络连通状态。

8. 任务执行要点

（1）对等网的硬件安装步骤。

1）安装网卡。也就是将网卡从硬件的角度安装在计算机的主板上。

2）安装交换机（或集线器）。根据对等网内部计算机的地理布局，选定一个易于布线且安全的位置放置交换机（或集线器）。

3）连接网线。利用双绞线将计算机和交换机（或集线器）连接起来。

这样，一个简单的星形拓扑结构的对等网就从硬件上搭好了。

（2）软件配置步骤。

1）选定 IP 地址块和子网掩码，例如，网络号 192.168.1.0，子网掩码 255.255.255.0。

2）设置网络 IP 地址（见图 3-4）。给每一台对等网上的计算机配置一个自己的 IP 地址，注意，IP 地址不能重

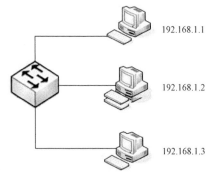

图 3-4　对等网络的 IP 地址设置

复，且必须合理配置子网掩码，通过子网掩码将所有计算机配置在同一网段里。如 192.168.1.1
和 192.168.1.2。

3）验证网络连通性。利用 ping 指令来验证网络的连通性。

3.1.7 实训三：组建网吧局域网

1．工作任务

组建网吧局域网。

2．工作环境

若干台主流计算机，1 台锐捷出口路由器 RG-RSR20，4 台锐捷第二层交换机 RG-S2328G。

3．拓扑图

拓扑结构如图 3-5 所示。

4．工作情境

如今，网络已经越来越多地进入人们的生活。但是，仍然有许多人因为某些原因没有随
时随地上网的条件，例如，流动人口或收入较低者，对他们来说，就可以在网吧里实现 Internet
冲浪。小王看准了这个机遇，想在小区里开一家网吧。

5．工作目标

通过组建网吧局域网，让学生对网吧组网的细节有一定的了解，能够处理网吧组建局域
网中特别需要注意的情况。

6．项目组织

每 6 个人一组，每组推选一名组长。组长负责记录实训当中出现的问题及给组员分配任
务。6 个人必须每个人各自明白自己负责的工作，通过团结协作，制定出一整套网吧组建局
域网的方案，最后组网。（可以将 6 个人分成 3 组，每 2 人一组，每组负责"任务分解"中的
一个子任务。）

7．任务分解

（1）子任务一。确定接入方式：目前常见
的接入方式有 ADSL、MODEM、ISDN、分组
接入、光纤接入等。其中比较流行的是 ADSL
和近年来发展比较快速的光纤接入。

（2）子任务二。构建方案的确定：通常来
说，网吧里的所有计算机都是共享一条主干线
上网的。投资者需要考虑局域网的组网方式、
接入 Internet 的方式、软硬件耗材等。选择不同
方式，投入的资金、网吧的性能及后期的维护
都将有所区别。

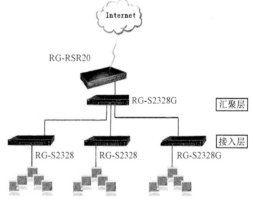

图 3-5 网吧局域网拓扑结构

（3）子任务三。计算机设备的配置：总体来说，网吧中的计算机既不能落后于主流，又
要尽量做到投入资金最小。最好的办法就是根据不同的功能配置不同性能的计算机，例如，
适合大型 3D 游戏区、聊天或网上冲浪的计算机等。

8．任务执行要点

（1）硬件安装。硬件安装包括装机、网卡、布线、连接等。

（2）软件安装。在安装了必要的软件之后，要记得对装好的系统进行 GHOST 备份，这样能够减轻组建网络后维护的压力。

（3）协议的安装和设置。添加 TCP/IP 协议。双击"控制面板"图标，在窗口中选择"网络和 Internet"选项，双击"查看网络状态和任务"中的"本地连接"按钮。如果没有 TCP/IP 协议，在网络属性对话框中单击"安装"按钮，在打开的对话框列表中选择"协议"一项，单击"添加"按钮，进入选择网络协议对话框。在对话框左侧厂商一栏选择 Microsoft 选项，右侧网络协议一栏选择 TCP/IP 选项，单击"确定"按钮。

指定计算机的 IP 地址。合理设定之后，用 ping 命令测试网络的连通性。

（4）设置网络共享服务。设置网吧内部计算机的共享服务，让每一台计算机都能够进行文件和资源的共享，注意其中一台计算机可以当作服务器来使用。

（5）安装网络常用软件。一些上网常用软件的安装，要求学生在课下对网吧常用软件进行调查，以实验报告的形式进行整理上交。

（6）Internet 接入方案。网吧的 Internet 接入方案很多，这里以 ADSL 为例进行介绍。

在众多的 Internet 接入方式中，网吧的经营者通常会选择 DDN 专线和 ADSL，DDN 现在自然不如 ADSL 的性价比高，而且 ADSL 通过多 WAN 口的捆绑技术很容易实现低成本、高带宽，如果是规模较大的网吧，对速度要求较高，采用支持 4WAN 口的多路捆绑，并且选择不同的 ISP，很容易就能实现各种网站的高速浏览。

方案说明：路由器选择锐捷系列，性能稳定、可靠性高、延迟小、速度快、成本低，符合网吧对速度的需求，可配置打印机而不必另外配置打印服务器。网吧工作站采用高性能的 10Mb/s/100Mb/s 自适应网卡，提升网络速度，可以满足网络游戏玩家的要求。

服务器部分采用千兆以太网交换机，满足游戏数据流量的需求。普通交换机选型除本实训所列型号外，可根据实际情况灵活选择。

局域网通过 ADSL 上网，性能高，价格便宜。对于大型网吧，由于网络中节点数较多，数据流量较大，此时可通过申请多条 ADSL 线路提升上网速度，同时还可以提高整个网络稳定可靠性，起一定的备份作用。锐捷的网络设备品种较多，性能稳定，用户可以从实际需要出发，根据网络需求，灵活选用。

方案特点：可根据实际需要，灵活控制局域网内不同用户对 Internet 的不同访问权限；内建防火墙，无需专门的防火墙产品，即可过滤掉所有来自外部的异常信息包，以保护内部局域网的信息安全；集成 DHCP 服务器，网络中所有计算机可以自动获得 TCP/IP 设置，免除手工配置 IP 地址的烦恼；灵活的可扩展性，根据实际连入的计算机数利用交换机或集线器进行相应的扩展；经济适用，使用简单，可通过网络用户的 Web 浏览器（Netscape 或者 Internet Explorer）进行路由器的远程配置。

9. 指导说明

无论网吧规模大小，网吧的网络层次，建议采取接入层、汇聚层、交换层三个网络层次的设计理念。使用层次清晰的网络模式，一是方便日后的升级，二是可以减少维护成本。

（1）网络接入层设计。网吧的网络接入层，除要考虑网吧使用何种网络接入方式外，还要考虑选择何种网络接入设备。在部分地区，电信运营商一般会提供路由器等网络接入设备，建议网吧技术人员根据自己的网吧的实际情况，确定是否使用电信运营商提供的免费设备。按照经验，电信运营商提供的路由器接入设备，一般都无法满足网吧的需要，建议网吧另行购买。电信运营商赠送网络接入设备，只是吸引用户的一大卖点而已。

1）网络接入方式的选择。目前，针对网吧的接入方式有三种，一种是 DDN 专线，另外一种是光纤接入，还有一种就是类似家庭宽带的 ADSL 接入。随着电信运营商对网络的改造，目前光纤接入已经成为一种主流的接入方式，DDN 专线接入是北京网吧的一大特色。就稳定性而言，光纤接入的速度是最稳定的，DDN 专线其次，ADSL 接入方式的稳定性最差，而且容易受天气变化的影响。三种网络接入方式的费用与稳定性是成正比的。

虽然光纤接入已经非常普及，但是由于运营商网络覆盖范围不同，网吧可以选择的网络接入方式也是不同的。因此，网吧在选择店面的时候，一定要提前考虑店面是否有合适的网络接入方式，一旦店面确定下来，如果没有合适的接入方式，会对网吧经营者造成不可估量的损失。为了加强竞争，打破垄断，经过拆分，目前我国出现了多家电信运营商，以北京为例，就有电信、联通、移动三家大型国有运营商，同时还有如电信通、长城宽带、方正宽带等多家中小型运营商。到底选择哪一家电信运营商作为网吧的接入商，也是非常重要的。

电信通、长城宽带、方正宽带从自身来看，应该属于二级宽带运营商，网络稳定性肯定不及电信、联通这两家宽带运营商。因此，网吧经营者在选择网络接入商时，一定要选择当地主流的网络接入商。从现阶段业务开展的状态来看，长江以南是中国电信的天下，网吧经营者最好选择电信网络接入；长江以北是中国联通的天下，网吧经营者最好选择联通网络接入。垄断业务的拆分为网络接入带来了诸多不利影响，使用联通接入的网吧，访问电信的网站和使用电信接入的网络游戏服务器时，效果非常差，很多网吧开始同时使用联通和电信双线路接入。就目前的网络环境来看，双线路接入完全没有必要，网络游戏运营商和一些网站已经分别租用电信和联通的服务器，解决了互联互通的问题，网吧没有必要再使用双线接入，毕竟双线的成本意味着宽带费用要增加一倍，而效果却与使用单线接入是相同的结果。

2）宽带速度的选择。当网络确定使用哪家电信运营商接入后，还有一个重要的网络参数需要网络经营者选择，这就是网络带宽。也就是通常所说的宽带速度。由于带宽大小与资费直接挂钩，网吧经营者必须选择一个合适的带宽才可以，带宽太小，上机高峰时段容易卡机，带宽太大，网吧经营者要承担太高的宽带费用。带宽的选择，可以根据网吧的客户机数量来计算。

就网吧目前提供的多项网络服务来说，网络游戏、视频聊天、在线电影被称为最耗费带宽的三种业务，为此计算带宽大小的时候，要想保证网络传输质量，首先要把带宽消耗大户考虑在内。一般来说，要想让在线电影和在线视频保持流畅，可以计算出带宽消耗的极限值。以单台机器来说，视频聊天需要占有 50Kb/s 的带宽，在线电影需要占用 200Kb/s 的带宽，网页一般仅仅需要占用 20Kb/s 左右的带宽，而且是瞬间占有，网络游戏需要占用 7Kb/s 左右的带宽，这样，一台机器的极限带宽是 377Kb/s。一家拥有一百台机器的网吧，接入带宽为 37700Kb/s，也就是 37Mb/s，加上线路的损失，申请一条 50Mb/s 的宽带是绰绰有余的。

在这里，网吧经营者必须明白一个参数，网吧的接入带宽 Mb/s 与文件下载速度 Mb/s 之间的区别。计算机的基本原理是二进制，在计算机程序中，计算机只能识别 0 和 1 两个数字。计算机最小的存储单位是字节，而一个字节是由八个二进制的位组成的。网络速度的单位是比特率（b/s），意思是比特位每秒。网络接入带宽的实际值并不等于网络的理论下载速度，网络的理论下载速度是由网络速度的理论值除以 8 得到的。因此，一家使用 100Mb/s 宽带接入的网吧，实际的下载速度仅仅可以维持在 11Mb/s 左右。

3）网络接入设备的选择。目前光纤接入已经是网吧网络接入的主流，在接入层会有两个关键的网络设备，一个是光电转发器，主要负责将光信号转换成为电信号，另外一个设备是路由器。光电转发器，一般是由电信接入商提供，网吧经营者只需选择一款合适的路由器就可以。

由于网吧数据流量比较大，路由器转发能力差，容易引起网络速度卡滞的故障。为此，网吧经营者必须慎重选择路由器。一些厂商已经专门为网吧研发了专用路由器设备，除满足网吧对高数据流量的要求外，还提供了一些安全功能，保障网吧的上网安全。

除硬件路由器外，网吧经营者也可以选择软路由。Smoothwall、Icpop、Route Os、Linux 等软路由操作系统的性能不亚于硬件路由器，而且成本要低很多。网吧经营者可以根据自己的情况进行选择。

（2）网络汇聚层设计。汇聚层是整个局域网的核心部分，一些网吧在内部建立了在线电影点播和 CS 游戏服务器，使得网吧内部的数据交换量特别大，因此，在选择汇聚层设备的时候，一定要选择一款合适的汇聚层网络设备。

网吧局域网内部数据，全部在汇聚层的交换机处进行数据交换，因此我们汇聚层的核心交换机，必须具备高强度的稳定性，以及快速的数据转发能力。对于数量超过两百台机器的网吧，可以选择具备网管功能的第三层交换设备，支持 VLAN 功能是首选。当网络容量达到一定规模后，为保障网络的通畅，必须划分 VLAN。

能够衡量交换机性能的指标就是背板带宽，对于安置在数据汇聚层的第三层交换机来说，背板带宽不能低于 16GB，而且要支持 MAC 地址学习功能，MAC 地址表不能小于 32KB。汇聚层网络设备最好支持网络管理功能，方便管理和维护；汇聚层网络设备的端口数量，最好要比设备的网络端口数量多出一些，方便以后网络升级和改造。

（3）网络交换层设计。交换层是整个网络中的中间层，连接着汇聚层和网络节点，是决定整体网络传输质量的很重要的一个环节。随着百兆网络设备的普及，交换层的网络设备肯定首选百兆。虽然现在已经提出了千兆网络传输概念，但对于网吧来说，目前普及千兆并无实际意义。真正的千兆网络，无论是作为网络传输介质的网线，还是网络设备，与百兆网络的成本相比，都要高出数倍，而且网吧目前的技术力量，无法独立完成千兆网络的设计与维护工作。最重要的一点是，网吧内部数量流量，百兆已经满足需求。

对于交换层的网络设备，只需要采购真正全双工的普通交换机就可以了。交换层的交换机，直接与 PC 相连，因此不需要太多的功能，交换机只要转发率足够快就可以了。目前市场上售价千元左右的交换机，都可以满足网络交换层的需要。

3.2 虚拟局域网技术

随着网络硬件性能的不断提高、成本的不断降低，目前新建立的校园网基本上都采用了性能先进的千兆网技术，其核心交换机采用第三层交换机，它能很好地支持虚拟局域网（VLAN）技术，这对方便网络管理、保证网络的高速可靠运行起到了非常重要的作用。

3.2.1 虚拟局域网技术概述

1. 什么是 VLAN

VLAN（Virtual Local Area Network）又称虚拟局域网，是指在交换局域网的基础上，采用网络管理软件构建的可跨越不同网段、不同网络的端到端的逻辑网络，是一种典型的二层网络技术。一个 VLAN 组成一个逻辑子网，即一个逻辑广播域，它可以覆盖多个网络设备，允许处于不同地理位置的网络用户加入到一个逻辑子网中。

2. 组建 VLAN 的条件

VLAN 是建立在物理网络基础上的一种逻辑子网，因此建立 VLAN 需要相应的支持 VLAN 技术的网络设备。当网络中的不同 VLAN 间进行相互通信时，需要路由的支持，这时就需要增加路由设备。要实现路由功能，既可采用路由器，也可采用第三层交换机来完成。

3. 划分 VLAN 的基本策略

从技术角度讲，VLAN 的划分可依据不同原则，一般有以下三种划分方法。

（1）基于端口的 VLAN 划分。这种划分是把一个或多个交换机上的几个端口划分为一个逻辑组，这是最简单、最有效的划分方法。该方法只需网络管理员对网络设备的交换端口进行重新分配即可，不用考虑该端口所连接的设备。

（2）基于 MAC 地址的 VLAN 划分。MAC 地址其实就是指网卡的标识符，每一块网卡的 MAC 地址都是唯一且固化在网卡上的。MAC 地址由 12 位十六进制数表示，前 6 位为厂商标识，后 6 位为网卡标识。网络管理员可按 MAC 地址把一些站点划分为一个逻辑子网。

（3）基于路由的 VLAN 划分。路由协议工作在网络层，相应的工作设备有路由器和路由交换机（即第三层交换机）。该方式允许一个 VLAN 跨越多个交换机，或一个端口位于多个 VLAN 中。

就目前来说，对于 VLAN 的划分主要采取上述第（1）、（3）种方式，第（2）种方式为辅助性的方案。

4. 使用 VLAN 优点

（1）控制广播风暴。一个 VLAN 就是一个逻辑广播域，通过对 VLAN 的创建，隔离了广播，缩小了广播范围，可以控制广播风暴的产生。

（2）提高网络整体安全性。通过访问控制列表和 MAC 地址分配等 VLAN 划分原则，可以控制用户访问权限和逻辑网段大小，将不同用户群划分在不同 VLAN，从而提高交换式网络的整体性能和安全性。

（3）网络管理简单、直观。对于交换式以太网，如果对某些用户重新进行网段分配，需要网络管理员对网络系统的物理结构重新进行调整，甚至需要追加网络设备，增大网络管理的工作量。而对于采用 VLAN 技术的网络来说，一个 VLAN 可以根据部门职能、对象组或者应用将不同地理位置的网络用户划分为一个逻辑网段。在不改动网络物理连接的情况下可以任意地将工作站在工作组或子网之间移动。利用虚拟网络技术，大大减轻了网络管理和维护工作的负担，降低了网络维护费用。在一个交换网络中，VLAN 提供了网段和机构的弹性组合机制。

5. 第三层交换技术

传统的路由器在网络中有路由转发、防火墙、隔离广播等作用，而在一个划分了 VLAN 以后的网络中，逻辑上划分的不同网段之间通信仍然要通过路由器转发。由于在局域网上，不同 VLAN 之间的通信数据量是很大的，这样，如果路由器要对每一个数据包都路由一次，随着网络上数据量的不断增大，路由器将不堪重负，路由器将成为整个网络运行的瓶颈。

在这种情况下，出现了第三层交换技术，它是将路由技术与交换技术合二为一的技术。第三层交换机在对第一个数据流进行路由后，会产生一个 MAC 地址与 IP 地址的映射表，当同样的数据流再次通过时，将根据此表直接从第二层通过而不是再次路由，从而消除了路由器进行路由选择而造成的网络延迟，提高了数据包转发的效率，消除了路由器可能产生的网络瓶颈问题。可见，第三层交换机集路由与交换于一身，在交换机内部实现了路由功能，提高了网络的整体性能。

在以第三层交换机为核心的千兆网络中，为保证不同职能部门管理的方便性和安全性及整个网络运行的稳定性，可采用 VLAN 技术进行虚拟网络划分。VLAN 子网隔离了广播风暴，对一些重要部门实施了安全保护；且当某一部门物理位置发生变化时，只需对交换机进行设置，就可以实现网络的重组，非常方便、快捷，同时节约了成本。

3.2.2　虚拟局域网的标准与划分方式

VLAN 是在一个物理网络上划分出来的逻辑网络。这个网络对应于 OSI 模型的第二层网络。VLAN 的划分不受网络端口的实际物理位置的限制。VLAN 有着和普通物理网络同样的属性。第二层的单播、广播和多播帧在一个 VLAN 内转发、扩散，而不会直接进入其他的 VLAN 之中。

VLAN 按照端口的种类可以分为 Port VLAN 与 Tag VLAN。此外，还可以按照协议的类型和基于 MAC 地址进行 VLAN 的分类。

Port VLAN 是基于交换机的端口的，其特点是一个端口只属于一个 VLAN，Port VLAN 设置在连接主机的端口。Port VLAN 的原理是同一个交换机的同一个 VLAN 内的主机间互通，不同 VLAN 内的主机间不通，如图 3-6 所示。

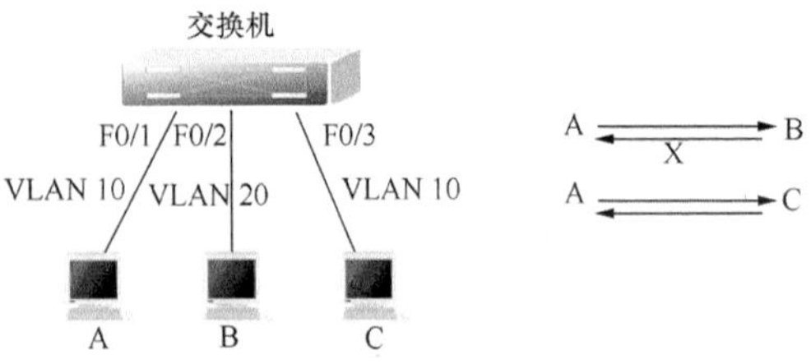

图 3-6　Port VLAN 原理

Tag VLAN 功能：传输多个 VLAN 的信息；实现同一 VLAN 跨越不同的交换机，如图 3-7 所示。Tag VLAN 遵循了 IEEE 802.1Q 协议的标准，在利用配置了 Tag VLAN 的端口进行数据传输时，需要在数据帧内添加 4 字节的 IEEE 802.1Q 标签信息，用于标识该数据帧属于哪个 VLAN，以便于对端交换机接收到数据帧后进行准确地过滤。

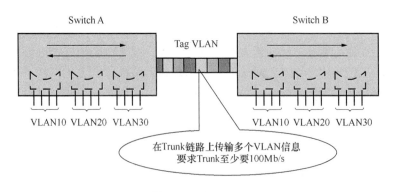

图 3-7　Tag VLAN

3.2.3 实训四：虚拟局域网的划分

1. 工作任务

虚拟局域网的划分。

2. 工作环境

1 台锐捷第二层交换机 RG-S2328G，2 台装有 Windows 7 系统的 PC 机。

3. 工作情境

假设有一台交换机是宽带小区城域网中的
1 台楼道交换机，住户 PC1 连接在交换机的 0/5
口；住户 PC2 连接在交换机的 0/15 口。现要实
现各家各户的端口隔离，小王能不能解决这个问
题呢？

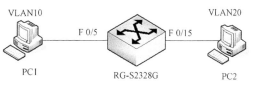

图 3-8　Port LAN 实训拓扑图

4. 工作目标

通过本次实训，让学生掌握 Port VLAN 的划分及配置方法，实现交换机的端口隔离。

5. 项目组织

每 2 人分成一组，分别控制一台计算机 PC1 和 PC2。在实训之前，检查网线是否连接。
为了让 2 人都能够对交换机进行配置，实验可以分两次完成，即第一次 PC1 来当控制台，配
置交换机 RG-S2328G；第二次 PC2 对交换机 RG-S2328G 进行配置。

6. 任务分解

任务 1：PC1 和 PC2 互相 ping 对方，确定 2 台计算机处于一个局域网内；

任务 2：学生用 PC1 登录管理机，在管理机上创建 VLAN 10 和 VLAN 20；

任务 3：通过交换机的配置，将 PC1 和 PC2 所对应的端口分别加入两个虚拟局域网里；

任务 4：两台计算机互相 ping 对方，观察实验结果；

任务 5：换另一个学生来配置交换机，以保证两人均能完成实验。

7. 任务执行要点

步骤 1：在未划分 VLAN 前，两台 PC 互相 ping 可以连通。

步骤 2：创建 VLAN 10 和 VLAN 20。

验证测试：在特权模式下执行 show vlan 命令。

步骤 3：将端口分配到 VLAN。

具体配置如下。

```
Ruijie>enable
Ruijie#configure
Ruijie（config）#vlan 10
Ruijie（config-vlan）#exit
Ruijie（config）#vlan 20
Ruijie（config-vlan）#exit
Ruijie（config）#interface fastethernet 0/5
Ruijie（config-if-FastEthernet 0/5）#switchport access vlan 10
Ruijie（config-if-FastEthernet 0/5）#exit
```

Ruijie（config）#interface fastethernet 0/15

Ruijie（config-if-FastEthernet 0/15）#switchport access vlan 20

Ruijie（config-if-FastEthernet 0/15）#exit

步骤 4：两台 PC 互相 ping 不通。

3.2.4 实训五：跨交换机实现 VLAN

1. 工作任务

跨交换机实现 VLAN。

2. 工作环境

2 台锐捷第二层交换 RG-S2328G、3 台装有 Windows 7 系统的 PC、4 条直连线。

3. 拓扑图

拓扑结构如图 3-9 所示。

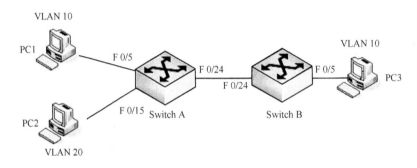

图 3-9　Tag LAN 实训拓扑图

4. 工作情境

小王的公司有两个主要部门，销售部和技术部，其中销售部门的个人计算机系统分散连接，他们之间需要相互进行通信，但为了数据安全起见，销售部和技术部需要进行相互隔离，现要在交换机上做适当配置来实现这一目标。

5. 工作目标

通过本次实训，让学生掌握如何实现跨交换机 VLAN 的配置。

6. 项目组织

每 3 人分成一组，分别控制计算机 PC1、PC2 和 PC3。在实验之前，检查网线是否连接。实验中，3 人分别对交换机进行一次配置，互相监督进行打分。

注意

PC1 和 PC3 处于同一 VLAN，PC2 则处于另外的 VLAN。

7. 任务执行要点

步骤 1：在交换机 Switch A 上创建 VLAN 10，并将 0/5 端口划分到 VLAN 10 中；

步骤 2：在交换机 Switch A 上创建 VLAN 20，并将 0/15 端口划分到 VLAN 20 中；

步骤 3：把交换机 Switch A 与交换机 Switch B 相连的端口（假设为 0/24 端口）定义为 tag vlan 模式；

步骤 4：在交换机 Switch B 上创建 VLAN 10，并将 0/5 端口划分到 VLAN 10 中；

步骤 5：把交换机 Switch B 与交换机 SwitchA 相连的端口（假设为 0/24 端口）定义为 tag vlan 模式；

步骤 6：验证 PC1 与 PC3 能互相通信，但 PC2 与 PC3 不能互相通信。

具体配置如下：

Switch A：

Ruijie>enable

Ruijie#configure

Ruijie（config）#hostname SwitchA

SwitchA（config）#vlan 10

SwitchA（config-vlan）#exit

SwitchA（config）#vlan 20

SwitchA（config-vlan）#exit

SwitchA（config）#interface fastethernet 0/5

SwitchA（config-if-FastEthernet 0/5）#switchport access vlan 10

SwitchA（config-if-FastEthernet 0/5）#exit

SwitchA（config）#interface fastethernet 0/15

SwitchA（config-if-FastEthernet 0/15）#switchport access vlan 20

SwitchA（config-if-FastEthernet 0/15）#exit

SwitchA（config）#interface fastethernet 0/24

SwitchA（config-if-FastEthernet 0/24）#switchport mode trunk

Switch B：

Ruijie>enable

Ruijie#configure

Ruijie（config）#hostname SwitchB

SwitchB（config）#vlan 10

SwitchB（config-vlan）#exit

SwitchB（config）#interface fastethernet 0/5

SwitchB（config-if-FastEthernet 0/5）#switchport access vlan 10

SwitchA（config-if-FastEthernet 0/5）#exit

SwitchA（config）#interface fastethernet 0/24

SwitchA（config-if-FastEthernet 0/24）#switchport mode trunk

3.3　第三层交换技术

当今绝大部分的企业网都已变成实施 TCP/IP 协议的 Web 技术的内联网，用户的数据往往要越过本地的网络在网际间传送，因而，路由器常常不堪重负。

一种办法是安装性能更强的超级路由器，然而，这样做成本太高，如果是建交换网，这种投资显然不合理。另一种方法是采用第三层交换技术。第三层交换的目标是只要在源地址和目的地址之间有一条更为直接的第二层通路，就没有必要经过路由器转发数据报。第三层交换使用第三层路由协议确定传送路径，此路径可以只用一次，也可以储存起来，供以后使用。之后数据报通过一条虚电路绕过路由器快速发送。

3.3.1 第三层交换技术概述

第三层交换是相对于传统交换概念而提出的。众所周知，传统的交换技术是在 OSI 参考模型中的第二层——数据链路层进行操作的，而第三层交换技术是在网络模型中的第三层实现数据包的高速转发的。简单地说，第三层交换技术就是第二层交换技术+第三层转发技术。它的出现解决了局域网中网段划分之后，子网必须依赖路由器进行管理的局面，解决了传统路由器低速、复杂所造成的网络瓶颈问题。

第三层交换技术将第二层交换技术和第三层路由器功能两者的优势结合成为一个整体，是一种利用三层协议中的信息来加强第二层交换功能的机制，是新一代局域网路由和交换技术。第三层交换技术具有以当前系统 1/10 的代价获得 10 倍于过去传输性能的能力。

既然第三层交换机能够代替路由器实现传统路由器的大多数功能，它就应该具有路由器的基本特性。路由器的核心功能主要包括数据报文的转发和路由处理两方面。数据报文转发是路由器和第三层交换机最基本的功能，用来在子网间传输数据报文。路由处理子功能包括创建和维护路由表，完成这一功能需要手动创建和维护路由表或者启用动态路由协议，如 RIP 或 OSPF 等。路由处理一旦完成，将数据报文发送至目的地就是报文转发的任务了。报文转发子功能包括检查 IP 报头、IP 数据报的分片和重组、修改存活时间等。第三层交换也包括一系列特别的服务功能，当第三层交换机仅用于局域网中子网间或 VLAN 间转发业务流时可以不执行路由处理，只做第三层业务流转，这种情况下设备可以不需要路由功能。

一个具有第三层交换功能的设备就是一个带有第三层路由功能的第二层交换机，但它是二者的有机结合，并不是简单地把路由器设备的硬件及软件简单地叠加在局域网交换机上。从硬件的实现来看，目前，第二层交换机的接口模块都是通过高速背板/总线交换数据的。在第三层交换机中，与路由器有关的第三层路由硬件模块也插接在高速背板/总线上，这种方式使得路由模块可以与需要路由的其他模块间高速交换数据，从而突破了传统的外接路由器接口速率限制，最高传输速度可达到 1000Mb/s。在软件方面，第三层交换机也有重大的举措，它对传统的基于软件的路由器软件进行了界定。目前基于第三层交换技术的第三层交换机得到了广泛的应用，并得到了用户的一致认可。

3.3.2 实训六：第三层交换实现虚拟局域网间的路由

1. 工作任务

VLAN/802.1Q-VLAN 间通信。

2. 工作环境

1 台锐捷第二层交换机 RG-S2328G、一台锐捷第三层交换机 RG-S3760E-24、3 条直通线。

3．拓扑图

拓扑结构如图 3-10 所示。

4．工作情境

某企业有销售部和技术部两个主要部门，其中销售部门的个人计算机分散地连接在两台交换机上，他们之间需要相互进行通信，销售部和技术部也需要进行相互通信，现要在交换机上做适当配置来实现这一目标。

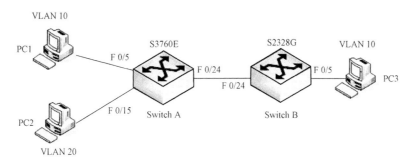

图 3-10　第三层交换机实训拓扑图

5．工作目标

通过本次实训，让学生掌握第三层交换机实现路由的配置方法。

6．技术原理

在交换网络中，通过 VLAN 对一个物理网络进行了逻辑划分，不同的 VLAN 之间是无法直接访问的，必须通过第三层的路由设备进行连接，一般利用路由器或第三层交换机来实现不同 VLAN 之间的互相访问。第三层交换机和路由器具备网络层的功能，能够根据数据的 IP 报头信息，进行选路和转发，从而实现不同网段之间的访问。

7．项目组织

以 3 人为一小组进行实验，3 人分别控制计算机 PC1、PC2 和 PC3。实验中，每人都要配置一次控制台，由另外 2 人监督实验结果进行打分。

8．任务执行要点

（1）在交换机 Switch A（第三层交换机）上创建 VLAN 10，并将 0/5 端口划分到 VLAN 10 中；

（2）把交换机 Switch A 与交换机 SwitchB 相连的端口（假设为 0/24 端口）定义为 tag vlan 模式；

（3）在交换机 Switch B 上创建 VLAN 10，并将 0/5 端口划分到 VLAN 10 中；

（4）把交换机 Switch B 与交换机 Switch A 相连的端口（假设为 0/24 端口）定义为 tag vlan 模式；

（5）验证 PC1 与 PC3 能互相通信，但 PC2 与 PC3 不能互相通信；

（6）设置第三层交换机 VLAN 间通信。

```
SwitchA (config)#interface vlan 10
SwitchA (config-if)#ip address 192.168.10.254 255.255.255.0
SwitchA (config-if)#no shutdown
SwitchA (config-if)#exit
```

```
SwitchA (config)#interface vlan 20
SwitchA (config-if)#ip address 192.168.20.254 255.255.255.0
SwitchA (config-if)#no shutdown
```

（7）验证测试，查看 S3760E 的端口状态。

```
SwitchA#show ip interface
```

（8）将 PC1 和 PC3 的默认网关设置为 192.168.10.254，将 PC2 的默认网关设置为 192.168.20.254。

测试结果：不同 VLAN 内的主机可以互相 ping 通。

3.4 无线局域网技术

无线局域网是利用不同的电磁波来实现发送和接收数据，无需线缆即可实现数据在不同节点之间的传输。无线局域网可以说是对传统的有线局域网的一种扩展，它把传统的实体介质淡化，取而代之的是受各种限制较小的无线电波。这使得网络上的计算机拥有了较强的移动性，能够解决许多有线网络不能解决的问题。

3.4.1 无线局域网的概念

无线局域网（Wireless Local Area Network，WLAN）是利用无线通信技术在一定的局部范围内建立的网络，是计算机网络与无线通信技术相结合的产物，它以无线多址信道作为传输媒介，提供传统有线局域网的功能，能够使用户真正实现随时、随地、随意的宽带网络接入。

3.4.2 主要的无线局域网技术

目前的无线局域网技术发展非常迅速，几年前，11Mb/s 的 IEEE 802.11b 技术还刚步入实质应用，不到一年的时间就出现了一种接入速率可达 54Mb/s 的 IEEE 802.11a，又隔了一年左右，取代 IEEE 802.11a 标准的 IEEE 802.11g 标准闪亮登场，目前，传输速度可达 300Mb/s 的 IEEE 802.11n 也已经投入商用。因为它向下兼容 IEEE 802.11b 标准，而且采用免费的 2.4GHz 频段，所以产品价格也较 IEEE 802.11a 标准产品有较大优势，所以 IEEE 802.11a 标准应该算是无线局域网领域寿命最短的标准，目前很少有人选用这一标准的设备，网络设备厂商也很少再开发基于这一标准的无线局域网产品。下面简要介绍一下这三个接入标准。

1. IEEE 802.11b

无线局域网所采用的是 IEEE 802.11 系列标准，它也是由 IEEE 802 标准委员会制定的。1990 年 IEEE 802 标准化委员会成立 IEEE 802.11 无线局域网标准工作组，最初的无线局域网标准是 IEEE 802.11 于 1997 年正式发布的，该标准定义了物理层和媒体访问控制（MAC）规范。

物理层定义了数据传输的信号特征和调制，工作在 2.4～2.4835GHz 频段。这一最初的无线局域网标准主要应用于难以布线的环境或移动环境中计算机的无线接入，由于传输速度最高只能达到 2Mb/s，所以，主要被用于进行数据存取的业务。但随着无线局域网应用的不断深入，人们越来越认识到，2Mb/s 的连接速度远远不能满足实际应用需求，于是 IEEE 802 标准委员会推出了一系列高速的新无线局域网标准。

在 WLAN 的发展历史中，真正走入实用的 WLAN 标准还是从 1999 年 9 月正式发布的 IEEE 802.11b 开始的。该标准规定无线局域网工作频段在 2.4～2.4835GHz，数据传输速度达到 11Mb/s。该标准是对 IEEE 802.11 的一个补充，采用点对点模式和基本模式两种运作模式，在数据传输速度方面可以根据实际情况在 11Mb/s、5.5Mb/s、2Mb/s、1Mb/s 的不同速度间自动切换，而且在 2Mb/s、1Mb/s 速度时与 IEEE 802.11 兼容。IEEE 802.11b 使用直接序列 DSSS（Direct Sequence）作为协议。

IEEE 802.11b 工作于免费的 2.4GHz 频段，所以其产品价格非常低廉，采用 IEEE 802.11b 标准的产品已经被广泛地投入市场，并在许多领域得到广泛应用。

2. IEEE 802.11a

虽然 IEEE 802.11b 标准的 11Mb/s 传输速度相对于标准的 IEEE 802.11 的 2Mb/s 来说有了几倍的提高，但这也只是理论数值，在实际应用环境中的有效速度还不到理论值的一半。为继续提高传输速度，IEEE 802 工作小组继续下一个标准的开发，那就是 2001 年底发布的 IEEE 802.11a。

IEEE 802.11a 标准工作频段为商用的 5GHz 频段，数据传输速度达到 54Mb/s，传输距离控制在 10～100m（室内）。IEEE 802.11a 采用正交频分复用（OFDM）的独特扩频技术，可提供 25Mb/s 的无线 ATM 接口和 10Mb/s 的以太网无线帧结构接口，以及 TDD/TDMA 的空中接口；支持语音、数据、图像业务；一个扇区可接入多个用户，每个用户可带多个用户终端。

在这里要说明的一件事就是，为什么最先推出的标准命名为 IEEE 802.11b，而后来推出的标准反而是 IEEE 802.11a。那是因为，这两个标准是分属于两个不同的小组。事实上 IEEE 802.11a 标准与 IEEE 802.11b 标准的研制工作是同时开始的，只是在后来正式完成、发布中，IEEE 802.11b 标准却走在了前面，所以最先发布的是 IEEE 802.11b，而不是 IEEE 802.11a。还有一点，那就是 IEEE 802.11a 标准本来要先于 IEEE 802.11b 发布，所以其速度原先的设想并不是 54Mb/s，只是 IEEE 802.11b 发布了 11Mb/s 的标准，所以 IEEE 802.11a 标准的连接速度就不可能再低于或者接近 11Mb/s，而只能超过。

3. IEEE 802.11g

虽然 IEEE 802.11a 标准的速度已比较高，但由于 IEEE 802.11b 与 IEEE 802.11a 两个标准的工作频段不一样，相互不兼容，致使一些原先购买 IEEE 802.11b 标准的无线网络设备在新的 802.11a 网络中不能用，于是推出一个兼容两个标准的新标准就成了当务之急。IEEE 802 工作小组继续了它的无线局域网标准 IEEE 802.11g 的开发，于 2003 年 6 月，推出了最新版本 IEEE 802.11g 认证标准。

IEEE 802.11g 标准拥有 IEEE 802.11a 的传输速度，安全性较 IEEE 802.11b 好，采用两种调制方式，含有 IEEE 802.11a 中采用的 OFDM 与 IEEE 802.11b 中采用的 CCK，做到了与 IEEE 802.11a 和 IEEE 802.11b 兼容。虽然 IEEE 802.11a 较适用于企业，但无线局域网运营商为了兼顾现有 IEEE 802.11b 设备投资，选用 IEEE 802.11g 的可能性极大。由于 IEEE 802.11g 标准同样工作于 IEEE 802.11b 标准所用的 2.4GHz 免费频段，所以采用此标准的无线网络设备同样具较低的价格。另外，它的传输速度却可达到 IEEE 802.11a 标准所具有的 54Mb/s，而且还可根据具体的网络环境调整网络传输速度，以达到最佳的网络连接性能。所以说 IEEE

802.11g 标准同时具有 IEEE 802.11b 和 IEEE 802.11a 两个标准的主要优点，是一个非常具有发展前途的无线网络标准。

目前在各网络设备商的产品线中主要出现了三个不同系列，就是 54Mb/s 的 IEEE 802.11g 产品、108Mb/s 的 IEEE 802.11g+标准产品和全面兼容 IEEE 802.11b 和 IEEE 802.11a、IEEE802.11g 三个标准的三模产品。已不再有单独的 IEEE 802.11b 和 IEEE 802.11a 标准产品开发了，主要是因为 IEEE 802.11g 标准比 IEEE 802.11b 和 IEEE 802.11a 标准更具优势，况且其价格也已相当接近，用户也就没有必要再去花同等的价格买那些已过时的产品。

在一些主流的无线局域网设备厂商（如 D-Link、NETGEAR、TP-LINK 等）中，除了可以见到上述三种标准的产品外，还可能见到诸如 IEEE 802.11b+、IEEE 802.11a+、IEEE 802.11g+增强版产品，它们的传输速度是在对应的原有标准基础上翻倍，分别为 22Mb/s、108Mb/s 和 108Mb/s。但这三个所谓的增强版标准并非正式的标准，而是一些无线网络设备芯片厂商（如 TI、GlobespanVirata、Broadcom 及 Atheros 等）自己开发的增强型标准，不具有通用性，也就是说，虽然都可能称为 IEEE 802.11g+标准的产品，都可以提供 108Mb/s 的接入速度，但采用不同品牌芯片的产品可能并不兼容，通常只能与同品牌芯片的无线局域网设备兼容。这一点在选购前一定要向经销商或厂家询问清楚。

3.4.3 无线局域网的结构

一般地，WLAN 有对等网络和基础结构网络两种网络类型。

（1）对等网络。由一组有无线接口卡的计算机组成。这些计算机以相同的工作组名、ESSID 和密码等对等方式相互直接连接，在 WLAN 的覆盖范围之内，进行点对点或多点之间的通信。

（2）基础结构网络。在基础结构网络中，具有无线接口卡的无线终端以无线接入点（AP）为中心，通过无线网桥（AB）、无线接入网关（AG）、无线接入控制器（AC）和无线接入服务器（AS）等将无线局域网与有线网网络连接起来，可以组建多种复杂的无线局域网接入网络，实现无线移动办公的接入。

无线对等网络拓扑结构，如图 3-11 所示。

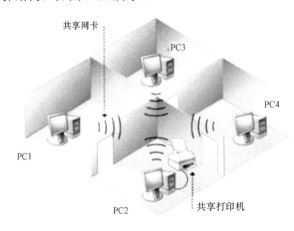

图 3-11　无线对等网络

3.4.4 实训七：组建无线局域网——无线网卡间 Ad-Hoc 连接模式

1. 工作任务

无线网卡间 Ad-Hoc 连接模式。

2. 工作环境

RG-WG54U（IEEE 802.11g 无线局域网外置 USB 网卡，两块）。

3. 工作目标

掌握没有无线 AP 的情况下，如何通过无线网卡进行移动设备之间的连接。

4. 工作情境

小王的公司由于某些特定困难不能够搭建有线网络，但公司又要求员工之间要在同一局域网内互相通信和共享资源，这样的情况就可以根据实际需要搭建出一个无线网络来实现网络资源的共享。

5. 拓扑图

拓扑结构如图 3-12 所示。

6. 项目组织

每 3 个人一组，每组推选一名组长。组长负责分配并记录本组的组员工作，最后组织打分。组长在分配任务时，尽量使每个组员都能够得到练习的机会，并让每一个组员都能够参与进来。

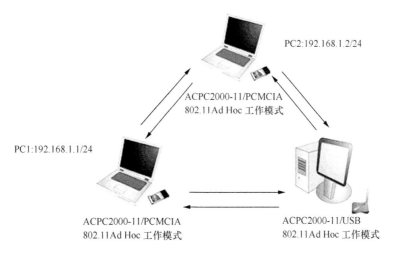

PC2:192.168.1.2/24

ACPC2000-11/PCMCIA
802.11Ad Hoc 工作模式

PC1:192.168.1.1/24

ACPC2000-11/PCMCIA
802.11Ad Hoc 工作模式

ACPC2000-11/USB
802.11Ad Hoc 工作模式

图 3-12 无线网络拓扑结构

7. 任务执行要点

（1）安装 RG-WG54U。把 RG-WG54U 适配器插入到计算机空闲的 USB 端口，系统会自动搜索到新硬件，并提示安装设备的驱动程序。按照设备安装向导正确安装驱动。完成后，屏幕的右下角出现无线网络已连接的图标，包括速度和信号强度。

（2）配置 PC2 无线网卡之间相连的 SSID 为 ruijie。打开无线网卡的"属性"选项，在"无线网络设置"选项区域中，单击"添加"按钮，添加一个新的 SSID 为 ruijie，注意此处操作与 PC1 完全一致。在"高级"一栏中选择"仅计算机到计算机"模式，或者可以通过 RG-WG54U 产品中的无线网络配置软件，选择 Ad-Hoc 模式。

（3）设置 PC2 的无线网卡 IP 地址。

（4）重复上述步骤，配置 PC1。

（5）用 ping 命令测试 PC1 和 PC2 的连通性。

3.4.5 实训八：组建无线局域网——无线网络 Infrastructure 连接模式

1. 工作任务

无线网络 Infrastructure 连接模式。

2. 工作环境

RG-WG54U（IEEE 802.11g 无线 LAN 外置 USB 网卡，两块），RG-WG54P（无线 LAN 接入器，1 台）。

3. 工作情境

某种情况下，一些特定的场所可能受地形或其他因素限制，不利于有线网络的部署，这时为了使局域网用户正常通信，通常需要架设无线局域网。

4. 工作目标

掌握有无线网卡的设备如何通过无线 AP 进行互联。

5. 拓扑图

拓扑结构如图 3-13 所示。

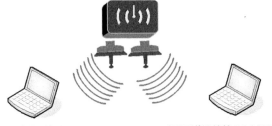

RG-WG54P:AP-TEST
ESSID:ruijie
RG-WG54P管理地址:192.168.1.1/24

PC1无线IP地址:1.1.1.2/24
PC1以太网IP地址:192.168.1.23/24

PC2无线IP地址:1.1.1.36/24

图 3-13　Infrastructure 模式网络拓扑结构

6. 项目组织

每 6 个人一组，每组推选一名组长。组长负责分配并记录本组的组员工作，最后组织打分。组长在分配任务时，尽量使每个组员都能够得到练习的机会，并让每一个组员都能够参与进来。

7. 任务分解

（1）每组选出一人负责安装 RG-WG54U；

（2）配置 RG-WG54P 基本信息；

（3）选择 AP 管理界面左侧的"常规"菜单设置；

（4）将 PC1 与 PC2 的 RG-WG54P 网卡加入到 ruijie 这个 ESSID；

（5）配置 PC1 和 PC2 上的无线网络地址；

（6）用 ping 命令测试 PC1 与 PC2 的连通性。

8. 任务执行要点

（1）安装 RG-WG54U。把 RG-WG54U 适配器插入到计算机空闲的 USB 端口，系统会自动搜索到新硬件，并提示安装设备的驱动程序。按照设备安装向导正确安装驱动。完成后，屏幕的右下角出现无线网络已连接的图标，包括速度和信号强度。

（2）配置 RG-WG54P 基本信息。连接好 AP 设备。配置连接 AP 的仿真终端 PC 的以太网接口地址为 192.168.1.23/24，网关配置为连接的 AP 的地址 192.168.1.1，因为一般新买来的 AP 的管理地址都默认为 192.168.1.1/24。

（3）选择 AP 管理界面左侧的"常规"菜单设置。在常规项中修改"接入点名称"为 AP-TEST，设置"无线模式"为"AP 模式"，ESSID 为"ruijie"，"信道/频段"为"01/2412MHz"，"模式"为"混合模式"，如图 3-14 所示。

（4）启动客户端机器上的连接 AP 软件，配置管理，如图 3-15 所示。为 PC1 和 PC2 安装 RG-WG54U 配置软件，在 Configuration 选项卡上设置 SSID 为"ruijie"，无线网络连接模式（Network Type）为"Infrastructure"。

图 3-14 "常规"菜单设置

图 3-15 客户端配置管理

（5）将 PC1 与 PC2 的 RG-WG54P 网卡加入到 ruijie 这个 ESSID。打开客户机上的选择连接 AP 网络管理软件上的 Site Suivey 选项卡，选择 ESSID 标识为 "ruijie"，把它加入到管理中。选中 "ruijie" 一行，然后单击右下角的 "Join" 按钮，如图 3-16 所示。

（6）配置 PC1 和 PC2 上的无线网络地址。配置 PC1 和 PC2 的地址，保证两台计算机在同一网段。

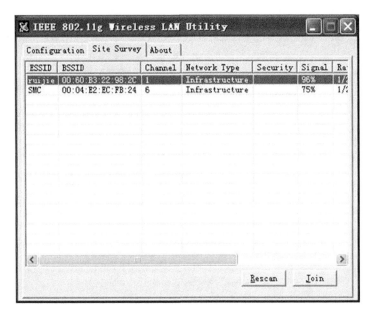

图 3-16　单击 Join 按钮

（7）验证。用 ping 命令测试 PC1 与 PC2 的连通性。

3.5　局域网典型应用

3.5.1　组建简单校园网

随着教育信息化的发展，校园网已经成为现代教育中必不可少的一个部分。校园网不仅能够把学校的各个管理部门协调联系起来，而且可以通过 Internet 实现全球教育资源的共享。

总体上来说，校园网是一个内部的局域网，这个网络把学校各办公室、机房、多媒体教室、图书馆等联系起来，实现资源共享的同时，也使得学校管理跨上了一个新台阶。例如，通过网络进行学校管理信息的发布，通过网络各个办公室共享教学资源等，这些功能可以让无论是学生还是老师都随时随地进行沟通。在校园网上，建立各种计算机辅助教学系统，可以为现代化教学提供重要的支持。

同时，校园网并不是一个封闭的环境，它是一个学校连接世界的出口。通过校园网络，教育工作者可以随时了解国内外科技教育的最新发展，加强对外合作，从而促进教育水平的提高，这对学生的培养显得尤为重要。

总之，校园网是现代化教育的一个缩影，是学校现代化教育的一个重要标志。

校园网络在组建时，首先要考虑中心网络和各子网络的组成。

具体来说，一个典型的校园网络系统应该包括网络中心、教学子网、图书馆系统子网、办公系统子网几个重点部分，下面对具体的实施过程做一个说明。

（1）校园网络中心的设计。学校对基于网络应用的相关需求体现在以下几个方面。

1）在 Internet 上注册自己的域名信息，可以对外发布教育信息，同时也可增大对外影响。

2）建立学校内部主页，各种学校信息可以在主页上直接发布，以代替传统的纸件发布方式。

3）对学校员工提供 E-mail、WWW 等服务方式。内部员工在学校内部使用 E-mail 的方式进行交流，可以极大地提高办公效率。

4）通过网络中心可以对整个校园网络的信息交流、Internet 访问，计费管理进行监视保护。

5）对在家中的学生提供远程教育方案，使得学生即使在假期或周末也能够轻松查阅学校的教学资料。

校园网络中心拓扑结构图如 3-17 所示。

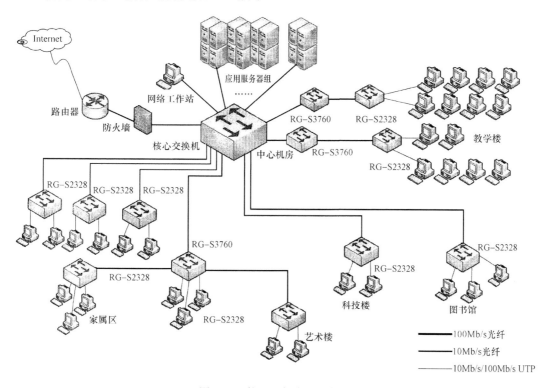

图 3-17　校园网络中心拓扑结构图

从图中可以看出，整个校园网采用层次化的拓扑结构，核心层采用千兆以太网交换机。作为校园网的中心交换机，千兆交换机应该能满足分布/接入层交换机、防火墙和网管终端的高速链接，重要的服务器和骨干链路，最好也采用千兆模块连接。

（2）教学子网的设计。校园网的目的之一就是利用网络来实现多媒体教学，一个校园网络在教学子网的设计中应该体现以下功能。

1）交互式多媒体课堂。学生可以利用多媒体课堂进行主动地学习，而老师做到引导和把握方向的作用。多媒体课堂由于其具有声音、图像等方面的优势，相比传统教学有着无法比拟的作用。

2）管理功能。教师可以通过教学子网实现对学生的课程、成绩等方面的管理。可以对教师的教学质量和学生的学习效果进行评估。利用网络的优势可以迅速地了解到学生对于某一知识点的学习效果。

3）电子阅览室。把各种影像、教学资料存放在服务器中，教师和学生可以随时在网上进行观看学习。

4）教师培训。教师可以在网上观摩其他教师的讲课，起到一个示范和共同备课的目的。

在校园网上实现以上功能，主要的问题在于视频信号的传输，主要体现在以下两个方面。

带宽问题。视频信号数字化以后的数据量非常大，为了解决这个问题，ISO 制定了将动态图像进行压缩的 MPEG 标准。

如何保证图像和声音的质量。以太网使用的 CSMA/CD 介质访问方法，其结果是每一个数据报传送的时间是不确定的。这种不可预测性使得传送视频信号不能同步，进而产生图像噪声和失真。所以校园网对于速度的要求还是较高的，主要的端口至少应采用 100Mb/s 交换式以太网口。

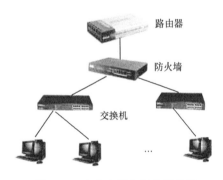

图 3-18　办公室网络拓扑结构图

（3）办公子网的设计。学校的日常工作中，有许多工作方式和流程是可以通过网络来进行简化并提高效率的。

1）办公自动化。传统的张贴、打印等方式已经显得复杂而没有效率，利用网络可以便利而快捷地完成这类工作，使得公文可以在任何时间任何地点被看到。

2）教务信息管理。各类教务信息，包括排课信息、教师安排信息、临时调课信息等，利用网络来传输，比传统的方式更加快捷可靠。

鉴于学校办公要求的是方便快捷，因此子网的搭建应该以网速为前提。图 3-18 是一个办公子网示意图。

3.5.2　组建中型企业局域网

一般来说，一个中型的企业局域网通常是一个分布式网络。也就是说一个单位企业内部具有多个办公地点（如不同的楼层，不同的办公室等），楼宇间网络的连接距离通常大于 100m，所以需要采用光纤进行布线。分布式网络通常具有网络中心和楼宇接入节点两个层次。

以一个分布式中型网络方案为例。某企业各部门分别位于园区内不同地理位置，由于各建筑与网络中心之间的距离都小于 550m，故采用基于多模光纤传输的 1000BASE-SX 建立千兆光纤主干。中心千兆交换机可以安装 100/1000BASE-T 千兆铜缆模块以连接服务器，另需选配 1000BASE-SX 模块用以连接几个办公地点。该网络采用光纤网络扩大网络覆盖范围，如果连接超过 550m，则可以选择单模 1000BASE-LX 长波千兆光纤技术实现 5 km 内的连接。

在大中型企业的网络解决方案中，可以选择锐捷电信级宽带接入路由器 RG-NBR1000E

作为出口路由器，汇聚层采用千兆全线速第三层交换机系列，另外选用智能管理型以太网交换机 RG-S1926S 作为接入层交换机，上行连接汇聚层。采用 NBR1000E 路由器，能够实现 30 000 条的 NAT 会话，支持 30 000 个 NAT 节点同时联网，是 1000 个信息点左右的大中型企业联网的理想之选。同时，NBR1000E 提供内部虚拟服务器功能，组建内部的 Web、FTP、Mail 服务器，为组建企业外部网络提供了方便。值得一提的是 NBR1000E 还具有强大的 VPN 功能，方便构建企业内部的 VPN 网络。

3.5.3 局域网上组建虚拟 Internet

如今，随着信息技术和网络技术的热门，全国各级学校都将信息技术教育列为必修课，并要求掌握 Internet 的基础知识和实践能力。但在实际的教学过程中，各学校都存在着上网费用高、网络速度慢、不良网站需要过滤等问题，有的学校甚至根本不具备任何上网条件，特别是在一些大专院校或培训机构需要交互式网站环境，提供给学生个人主页空间，实现起来更是困难，在内部网设置虚拟 Internet，无疑是较好的解决方案。由于基于 Internet 浏览方式具有简单直观、最易为人们所学习掌握等优点，在许多用于管理的局域网中大量使用基于 Web 方式的管理软件，所以在管理网络中也很有必要架设虚拟 Internet。

使用虚拟 Internet 教室，可以在没有上网条件时，创造出与实际上网环境一样的虚拟 Internet 教学，达到以下一些基本功能。

（1）WWW 浏览。学生计算机通过浏览器直接写入网址，即可查看信息。

（2）电子邮件 E-mail。每一个学生均有一个独立的电子信箱账号。

（3）BBS 电子论坛。用户可以浏览讨论区的文章，并根据教师分发的用户名/密码在讨论区中发表文章。

（4）聊天室 Chat room。学生根据教师分发的用户名自由聊天。

（5）信息搜索。学习网上使用搜索引擎查询信息。

教师可以按照教学需求将实际 Internet 上的教学资源定时定制下载到学校本地的计算机上，分门别类地存储起来形成学校内部的 Internet 信息资料室，以供教师和学生浏览。

习　　题

一、填空题

1．根据所支持带宽的不同，可以将网卡分为_____、_____、_____三种。

2．根据交换机工作的协议不同，可以将交换机分为_____、_____、_____三种。

3．VLAN 的主要功能有_____、_____、_____、_____。

4．根据应用规模的不同，可以将交换机分为_____交换机、_____交换机、_____交换机三类。

5．局域网传输介质中包括_____、_____。

二、简答题

1．简述虚拟局域网的概念。

2．简述无线局域网的概念。

3．划分 VLAN 的方法有哪几种？

三、实训题

　　某企业有销售部、技术部及财务部三个主要部门，其中销售部门的个人计算机和技术部的个人计算机连接在一台第三层交换机上，财务部的个人计算机连接在另外一个第二层交换机上，为了提高效率，抑制广播数据，增强网络安全性，现分别将三个部门的计算机划分到不同的 VLAN 里，其拓扑图如 3-19 所示，为了实现他们之间的相互通信，请对交换机进行适当配置。

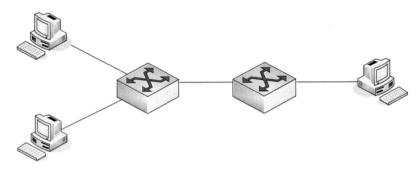

图 3-19　拓扑图

第4章 综合布线系统

近年来，我国各种新型高层建筑和现代化公共建筑不断建成，尤其是作为智能化建筑中的综合布线系统已成为现代化建筑工程中的热门话题，也是建筑工程和通信工程中设计和施工相互结合的一项十分重要的内容，可以说综合布线系统是衡量智能化建筑的智能化程度的重要标志。

4.1 结构化综合布线系统概述

所谓综合布线系统是指按标准的、统一的和简单的结构化方式编制和布置建筑物（或建筑群）内各种系统的通信线路，包括网络、电话、监控、电源和照明等系统。因此，综合布线系统是一种标准通用的信息传输系统。更为确切的是，综合布线是一种模块化的、灵活性极高的建筑物内或建筑群之间的信息传输通道。

4.1.1 结构化综合布线系统的组成及网络设计

综合布线系统（Premises Distribution System，PDS）是一套开放式的布线系统，可以支持几乎所有的数据、话音设备及各种通信协议，同时，由于 PDS 充分考虑了通信技术的发展，设计时有足够的技术储备，能充分满足用户长期的需求，应用范围十分广泛。而且结构化综合布线系统具有高度的灵活性，各种设备位置的改变、局域网的变化，不需重新布线，只要在配线间作适当布线调整即可满足需求。

结构化综合布线一般划分为六个子系统（见图 4-1）。

1. 工作区子系统（Work Area）及其网络设计

工作区子系统由终端设备连接到信息插座的连线，以及信息插座所组成（见图 4-2）。信息点由标准 RJ-45 插座构成。信息点数量应根据工作区的实际功能及需求确定，并预留适当数量的冗余。例如，对于一个办公区内的每个办公点可配置 2～3 个信息点，此外应为此办公区配置 3～5 个专用信息点用于工作组服务器、网络打印机、传真机、视频会议等。若此办公区为商务应用则信息点的带宽为 100Mb/s 可满足要求；若此办公区为技术开发应用则每个信息点应为交换式 100Mb/s 甚至是光纤信息点。

工作区的终端设备（如电话机、传真机）可用超 5 类或 6 类双绞线直接与工作区内的每一个信息插座相连接，或用适配器（如 ISDN 终端设备）、平衡/非平衡转换器进行转换连接到信息插座上。

2. 水平子系统（Horizontal）及其网络设计

水平子系统主要是实现工作区信息插座和管理子系统，即中间配线架（IDF）间的连接。水平子系统指定的拓扑结构为星形拓扑。水平干线的设计包括水平子系统的传输介质与部件集成（见图 4-3）。选择水平子系统的线缆，要根据建筑物内具体信息点的类型、容量、带宽和传输速度来确定。在水平子系统中推荐采用的双绞线为超 5 类或 6 类非屏蔽双绞线，室内单模或多模光纤。

双绞线水平布线链路中，水平电缆的最大长度为 90m。若使用 100ΩUTP 双绞线作为水平子系统的线缆，水平链路可根据信息点类型的不同采用不同类型的电缆，例如，对于语音信息点和数据信息点可采用超 5 类或 6 类双绞线，甚至使用光缆；对于电磁干扰严重的场合应尽量采用屏蔽双绞线。但是从系统的兼容性和信息点的灵活互换性角度出发，建议水平子系统采用同一种布线材料。

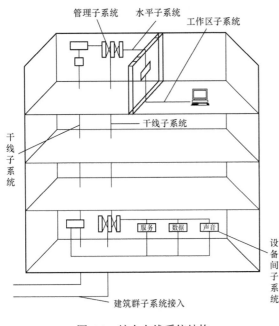

图 4-1　综合布线系统结构

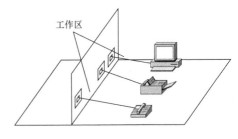

图 4-2　工作区子系统

3．管理子系统（Administration）及其网络设计

管理子系统由交连、互连和输入/输出组成，实现配线管理，为连接其他子系统提供手段。包括电缆配线架、跳线设备及光配线架等组成设备。设计管理子系统时，必须了解线路的基本设计原理，合理配置各子系统的部件（见图 4-4）。

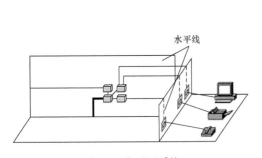

图 4-3　水平子系统

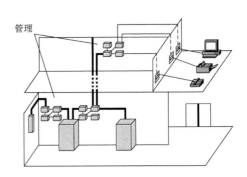

图 4-4　管理子系统

4．干线子系统（Backbone）及其网络设计

干线子系统，又称垂直子系统，指提供建筑物的主干电缆的路由，是实现主配线架与中间配线架、计算机、PBX、控制中心及各管理子系统间的连接（见图 4-5）。干线传输电缆的设计必须既满足当前的需要，又适应今后的发展。干线子系统布线走向应选择干线线

缆最短、最安全和最经济的路由。干线子系统在系统设计施工时，应预留一定的线缆做冗余信道，这一点对于综合布线系统的可扩展性和可靠性来说是十分重要的。

干线子系统可以使用的线缆主要包括三类大对数电缆、超 5 类或 6 类双绞线、室内单模或多模光纤。超 5 类双绞线可以支持 1000BASE-T，但如要求支持 1000BASE-TX 则必须使用 6 类双绞线。如果已安装的电缆仅满足 5 类线标准（1995），那么在连接 1000BASE-T 设备之前，应对布线系统按照新增加的布线参数，如回波损耗、等级远端串扰（ELFEXT）、传播延迟和延时畸变等进行测量和认证。

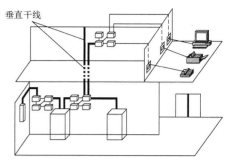

图 4-5　干线子系统

5．设备间子系统（Equipment Room）及其网络设计

设备间子系统由设备室的电缆、连接器和相关支持硬件组成，把各种公用系统设备互联起来。设备间的主要设备有数字程控交换机、计算机网络设备、服务器、楼宇自控设备主机等。它们可以放在一起，也可分别设置。在较大型的综合布线中，可以将计算机设备、数字程控交换机、楼宇自控设备主机分别设置在机房，把与综合布线密切相关的硬件设备放置在设备间，计算机网络设备的机房放在离设备间不远的位置（见图 4-6）。

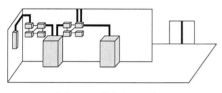

图 4-6　设备间子系统

6．建筑群子系统（Campus Subsystem）及其网络设计

建筑群子系统是实现建筑之间的相互连接，提供楼群之间通信设施所需的硬件。建筑群之间可以采用有线通信的手段，也可采用微波通信、无线电通信的手段（见图 4-7）。

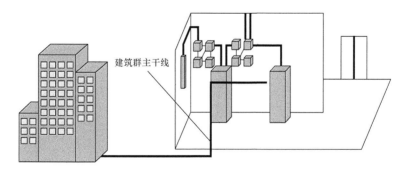

图 4-7　建筑群子系统

4.1.2　综合布线的主要阶段

综合布线是组建局域网中至关重要的一部分，关乎整个网络组建的成败。

综合布线通常分系统设计阶段、施工阶段和测试和验收阶段三个阶段进行。

1．综合布线系统设计

综合布线系统的设计方案不是一成不变的，而是随着环境、用户要求来确定的。其要点包括以下几点。

（1）尽量满足用户的通信要求；

（2）了解建筑物、楼宇间的通信环境；

（3）确定合适的通信网络拓扑结构；

（4）选取适用的介质；

（5）以开放式为基准，尽量与大多数厂家产品和设备兼容；

（6）将初步的系统设计和建设费用预算告知用户。

在征得用户意见并订立合同书后，再制定详细的设计方案。设计综合布线系统一般有以下 7 个步骤。

第 1 步，通读标书并提出问题，分析用户需求。

工作内容包括整体通读标书内容（文档、表格、图纸），提出需要答疑的内容以便准确获得用户需求。

第 2 步，获取建筑物平面图，整理图纸、统计点表，完成设计准备。

工作内容包括：

1）整理基本需求图纸；

2）根据标书要求布置信息点位置；

3）完成点表统计；

4）完成配线间及其管理的信息点统计。

第 3 步，系统结构设计。

设计要领：

1）在 PDS 设计起始阶段，设计人员要做到，评估用户的通信要求和计算机网络要求；评估用户楼宇控制设备自动化程度；评估安装设施的实际建筑物或建筑群环境和结构；确定通信、计算机网络、楼宇控制所使用的传输介质。

2）将初步的系统设计方案和预算成本通知用户单位。

3）在收到最后合同批准书后，完成系统配置、布局蓝图和文档记录，包括电缆线路由文档、光缆分配及治理、布局和接合细节、光缆链路损耗预算、施工许可证、订货信。

4）应始终确保已完成合同规定的光缆链路一致性测试，而且光缆链路损耗是可接受的。

第 4 步，布线路由设计。

第 5 步，可行性论证。

第 6 步，绘制布线施工图。

第 7 步，编制布线用料清单。

2. 综合布线施工

（1）要做好开工前的准备工作，要求做到以下几点。

1）设计综合布线实际施工图。确定布线的走向位置供施工人员、督导人员和主管人员使用。

2）备料。网络工程施工过程需要许多施工材料，这些材料有的必须在开工前就备好料，有的可以在开工过程中备料。主要有以下几种：

①光缆、双绞线、插座、信息模块、服务器、稳压电源、集线器等落实供货厂商，并确定到货日期；

②不同规格的塑料/金属线槽、PVC/金属管材、蛇皮管、自攻螺丝等布线用料就位；

③如果集线器是集中供电，则准备好导线、铁管和制订好电器设备安全措施（供电线路必须按民用建筑标准规范进行）；

④制订施工进度表（要留有适当的余地，施工过程中意想不到的事情，随时可能发生，并要求立即协调）。

3）向工程单位提交开工报告。

（2）施工过程中要注意的事项。

1）施工现场督导人员要认真负责，及时处理施工进程中出现的各种情况，协调处理各方意见。

2）如果现场施工碰到不可预见的问题，应及时向工程单位汇报，并提出解决办法供工程单位当场研究解决，以免影响工程进度。

3）对工程单位计划不周的问题，要及时妥善解决。

4）对工程单位新增加的点要及时在施工图中反映出来。

5）对部分场地或工段要及时进行阶段检查验收，确保工程质量。

6）制订工程进度表。

（3）综合布线系统的施工。

1）水平电缆穿放。

①水平线缆的穿放，最好在墙面一次装修完成后进行。布线径内的管、槽安装到位并连通，管内应无杂物和浸水，管口光滑无毛刺。配线架安装位置已确定。

②穿放时可从同一管路的某个信息口端开始，延伸至 IDF，中间插入或经过过渡盒时，每处都应有人照应，以防电缆扭曲。

③管道较长或有弯曲，应借助牵引线（引线器）进行，防止强拉，破坏线缆特性。

④管口应加护套，避免划伤电缆外皮。

⑤电缆两端编号标识要一致，以免造成信息口和配线架之间的标识混乱。

⑥为了防止电缆浪费，建议对每盘电缆已布数量的记录计算盘底长度，以便安排合适位置使用。

⑦两端预留长度要适当，一般信息口端预留长度为 20～30cm，配线架端放至指定位置后再预留约 50cm，作为富余量和工作长度。

⑧布放后的电缆必须采取有效的保护措施，防止被人剪断，或因其他原因而受损伤。

⑨布线要统一设计，不准架空走线，与大厦已有其他线互不干扰，美观。

⑩应根据现场实际情况设计所需的线槽及线管规格和数量。

⑪除非已进入设备机壳内，所有线缆必须放置于线槽、线管内，不得外露。

⑫所有的线缆应敷设在指定的线槽或线管内，线缆的敷设应平直，拐弯半径应符合规范的要求，严格禁止产生扭绞、打圈等现象，不应受到外力的挤压和损伤。

⑬在安排线缆路线时，必须考虑线缆的最小弯曲半径，并提供参数审核。

⑭敷设多条电缆的位置应使用扎线带绑扎，并做出标识，扎线带应保持相应间距，线缆扎线带的绑扎不能太紧以免影响线缆的使用。

⑮线缆的排列应避免交叉，不得不交叉时其间隔距离应符合《工业企业通信设计规范》的要求。

⑯线缆布放时长度应有冗余，至少留有三次维修长度。在前端设备安装位置、设备间的

铜缆预留长度一般为 2~3m，光缆的设备端预留长度为 3~4m。有特殊要求的应按设计要求预留长度。

⑰控制台、机柜内的线缆应排列整齐，并绑扎在机柜内的布线槽内，同时做出标识。线缆的敷设不得影响机柜门的开启或关闭、设备的更换。

2）缆线端接（卡接）。缆线卡接系在配线架上和信息模块上进行，具体操作详见《安装维护手册》，在工艺方面应注意以下几点。

①剥除电缆外护套时，剥除长度要合适，使用切刀不可用力过度，以防损伤内导线。

②如有大对数电缆端接，因大对数缆是由多组 25 对束组成，分束组时应小心地保持每束组，不可絮乱，分出的一组 25 对束，缆端按顺序以不同标志捆扎，以便辨认。

③配线时，应注意线对编序（以色谱识别）不能出差错，电缆编序详见《PIC 电缆颜色编码》。

④双绞线分线时，绞部应紧贴卡槽边缘，不可过度分散，影响绞线特性。

⑤卡接完毕，要利用引导保留物工具和线钩对布放在布线块槽内的导线进行整理，同时清除落在连接块间的残留导线碎段。

⑥最后要记住贴"标签"，以便对该配线架端子的分配和信息口编号的识别。

⑦安装完毕，对每一个信息插座贴上标识，为今后维护提供方便。

3）布线系统标识。在布线系统中，网络应用的变化会导致连接点经常移动、增加和变化。一旦没有标识或使用了不恰当标识，都会使最终用户不得不付出更高的维护费用来解决连接点的管理问题。建立和维护标识系统的工作贯穿于布线的建设、使用及维护过程中，好的标识系统会给布线系统增色不少，劣质的标识将会带来无穷的痛苦和麻烦。

参照 TIA/EIA-606 标准（《商业建筑物电信基础结构管理标准》），结合国内综合布线系统总结出的有关标识经验提出以下建议。

①标识设备选型。标签建议采用 Panduit LS7 热转移打印机制作，对线缆、配线架、信息面板、配线机柜和其他相关部件进行标识。Panduit PANACEA LS7 热转移打印机是专为符合 TIA/EIA-606A 要求的标识系统而设计的。

②标识方法。采用 Panduit 布线标签标注方法，采用××-××-×××，即第一个××表示楼层、第二个××表示机柜或房间的编号、第三个×××表示该机柜内线缆的序号，必须网线两端统一编号。

"标签"采用颜色和字母数字代码组合，用来识别电缆的发源地，即通过标签告诉你在何处能找到此线缆的另一端。

- 水平区标签为蓝底黑字，字样标识工作区中信息点的 4 对缆。
- 主干区标签为白底黑字，字样标识，在 IDF 上表示的是电缆另一端连接的 MDF 的列、行号；在 MDF 上表示的是电缆另一端连接的 IDF 的列、行号。
- 设备区标签为绿底黑字，用来标识来自设备（如交换机）的干缆的线对，标记字样可由设备安装确定。
- 所有使用的标签均应为机器打印，手写标签不予接受。
- 数字、标点、标签上每个字母的高度不可小于 4 mm。
- 标签应具有永久的防脱落、防水、防高温特性。
- 所有线缆必须单独标识，线缆的两端及中途可为人接触的地方须加上标识。

- 所有设备端口都应使用标签予以标识。
- 所有前端设备须以标签加以标识，并清楚地表明其位置。
- 所有的配线及跳线都应采用标签予以标识，并单独编号。

3. 综合布线系统测试

测试内容主要包括工作间到设备间的连通状况；主干线连通状况；跳线测试；信息传输速度、衰减、距离、接线图、近端串扰等。

（1）测试人员。布线系统的测试由甲方、乙方及甲方聘请的技术顾问共同参加。

（2）测试的目标。是为了保证用户能够科学而公正地验收供应商提供的材料及施工质量，也是为了保证供应商能够准确无误地提供合同所要求的设备和系统。所以，测试的目的对用户而言是为了验收。

（3）综合布线测试中遇到的几个问题。在实际的综合布线测试过程中，常常会遇到一些特殊的问题和情况。

1）T568A 和 T568B 标准的问题。布线施工人员采用 T568A 或 T568B 标准压接线缆具有一定的随意性（只要整个系统采用同一标准），但我们测试时应该清楚系统采用的标准。如果采用 T568A 标准，测试时在配线架上应该使用 T568A 标准的快捷式跳线，反之，用 T568B 标准的快捷式跳线。但如果已经从配线架上跳接到交换机或集线器上，对通道进行测试，则不必考虑它采用的是 T568A 或 T568B 标准。

2）水平子系统的问题。由于布线工程的规模大小不同，实际工程往往不能按照通常的子系统划分方法对工程进行划分。如整个大楼无分配线间、有分配线间但无中继设备等。这就造成对水平子系统测试对象不明的问题。对用户而言，具有实际意义的应该是计算机和中继设备间链路的测试结果。只有这个结果才能保证用户的最终使用。但对工程测试而言，分配线间到工作区子系统间的链路就是水平子系统，如无分配线间，配线间到工作区子系统间的链路就是水平子系统。

3）垂直子系统问题。如垂直子系统采用光纤，则按照光纤测试进行。如垂直子系统采用大对数电缆，则问题较多。

4）所有线路已经跳接好，而造成快捷式跳线无法插接的问题。有的布线工程已经竣工，线路已经跳接好，水平部分和垂直部分间的连接已经完成，则我们无法对水平部分进行测试。唯一的办法是将已跳接的线拔下，测试后再重新跳接。

5）八根线没有完全压接的问题。部分工程中，施工人员只压接线缆中的绿、橙两组线，其余线挪作他用或不压接。根据标准，此种做法是不合格的。

注意

有两根线接电话时，不要擅自将测试仪接入链路，否则会损伤仪器。

6）干扰问题。在现场测试中，有时会遇到噪声或电磁干扰。当影响仪器工作时，仪器会自动报警。此时应停止测试，设法找到干扰源，清除干扰，否则应放弃测试。

4. 综合布线系统验收

作为验收，是分两部分进行的，第一部分是物理验收；第二部分是文档验收。

（1）物理验收，也称现场验收。

1）工作区子系统验收。对于众多的工作区不可能逐一验收，而是由甲方抽样挑选工作间。

验收的重点包括：①线槽走向、布线是否美观大方，符合规范；②信息座是否按规范进行安装；③信息座安装是否做到一样高、平、牢固；④信息面板是否都固定牢靠。

2）水平干线子系统验收。验收的重点包括①槽安装是否符合规范；②槽与槽、槽与槽盖是否接合良好；③托架、吊杆是否安装牢靠；④水平干线与垂直干线、工作区交接处是否出现裸线，是否按规范去做；⑤水平干线槽内的线缆有没有固定。

3）垂直干线子系统验收。垂直干线子系统的验收除了类似于水平干线子系统的验收内容外，要检查楼层与楼层之间的洞口是否封闭，以防火灾出现时成为一个隐患点。线缆是否按间隔要求固定，拐弯线缆是否留有弧度。

4）管理间、设备间子系统验收，主要检查设备安装是否规范整洁。

（2）文档与系统测试验收。文档验收主要是检查乙方是否按协议或合同规定的要求，交付所需要的文档。系统测试见本章的综合布线系统测试。

工程文档一般包含以下这些内容。

1）一期工程技术方案；

2）结构化布线系统设计图；

3）结构化布线系统工程施工报告；

4）结构化布线系统测试报告；

5）结构化布线系统工程物理施工图；

6）结构化布线系统工程设备连接报告；

7）结构化布线系统工程物品清单。

另外，一般乙方为鉴定会准备以下材料。

1）网络综合布线工程建设报告；

2）网络综合布线工程测试报告；

3）网络综合布线工程资料审查报告；

4）网络综合布线工程用户意见报告；

5）网络综合布线工程验收报告。

4.2 综合布线实例

1. 需求分析

有一座二层小别墅，电话线路接入是在一楼客厅，楼上楼下分别有两个房间需要综合布线，集网络、电话、电视系统于一体，这将需要布置一个综合的信号传输管道，将采用目前流行的宽带接入方式——ADSL。

2. 设备需求

（1）管槽及配件。使用 PVC 电线管槽来作为线缆的保护管槽。对于一个只有 4 个信息点的布线，按实际的线缆总直径选购合适的管槽。另外，还要根据情况在转弯处需要若干管弯头，以及在管槽的终点还需要方形暗装盒，带有信息模块的信息面板将安装在这里（注：有些产品的信息面板也会一起提供方形暗装盒）。

（2）超 5 类 4 对屏蔽双绞线电缆。在家居这样的环境中，各种电源线纵横交错，微波炉等家电工作时也会有电磁波干扰，夏天的雷电天气也会时常光顾这种独户的别墅。因此，应选择具有防电磁作用的超 5 类屏蔽双绞线，如图 4-8 所示。

（3）超 5 类免打线式信息模块。信息模块是在综合布线安装中经常要用到的网络配件，它是用户端的网线终结点，电脑等设备将通过一段 1 m 左右的两端打好水晶头的跳线与这个信息模块连接。这里采用西蒙的超 5 类免打线式 RJ-45 信息模块，它有个好处就是不用专门的打线工具，只要将双绞线按色标放进相应的槽位，扣上，再用钳子压一下即可。信息模块如图 4-9 所示。

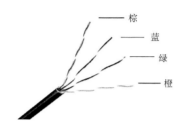

图 4-8　超 5 类 4 对屏蔽双绞线电缆

图 4-9　RJ-45 信息插座模块

（4）二位信息面板。信息面板是信息模块的安装设备，也是暗装方形盒的盖子。在这里选用双口的信息面板，一口是信息口，一口是电话口，如图 4-10 所示。

（5）水晶头。水晶头在这里我们都选择 RJ-45 水晶头，可以统一使用在 RJ-45 信息模块和信息面板上，这样外观统一好看，电话线的一头也用 RJ-45 水晶头。

（6）75Ω 同轴电缆和分频器。75Ω 同轴电缆和分频器是闭路电视系统的信号传输通路，这样的产品很多，可以在市场上任意选购。

（7）一位平口 TV 面板（含电视连接器模块）。如图 4-11 所示是含电视连接器模块的 TV 插孔面板，它是每个房间闭路电视系统的终端点。也选购西蒙的产品，这样颜色看起来也统一。

图 4-10　二位信息面板

图 4-11　一位平口 TV 面板

（8）无线路由器。由于无线路由器现在的价位已可以取代普通的宽带路由器，因此建议选购无线路由器来作为这个网络的"核心设备"，它是一个集宽带路由器、无线 AP、小型交换机、防火墙于一体的四合一设备，在家用中有极高的可用性。基于 Web 界面的设置方式一目了然，稍具简单网络知识就能从容设置应用。D-Link DI 624 802.11g/2.4GHz 无线 108Mb/s 路由器，如图 4-12 所示。

DI-624 的配置和管理简单方便。通过基于 Web 的智能创建向导，用户可以快速地完成配置。

3. 布线工程

在别墅的基础建设时，网络的综合布线就要考虑进去，也就是线缆要暗装进墙壁，以避免在装修时又得凿墙。要在墙壁中预埋合适管径的 PVC 管槽，并且管槽中已铺设过双绞和同轴电缆。为了减少工程量和网络耗材，应使布线的架构集中或靠近在建筑物的中心位置。

无线路由器放在客厅，网络的总起始点也从这里开始，无线路由器有 4 个交换口，刚好可以为四个房间提供网络接入。所以要在客厅位置安装四套暗装信息插座和一个 TV 面板，其他四个房间各安装一套暗装信息插座和一个 TV 面板。

图 4-12　无线路由器

上面已经说了，由于网线可以同时作电话线路，所以统一选择按 A 标或 B 标的两对线来打进一个 RJ-45 信息模块作为电脑网络的信息点。另外用一对未用的线对来打进另外的一个 RJ-45 信息模块，这对线打在正中间的位置（电话线的一头也是用 RJ-45 水晶头来打，电话线线对也打在正中位置）。打好线后的信息模块扣进信息面板上的插孔即可。

闭路系统在分叉的地方还要加装分频器，这样可以在分叉的地方加装暗装盒，把分频器装在暗装盒里，但要注意购买的分频器要足够小，以方便放进暗装盒里。

如图 4-13 所示是布线图。

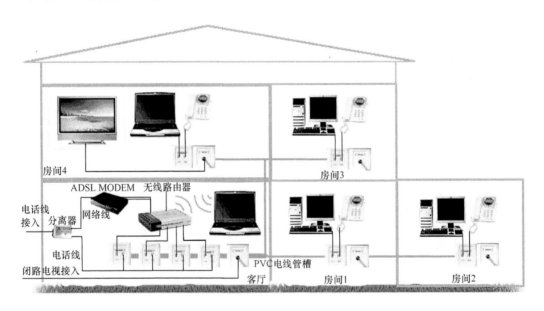

图 4-13　二层小别墅布线图

经过这样的布线，这个二层小别墅所有网络、电话线和闭路电视系统都暗装在墙壁里面，除了能在房间的墙壁表面见到漂亮的插座面板以外，见不到任何这些系统的长长的线缆，看起来整洁美观。这样，这座小别墅已经具备了"三网合一"的集成布线，智能家居的基础网络就这样建成。现在无线网线虽然大行其道，但对于网络的高速率和稳定性来说，有线综合网络布线是最好的选择，它可以从容应对未来基于电脑网络的多媒体传输。

4.3　智能楼宇中的综合布线系统

随着当今电子技术的发展，一个现代化的办公环境里会拥有很多电子办公设备，如电脑、打印机、集团电话、网络交换机、传真机、复印机等，这些设备的有效使用，首先要有一套完整的物理通路，也就是本章所讨论的综合布线系统。一般布线系统都是与装修同步进行，有些客户把此工作交给装修公司来完成，但是以行业经验和实例证明，装修公司并没有专业的工具和相关知识，所完成的综合布线隐患较多。如，线路不通、线序不对、布线材料不合格、日后扩展不方便等。因此，正确的运用综合布线技术，才是最佳选择。智能楼宇中的综合布线与传统的网络布线是有区别的，综合布线不再局限于布设网络线缆和电话线缆，更加充分地利用布线技术将各种数字信息链路连通。

4.3.1　楼宇智能化系统的组成

1. 智能楼宇简介

智能楼宇的核心是 5A（BA——Building Automation System，建筑设备自动化系统；FA——Fire Automation System，火灾报警与消防连动自动化系统；SA——Security Automation System，安全防范自动化系统；CA——Communication Automation System，通讯自动化系统；OA——Office Automation System，办公自动化系统）系统。智能楼宇就是通过通信网络系统将这五个系统进行结构、系统、服务、管理及它们之间的最优化组合，使建筑物具有了安全、便利、高效、节能等特点。

智能楼宇是一个边沿性、交叉性的学科，涉及计算机技术、自动控制、通讯技术、建筑技术等，并且有越来越多的新技术在智能楼宇中应用。

2. 楼宇智能化系统的组成

（1）楼宇系统集成（IBMS）；

（2）楼宇自控系统（BAS）；

（3）综合保安管理系统（SMS）；

（4）综合布线系统（PDS）；

（5）计算机网络系统（NETMORK）；

（6）无线通讯系统（WCS）；

（7）有线电视系统（CATV）；

（8）公共广播（音乐）系统（BGM）；

（9）停车场管理系统（PMS）；

（10）办公自动化系统（OAS）；

（11）LED 大屏显示系统（LED）；

（12）消防系统（FAS）；

（13）一卡通系统（SMC）。

楼宇智能化的程度决定于其系统组成，不是所有的智能楼宇都包含上述系统。在不同的智能楼宇系统中，系统组成略有不同，其中，综合布线系统是智能楼宇中必备的基础设施。

4.3.2 智能楼宇中的综合布线系统

1. 智能楼宇与综合布线

智能楼宇中，系统集成中心（System Integrated Center，SIC）、综合布线系统、楼宇自动化系统、办公自动化系统、通信自动化系统、消防自动化系统是密切相关的，其中，综合布线系统是智能楼宇中必备的基础设施。

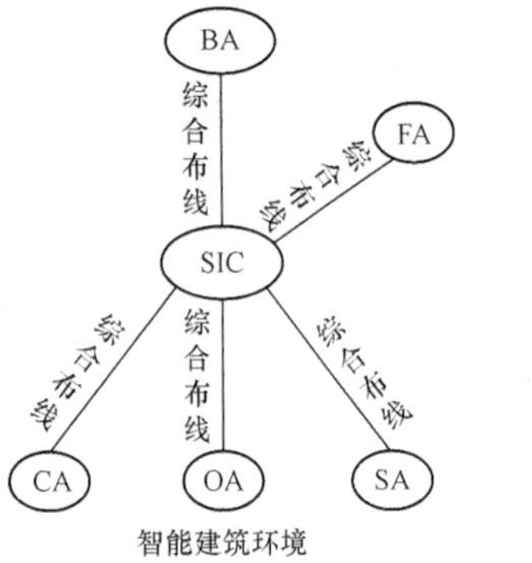

图 4-14 智能楼宇与综合布线的关系

在图 4-14 中我们可以看到，综合布线系统是智能楼宇中最重要的系统之一，它构筑起了整个建筑的信息高速公路。它通过建筑物内四通八达的具有国际标准的线缆，把单一的信息终端连接起来，组成一个具有先进水平的信息平台。

2. 智能楼宇中的综合布线系统

为了实现智能楼宇中的楼宇自动化系统、办公自动化系统、通信自动化系统和消防自动化系统，我们需要在智能楼宇中利用综合布线系统实现这些系统的全楼（建筑物子系统）或者全楼群（建筑群子系统）通信。因此，在楼宇中或者楼宇群中需要搭建如图 4-15 所示的综合布线系统。

如图 4-15 所示为建筑物子系统的布线示意图，图中描述了一座六层建筑物的布线系统，在该系统中，引入线路为公用通信网，它为整座建筑提供了 Internet 网络，是建筑物中其他系统访问 Internet 的桥梁；建筑物子系统（BD）将线路通过电缆竖井连接至楼层水平子系统（FD）中，再通过水平子系统连接到楼层中各个房间的信息点（TO），通过这样的方式实现全楼通信和管理数据的传输，从而实现楼宇自动化系统、办公自动化系统、通信自动化系统及消防自动化系统。

如图 4-16 所示为建筑群子系统的布线示意图，图中描述了一座带有两座附楼的主楼，在综合布线系统中我们将这样的建筑视为建筑群，在此建筑群中，综合布线系统实现了建筑群子系统（CD）到建筑物设备间子系统（BD），建筑物设备间子系统（BD）到楼层水平子系统（FD），楼

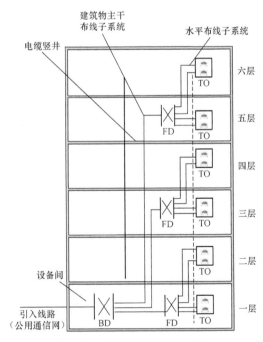

图 4-15 建筑物综合布线系统

层水平子系统（FD）到用户信息点（TO）（工作间子系统）的布线工程，实现了整座建筑群的通信。

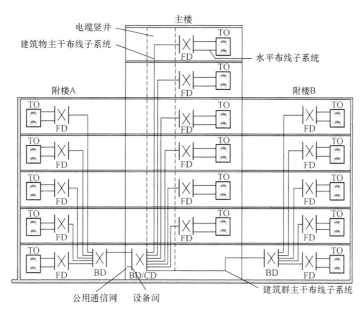

图 4-16 建筑群综合布线系统

4.4 综合布线系统模拟实例

目前市场中有很多综合布线模拟系统，如，中盈、西元、华育等品牌。本书中选择华育的综合布线实训装置做简单介绍，为下一节内容做铺垫。

华育这套实训装置可以完成的项目有模块面板安装、水晶头制作、PVC管固定、线槽固定安装、各种电钻使用、穿线引线、线缆整理绑扎、桥架安装、线缆标识管理、网络配线架理线架安装、语音配线架安装、网络语音转跳技术、机柜拆装、光纤终端盒安装、程控交换机设置、光纤跳线的转跳，最后完成一整条链路的安装。

4.4.1 主要装置

华育核心装置主要包括了以下几部分。

（1）模拟墙。模拟墙（见图 4-17）的作用是模拟工程中的墙壁。图中所示为华育 HY-B4 型网络综合布线实训装置模拟墙，它由 12 块不同功能的金属面板组成。每座实训模拟墙上进管孔、钢面板、安装孔、纵向凹槽、横向凹槽等功能模块。钢面板表面有横向、纵向网状均匀布置的安装孔，钢板内侧对应安装孔位置焊有螺帽，安装孔直径 5mm，开孔间距为 60mm。模拟墙正上方开有直径 20mm 的进管孔，由桥架引 20mm PVC 管弯折操作后通过进管孔进入模拟墙，再由上部横向凹槽穿出。

功能：综合布线系统工程中的施工部分可以在模拟墙上进行模拟，主要实训综合布线工程中动手部分最多的各种施工操作，从而使学生掌握最基础的施工技能。华育 HY-B4 型网络综合布线实训装置模拟墙每独立实训墙体安装 2 个墙面，每个墙面满足 2~3 名学生同时实训，

图 4-17　模拟墙

每两个墙体形成的区间能满足 4～6 人实训。实训环境真实重现工程现场实际环境，能够实训明装施工内容和隐蔽施工内容，包括明装各种线管、插座、线槽和隐蔽暗装线管、插座等，并且要求实训内容符合国家规范要求。面板有横向、纵向的凹槽以满足墙内隐蔽施工实训内容，如在距离地面 30cm 处有横向凹槽用于安装暗状信息面板，以符合国家相关标准。

钢制实训模拟墙不是一个孤立的设备，而是整体解决方案的一部分，它不仅能够进行工作区和配线桥架的实训操作，还能与电子配线装置、建筑群及弱电井道展示装置配合，能够完全覆盖综合布线七大部分的内容，对综合布线七大部分进行清晰的表现。各子系统的通道要相互独立方便学生认识。

（2）配线实训装置。配线装置（见图 4-18）模拟的是综合布线的中心机房，用来管理和连接布线链路。该装置一般由机架、24 口配线架、110 配线架、理线架、打线测试装置、跳线测试装置组成。

功能：配线实训装置能够进行网络配线、端接、跳线制作、测试实训。能与配线架、跳线架等设备配合进行多次和多种链路压接线实训，真实体现综合布线工程技术应用。

（3）熔接实训台。光纤熔接在综合布线工程中已经是相当普及的光纤连接方式，光纤熔接机（见图 4-19）是核心设备。

功能：熔接实训台（见图 4-20）功能模块满足模拟光纤永久链路和通道链路模型，能实现多链路连通，配置专用安装盒固定，支持光纤保护、光纤固定等功能；功能模块满足光纤熔接实训，提供光纤熔接的特殊环境，以保证不损坏设备。配置防静电胶垫。功能模块满足光纤链路数据传输性能测试，可测试出光功率及衰减值，能支持FC/SC/ST 通用接口，数据发生模块支持连续及脉冲两种信号，测试系统支持自动关机功能，显示系统支持背光功能，具有波长选择开关，模拟各种不同波长环境，显示数据可调节绝对值和相对值；功能模块配置 650nm 的激光

图 4-18　配线实训装置

发生器，输出功率 1MW，谱宽＜5nm，发生器能支持连续信号与脉冲信号的切换，支持 CW和 2Hz，发生器功率能满足光纤传输 5km，在红光外泄出即可找到光纤跳线或发现故障点位置；功能模块支持常用光纤维护的实训，必须满足各种光纤连接件的检测功能，能放大光纤端面 400 倍，并且能直观显示端面平整情况和整洁情况，配置专用清洁套件，满足光纤无尘操作要求。

图 4-19 光纤熔接机

图 4-20 熔接实训台

4.4.2 综合布线过程模拟实例

1. 工作任务

综合布线工程模拟。

2. 工作环境

综合布线实训室、综合布线工具箱、熔接实训台、光纤熔接机等。

3. 工作目标

（1）对综合布线过程有一定的了解；

（2）能参与综合布线过程中的具体工作（子任务）；

（3）强化分工合作意识。

4. 项目组织

每组 3 人，选出一名组长，组长负责分配任务和记录完成情况，3 人必须明确自己所要完成的任务，通过团队合作制定综合布线方案，最后按照综合布线验收要求进行验收，检查布线结果，收取竣工资料。时间限制 180min。

5. 任务分解

（1）子任务一：分析项目需求，明确工作任务；

（2）子任务二：制定布线方案，分工合作完成项目；

（3）子任务三：三人分别完成项目施工部分、工程端接部分和资料整理部分。

6. 任务实施

（1）项目需求分析

按照如图 4-21 所示建筑物模拟图，实现综合布线系统的各个项目，该建筑物中包括了网络综合布线系统工程的建筑群子系统机柜（CD），建筑物子系统机柜（BD），建筑物楼层管理间子系统机柜（FD1、FD2、FD3）。

设备及要求如下。

1）CD 为 1 台网络配线实训装置，模拟建筑群子系统网络配线机柜；

2）BD 为 1 台网络配线实训装置，模拟建筑物子系统网络配线机柜；

3）FD1 为 1 台壁挂式机柜，模拟建筑物一层网络配线子系统管理间机柜；

4）FD2 为 1 台壁挂式机柜，模拟建筑物二层网络配线子系统管理间机柜；

5）FD3 为 1 台壁挂式机柜，模拟建筑物三层网络配线子系统管理间机柜；

6）每个明装塑料底盒模拟 1 个房间（区域）；

7）单口面板安装 1 个 RJ45 网络模块；

8）双口面板安装 2 个 RJ45 网络模块；

9）该建筑物网络综合布线系统全部使用超五类双绞线铜缆。

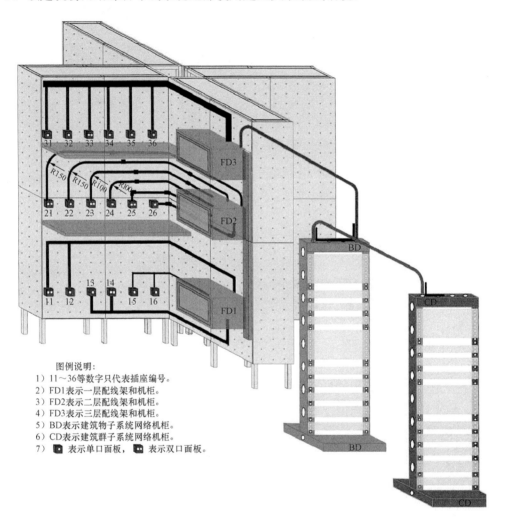

图 4-21　建筑物模拟图

（2）项目实施

1）综合布线系统设计。

①了解建筑物结构，绘制综合布线系统图。按照项目中的要求和建筑物结构绘制系统图，图中要标清基本信息。本建筑物系统图可参考图 4-22。

②根据建筑物结构编写信息点统计表。按照建筑物的房间结构和需求，对建筑物进行信息点统计以达到更好的布线效果和用户需求。

信息点统计表如表 4-1 所示。

表 4-1　　　　　　　　　　　　网络信息点数量统计表（数据点）

	x1	x2	x3	x4	x5	x6	楼层合计	合计
三层	1	1	2	1	1	1	7	
二层	2	1	2	1	2	1	9	
一层	2	1	1	2	1	1	8	
纵向合计	5	3	5	4	4	3	24	
合计								24

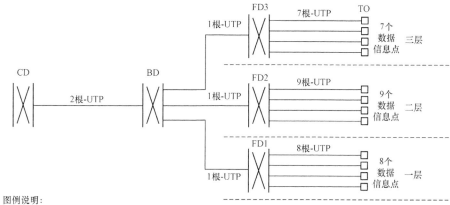

图例说明:

1. CD—建筑群布线系统配线架。
2. BD—建筑物布线系统配线架。
3. FD—建筑物楼层管理间布线系统配线架。
4. TO—综合布线系统数据信息点。

图 4-22　综合布线系统图

③设计编辑端口对应表。按照建筑物结构和用户需求，编辑配线子系统端口对应表，以方便以后进行维护。本项目端口对应表如表 4-2 所示。

表 4-2　　　　　　　　　　　　　　端 口 对 应 表

序号	工作区信息点编号	底盒编号	楼层机柜编号	配线架编号	配线架端口编号
1	11-1-FD1-1-1	11	FD1	1	1
2	11-2-FD1-1-2	11	FD1	1	2
3	12-1-FD1-1-3	12	FD1	1	3
4	13-1-FD1-1-4	13	FD1	1	4
5	14-1-FD1-1-5	14	FD1	1	5
6	14-2-FD1-1-6	14	FD1	1	6
7	15-1-FD1-1-7	15	FD1	1	7
8	16-1-FD1-1-8	16	FD1	1	8
9	21-1-FD2-1-1	21	FD2	1	1
10	21-2-FD2-1-2	21	FD2	1	2
11	22-1-FD2-1-3	22	FD2	1	3

序号	工作区信息点编号	底盒编号	楼层机柜编号	配线架编号	配线架端口编号
12	23-1-FD2-1-4	23	FD2	1	4
13	23-2-FD2-1-5	23	FD2	1	5
14	24-1-FD2-1-6	24	FD2	1	6
15	25-1-FD2-1-7	25	FD2	1	7
16	25-2-FD2-1-8	25	FD2	1	8
17	26-1-FD2-1-9	26	FD2	1	9
18	31-1-FD3-1-1	31	FD3	1	1
19	32-1-FD3-1-2	32	FD3	1	2
20	33-1-FD3-1-3	33	FD3	1	3
21	33-2-FD3-1-4	33	FD3	1	4
22	34-1-FD3-1-5	34	FD3	1	5
23	35-1-FD3-1-6	35	FD3	1	6
24	36-1-FD3-1-7	36	FD3	1	7

④设计施工俯视图和侧视图。依据建筑结构和测量结果设计施工的俯视图（见图 4-23）和侧视图（见图 4-24、图 4-25）以方便施工。

本项目施工图如下。

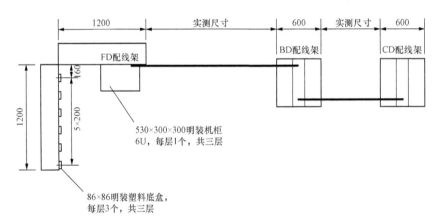

施工说明：
1、CD配线架为1台西元配线实训装置。型号：KYPXZ-01-05。
　　高1800毫米，长600毫米，宽530毫米。38U开放式机柜，落地安装。
2、BD配线架为1台西元配线实训装置。型号：KYPXZ-01-05。
　　高1800毫米，长600毫米，宽530毫米。38U开放式机柜，落地安装。
3、FD为6U机柜，壁挂式机柜。
4、全部数据信息点插座采用86×86系列，明装底盒。
5、CD-BD配线架之间安装φ20PVC管，布2根4-UTP网络线，两端用管卡和支架固定。
6、BD-FD配线架之间安装φ20PVC管和60PVC线槽，从BD分别向FD机柜布1根4-UTP网络线。线管和槽用管卡或者螺丝固定。
7、FD配线架线各个楼层信息点TO分别布网络双绞线。
8、其余按照设计文件和GB50311规定。

图 4-23　施工俯视图

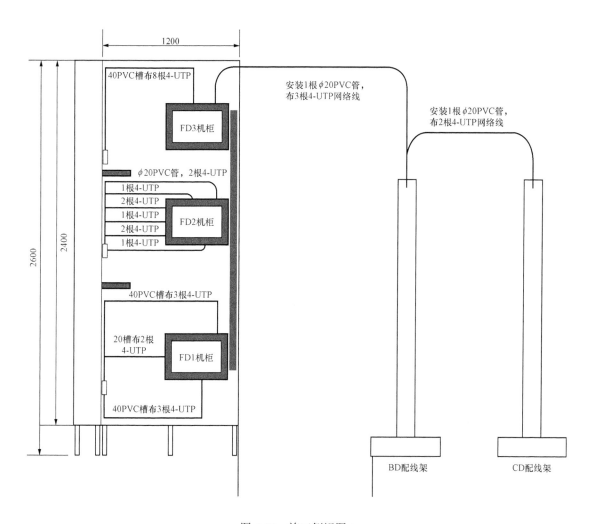

图 4-24 施工侧视图 1

⑤编写材料预算表。根据建筑物结构及设计进行材料预算并编写材料预算表,以供参考。本项目中预算表如表 4-3 所示。

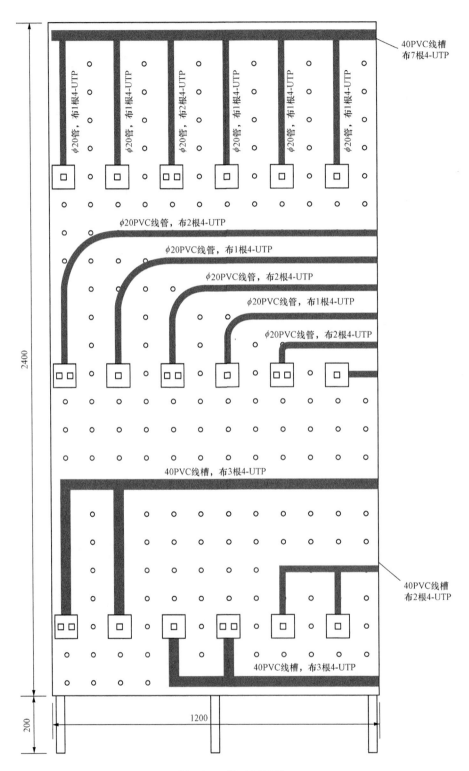

图 4-25　施工侧视图 2

表 4-3   预 算 表

序号	材料名称	规格/型号	数量	单位	单价	合计	用途说明
1	CD 配线架	KYPXZ-01-05	1	台	30000	30000	模拟 CD 机柜
2	BD 配线架	KYPXZ-01-05	1	台	30000	30000	模拟 BD 机柜
3	网络机柜	19 英寸 6U	3	台	600	1800	FD 管理间机柜
4	网络配线架	19 英寸 24 口	3	个	300	900	网络连接
5	理线环	19 英寸 1U	3	个	100	300	机柜内理线
6	明装底盒	86 型	18	个	2	36	信息插座用
7	网络面板	双口	6	个	4	24	信息插座用
8		单口	12	个	4	48	信息插座用
9	网络模块	RJ45	24	个	15	360	信息插座用
10	网线	超五类	150	米	2	300	网络布线
11	PVC 线管	ϕ20	18	米	2	36	水平布线用
12	PVC 管接头	ϕ20 直接	10	个	1	10	连接 PVC 线管
13		ϕ20 弯头	4	个	1	4	连接 PVC 线管
14	PVC 管卡	ϕ20	60	个	2	120	固定 PVC 线管
15	连接块	5 对连接块	10	个	5	50	网络端接使用
16	水晶头	RJ45	33	个	0.5	16.5	制作跳线等
17	辅助材料	标签、牵引丝等	配套		500	500	网络布线辅助用料
	材料费合计					64588.5	

至此，综合布线系统设计工作完成了，可以进行后续的工程施工和安装了。

2）综合布线施工

在完成了综合布线系统设计后进入到了施工过程中，在这个过程中，细心和安全很重要。

①按照施工侧视图和俯视图安装底盒。底盒安装首先要对底盒进行开口，然后利用螺栓将底盒固定在墙面上（见图 4-26）。

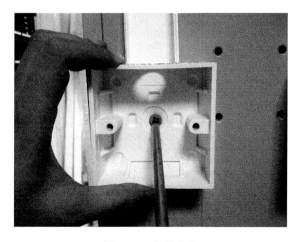

图 4-26　安装底盒

②敷设管槽。按照施工侧视图 2 将管槽敷设在墙面上。在管的敷设过程中，有时需要弯管 [见图 4-27（a）]，弯管要注意先测量实际距离，然后根据实测长度设计管的位置，需要弯管的先要将弯管器在管的外部进行尺寸测量和比较，然后将弯管器放入管中，慢慢进行弯曲，注意不要猛烈以防管发生褶皱，产生鼓包；在槽的安装过程中涉及阴阳角的处理，这里分为成品阴阳角和自制阴阳角，现在工程中很多都是用成品阴阳角来提高效率。槽在敷设过程中要注意敷设时保持水平和垂直。

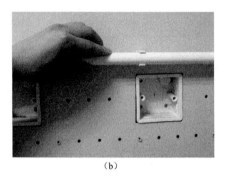

（a）　　　　　　　　　　　　　　（b）

图 4-27　弯管和管上墙

（a）弯管；（b）管上墙

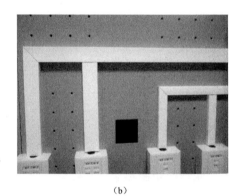

（a）　　　　　　　　　　　　　　（b）

图 4-28　槽安装及其效果

（a）槽安装；（b）槽安装效果

③穿线并安装面板。按照施工侧视图 2 中的描述进行对应数目的线缆穿线，注意每端留出一定余量以方便以后进行线路维护（见图 4-29）。

穿线之后先要在线上贴清标签，然后在信息点上连接模块（见图 4-30），再将打好的模块连接到面板上，将面板安装到底盒上（见图 4-31）。

④将线路的另外一端按照端口对应表连接到墙面上的壁挂式机柜中，并贴清标签以备后续维护，最后根据系统图将壁挂式机柜的线路引出到中心机房的配线架上并按照端口对应表一一进行打线连接。线路连接后要使用测线仪进行链路连通测试，保证施工部分线路通路。

至此，工程施工部分完成，后续进行工程端接。

3）工程端接

①按照要求进行光纤接入。网络是智能楼宇的基础，因此中心机房接入网络是非常必要的。需要利用光纤熔接机进行光纤熔接以达到将网络接入到机房的目的。

图 4-29　穿线

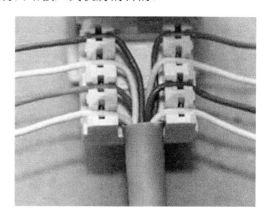

图 4-30　连接模块

图 4-31　安装面板

光纤熔接过程：

（a）使用剪刀剪除光纤的石棉保护层，如图 4-32（a）所示。剥除的外保护层之间长度至少为 20cm。

（b）用较好的纸巾沾上高纯度酒精，使其充分浸湿；轻轻擦拭和清洁光缆中的每一根光纤，去除所有附着于光纤上的油脂。如图 4-32（b）所示。

（c）为欲熔接的光纤套上热塑套管，如图 4-32（c）所示。热塑套管主要用于在光纤对接好后套在连接处，经过加热形成新的保护层。

（d）使用光纤剥线钳剥除光纤涂覆层，如图 4-32（d）所示。剥除光纤涂覆层时，要掌握平、稳、快三字剥纤法。"平"，即持纤要平。左手拇指和食指捏紧光纤，使之成水平状，所露长度以 5cm 为准，余纤在无名指、小拇指之间自然打弯，以增加力度，防止打滑。"稳"，即剥纤钳要握的稳。"快"，即剥纤要快。剥纤钳应与光纤垂直，向上方内倾斜一定角度，然后用钳口轻轻卡住光纤右手，随之用力，顺光纤轴向平推出去，整个过程要自然流畅，一气呵成。

（e）用沾酒精的潮湿纸巾将光纤外表擦拭干净，如图 4-32（e）所示。注意观察光纤剥除部分的包层是否全部去除，若有残余则必须去掉。如有极少量不易剥除的涂覆层，可以用脱脂棉球蘸适量无水酒精擦除。将脱脂棉撕成平整的扇形小块，蘸少许酒精，折成 V 形，夹住光纤，沿着光纤轴的方向擦拭，尽量一次成功。一块脱脂棉使用 2～3 次后要即时更换，每次要使用脱脂棉的不同部位和层面，这样既可提高脱脂棉的利用率，又可防止对光纤包层表面的二次污染。

（f）用光纤切割器切割光纤，使其拥有平整的断面。切割的长度要适中，保留大致 2～3cm。光纤端面制备是光纤接续中的关键工序，如图 4-32（f）所示。它要求处理后的端面平整、无毛刺、无缺损，且与轴线垂直，呈现一个光滑平整的镜面区，并保持清洁，避免灰尘污染。光纤端面质量直接影响光纤传输的效率。端面制备的方法有三种，分别是：

刻痕法：采用机械切割刀，用金刚石到在光纤表面垂直方向划一道刻痕，距涂覆层 10mm 轻轻弹碰，光纤在此刻痕位置上自然断裂。

切割钳法：利用一种手持简易钳进行切割操作。

超声波电动切割法。

（g）将切割好的光纤置于光纤熔接机的一侧，如图 4-32（g）所示。

（h）在光纤熔接机上固定好该光纤，如图 4-32（h）所示。

（i）如果有成品尾纤，可以取一根与光缆同种型号的光纤跳线，从中间剪断作为尾纤使用。注意光纤连接器的类项一定要与光纤终端盒的光纤适配器相匹配。

（j）使用剪刀剪除光纤跳线的石棉保护层，如图 4-32（a）所示。剥除的外保护层之间长度至少为 20cm。

（k）使用光纤剥线钳剥除光纤涂覆层，如图 4-32（d）所示。

（l）用沾酒精的潮湿纸巾将尾纤中的光纤擦拭干将，如图 4-32（e）所示。

（m）使用光纤切割器切割光纤跳线，保留大致 2～3cm，如图 4-32（f）所示。

（n）将切割好的尾纤置于光纤熔接机的另一侧，并使两条光纤尽量对齐，如图 4-32（i）所示。

（o）在熔接机上固定好尾纤，如图 4-32（j）所示。

（p）按"SET"键开始光纤熔接，如图 4-32（k）所示。

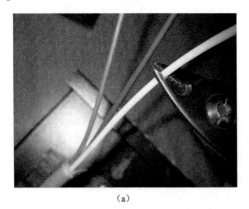 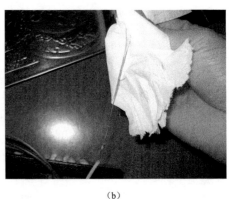

（a）　　　　　　　　　　　　　　　　　（b）

图 4-32　光纤熔接过程（一）

（a）剪除光纤保护层；（b）擦拭和清洁光纤

图 4-32　光纤熔接过程（二）

（c）套热缩管；（d）剥除光纤涂覆层；（e）擦拭光纤；（f）光纤端面制备；

（g）光纤置于熔接机一侧；（h）固定光纤

（q）两条光纤的 x，y 轴将自动调节，并显示在屏幕上。

（r）熔接结束后，观察损耗值，如图 4-32（1）所示。若熔接不成功，光纤熔接机会显示具体原因。熔接好的接续点损耗一般低于 0.005dB 方认为合格。若高于 0.005dB，可用手动熔接按钮再熔接一次。一般熔接次数 1～2 次为最佳，若超过 3 次，熔接损耗反而会增加，这时应断开重新熔接，直至达到标准要求为止。如果熔接失败，可重新剥除两侧光纤的绝缘包层并切割，然后重复熔接操作。

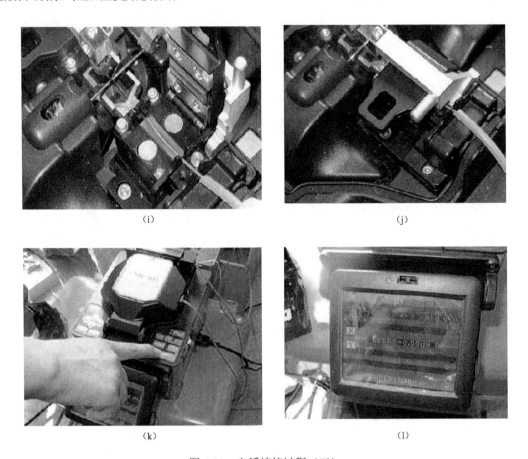

图 4-32　光纤熔接过程（三）

（i）放置跳线；（j）固定跳线；（k）开始光纤熔接；（l）观察损耗值

（s）若熔接通过测试，则用光纤热缩管完全套住剥掉绝缘包层的部分，如图 4-32（m）所示。

（t）将套好热缩管的光纤放到加热器中，如图 4-32（n）所示。由于光纤在连接时去掉了接续部位的涂覆层，使其机械强度降低，一般要用热缩管对接续部位进行加强保护。热缩管应在光纤剥覆前穿入，严禁在光纤端面制备后再穿入。将预先穿置光纤某一端的热缩管移至光纤连接处，使熔接点位于热缩管中间，轻轻拉直光纤接头，放入光纤熔接机的加热器内加热。热缩管加热收缩后紧套在接续好的光纤上，由于此管内有一根不锈钢棒，因此增加了抗拉强度。

（u）按"HEAT"键开始对热缩管进行加热。

（v）稍等片刻，取出已加热好的光纤，如图 4-32（o）所示。

至此，完成了一条光纤的熔接。

②测试链路连接、复杂链路及 110 配线架模块接法。

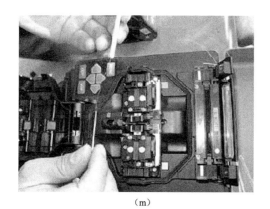

（m）

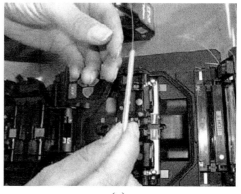

（n）

（o）

图 4-32　光纤熔接过程（四）

（m）套热缩管；（n）放到加热器中；（o）取出已加热好的光纤

测试链路结构图，如图 4-33 所示。

复杂链路结构图，如图 4-34 所示。

110 配线架模块接法

（a）拆开的线芯卡进 110 型底座中，将拆开的 8 根线芯向外（缆线位于 110 型底座内，方便理线）逐一卡进 110 型底座卡槽中，并按 568B 标准线序（白橙、橙、白绿、蓝、白蓝、绿、白棕、棕）紧凑卡入，紧接着使用单对打线刀把 8 根线芯依次打进 110 型底座卡槽中（见图 4-35）。也可以按照 EIA/TIA 568A 标准线序端接（同一布线工程中线序标准须统一，通常使用 568B）。

（b）把 5 对连接块嵌入 5 对打线刀卡槽中，注意使 5 对连接块卡扣与 110 型底座方向一致，如图 4-36（a）所示。接着把 5 对连接块 8 个打线刀口对准 110 型底座卡槽，然后使用 5 对打线刀机械压力一次性把连接块压入 110 型底座中，等听到"咣当"声响即表明完成与底座端接［见图 4-36（b）］。

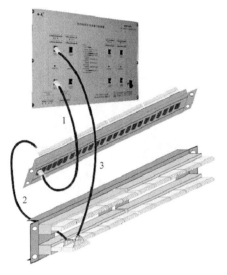

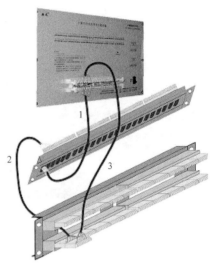

图 4-33　测试链路　　　　　　　　　　图 4-34　复杂链路

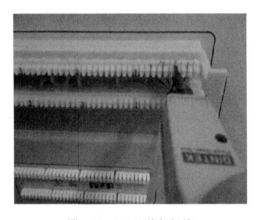

图 4-35　110 配线架打线

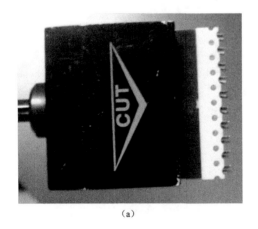

（a）　　　　　　　　　　　　　　（b）

图 4-36　5 对连接块压入 110 卡槽的两个步骤

（a）5 对连接块嵌入打线刀；（b）5 对连接块压入 110 卡槽

（c）取另一根双绞线，并打进 5 对连接块中。重复前四步，接着将拆开的 8 根线芯逐一卡进 110 型连接块卡槽中，并按 568B 标准线序（白橙、橙、白绿、蓝、白蓝、绿、白棕、棕）紧凑卡入，紧接着使用单对打线刀把 8 根线芯依次打进 110 型连接块卡槽中。如图 4-37 所示。

4）工程验收。

①工作区子系统验收。

（a）线槽走向、布线是否美观大方，符合规范。

（b）信息座是否按规范进行安装。

（c）信息插座安装是否做到一样高、平、牢固。

（d）信息面板是否都固定牢靠。

（e）标志是否齐全。

②配线子系统验收。

（a）槽安装是否符合规范。

（b）槽与槽、槽与槽盖是否接合良好。

（c）托架、吊杆是否安装牢靠。

图 4-37　另一根线缆打入连接块

（d）配线与干线、工作区交接处是否出现裸线，有没有按规范去做。

（e）配线线槽内的线缆有没有固定。

（f）接地是否正确。

③干线子系统验收。干线子系统的验收除了类似于水平干线子系统的验收内容外，还要检查楼层与楼层之间的洞口是否封闭，以防火灾出现时，成为一个隐患点。线缆是否按间隔要求固定？拐弯线缆是否留有弧度？

④管理间、设备间子系统验收。

（a）检查机柜安装的位置是否正确；规定、型号、外观是否符合要求。

（b）跳线制作是否规范，配线面板的接线是否美观整洁。

⑤线缆布放。

（a）线缆规格、路由是否正确。

（b）对线缆的标号是否正确。

（c）线缆拐弯处是否符合规范。

（d）竖井的线槽、线固定是否牢靠。

（e）是否存在裸线。

（f）竖井层与楼层之间是否采取了防火措施。

⑥架空布线。

（a）架设竖杆位置是否正确。

（b）吊线规格、垂度、高度是否符合要求。

（c）卡挂钩的间隔是否符合要求。

⑦管道布线。

（a）使用管孔、管孔位置是否合适。

（b）线缆规格。

（c）线缆走向路由。

（d）防护设施。

⑧技术文档验收。

（a）FLUKE 的 UTP 认证测试报告（电子文档即可）。

（b）网络拓扑图。

（c）综合布线逻辑图。

（d）信息点分布图。

（e）机柜布局图。

（f）配线架上信息点分布图。

5）竣工资料。根据施工和安装过程编写竣工报告并打印。

7. 指导说明

（1）综合布线七点施工检测信息。

1）在综合布线中构架设计合理，保证合适的线缆弯曲半径。上下左右绕过其他线槽时，转弯坡度要平缓，重点注意两端线缆下垂受力后是否还能在不压损线缆的前提下盖上盖板。

2）放线过程中，主要是注意对拉力的控制。对于带卷轴包装的线缆，建议两头至少各安排一名工人，把卷轴套在自制的拉线杆上，放线端的工人先从卷轴箱内预拉出一部分线缆，供合作者在管线另一端抽取，预拉出的线不能过多，避免多根线在场地上缠结环绕。

3）拉线工序结束后，两端流出的冗余线缆要整理和保护好，盘线时要顺着原来的旋转方向，线圈直径不要太小，有可能的话用废线头固定在桥架、吊顶上或纸箱内，做好标注，提醒其他人员勿踩、勿动。

4）在整理、绑扎、安置线缆时，冗余线缆不要太长，不要让线缆叠加受力，线圈顺势盘整，固定扎线绳不要勒得过紧。

5）在整个施工期间，工艺流程及时通报，各工种负责人做好沟通，发现问题马上通知甲方，在其他后续工种开始前及时完成本工种任务。

6）如果安装的是非屏蔽双绞线，对接地要求不高，可在与机柜相连的主线槽处接地。

7）线槽的规格是这样来确定的，即线槽的横截面积留 40% 的富余量以备扩充，超 5 类双绞线的横截面积为 $0.3cm^2$。线槽安装时，应注意与强电线槽的隔离。布线系统应避免与强电线路在无线屏蔽、距离小于 20cm 情况下平行走 3m 以上。如果无法避免，该段线槽需采取屏蔽隔离措施。进入家居的电缆线管由最近的吊顶线槽沿隔墙下到地面，并从地面镗槽埋管到家居隔离下。

8）管槽过渡、接口不应有毛刺，线槽过渡要平滑。

9）线管超过两个弯头必须留分线盒。

10）墙装底盒安装应该距地面 30cm 以上，并与其他底盒保持等高、平行。

11）线管采用镀锌薄壁钢管或 PVC。

（2）六招智能楼宇综合布线的技巧。网络拓扑结构凌乱、布线过程中偷工减料、设备摆放不合理，别小看这些网络布线时的疏忽大意、有章不循，它们就是一颗颗定时炸弹，随时都会发作，随时都会毁掉你的网络、你的工作。亡羊补牢？为时已晚，这些问题需要我们提前避免。

如同大厦的地基，在网络建设初期，布线工作也是非常重要的，只有将布线工作做好，才能为网络的正常运转打好"基础"。由于布线属于隐蔽工程，所以在走线与设计的初期一定要合理规划，只有建立坚实的地基才能让网络大厦更加牢固。

下面是综合布线经验诀窍汇集。

1）设备要兼容。公司网络建设完毕后总是隔三差五地出现掉线的现象，这个问题一直没有得到解决，偶然更换了某台交换机后故障消失了。为什么会这样呢?设备的不兼容是根源。

设备不兼容引发网络故障主要有两种，一种是两个设备之间的不兼容，另一种是同一个设备的两端相互不兼容。我们先来看"不同设备间的不兼容"。

①不同设备间的不兼容。公司配备了一台三层交换机（型号是 AVAYA P580），并划分了9 个 VLAN，其中有三个端口分别给三个机房，每个机房约有 50 台计算机，都连接到交换机上。然而在实际使用中，却出现了某个机房无法上网的故障。网络连接、系统设置都没有问题，查看 AVAYA P580 连接该机房的端口发现指示灯熄灭，网线正常。使用替换法用正常机房的交换机连接出问题的机房，发现可以正常上网。进一步检测发现原来连接正常机房的交换机是 3COM 的高档交换机，而连接出问题的交换机是 TP-LINK 的普通交换机。

通过分析，最终得出结论，即 P580 属于高端设备，与普通的 TP-LINK 交换机连接出现了匹配上的问题。由此看出，不同设备间协同工作，特别是不同厂商的高端设备与低端设备配合使用时常常出现不兼容的故障。

布线经验谈：所有网络设备都采用一家公司的产品是避免此类问题产生的好办法，这样可以最大限度地减少高端与低端甚至是同等级别不同设备间的不兼容问题。

②同一设备两端的不兼容。办公室一台计算机无法上网，经过简单的测试后发现网关等网络节点都是通的，由于以前有过双机互连因网卡工作模式不符而无法连接的经历，所以笔者马上将问题的根源定位到网卡工作模式上，进入"本地连接"的"属性"窗口，单击"配置"按钮设置网卡工作模式。找到"高级"标签页中的"link speed"，将"AUTO Mode"调整到"10M Full Mode"，如图 4-38 所示。调整完毕，该计算机就可以正常上网了。

为什么该计算机在此处只能使用"10M Full Mode"呢？用测线器进行测试，发现这段网线的传输速度只能是 10Mb/s，有严重的质量问题，重新制作信息点并更换网线后问题彻底解决。所以说对于网线这些隐蔽工程中的设备，在安装前一定要确保质量。

布线经验谈：不要为了省几十块钱而选择没有质量保证的或小品牌的网络基础材料，例如跳线、面板、网线等。这些东西在布线时都会安放在天花板或墙体中，出现问题后很难解决。同时，即使是大品牌的产品也要在安装前用专业工具检测一下质量。

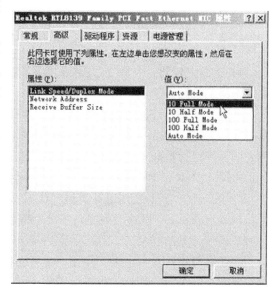

图 4-38 调整"AUTO Mode"模式

2）插线要当心。公司所有计算机无法上网，而汇聚层交换机上的指示灯狂闪。经过排查确定该问题是由于广播风暴造成的，一条插在交换机上原本多余的网线被公司员工使用后把另一头也插在了交换机上,两端 RJ45 接口都接到同一台交换机的端口后造成了全网的广播风暴。将该网线拔下后问题得到解决。

这类布线故障的产生主要是因为管理混乱造成的(见图 4-39),当我们完成结构化布线工作后就应该把多余的线材、设备拿走,防止普通用户乱接这些线材。另外,有些时候,用户私自使用一拖二分线头这样的设备也会造成网络中出现广播风暴,因此布线时遵循严格的管理制度是必要的。

布线经验谈:布线后不要遗留任何部件,因为使用者一般对网络不太熟悉,出现问题时很有可能病急乱投医,看到多余设备就会随便使用,使问题更加严重。

3)防磁是关键。公司某台计算机无法连接网络,更换网卡与网线都没有解决问题,拿测线器测试后发现网线传输速度很不稳定。经过寻找,发现网线的必经之路上有一个大功率的用电器,避开干扰源后网络畅通无阻。

为什么电磁设备可以干扰到网络传输速度呢?因为在网线中传输的是电信号,而大功率用电器附近会产生磁场,这个磁场又会对附近的网线起作用,生成新的电场,自然会出现信号减弱或丢失的情况。

图 4-39 管理混乱(布线)

需要注意的是防止干扰除了要避开干扰源之外,网线接头的连接方式也是至关重要的,不管是采用 568A 还是 568B 标准来制作网线,一定要保证 1 和 2、3 和 6 是两对芯线,这样才能有较强的抗干扰能力。

布线经验谈:在结构化布线时一定要事先把网线的路线设计好,远离大辐射设备与大的干扰源。

4)布线也要防"中暑"。高温环境下,设备总是频频出现故障。为什么?综合布线时,你肯定忽略了对设备工作环境的规划。

夏天天气炎热,公司的网络也时断时通,即使在通的时候,网速也很低。经常是早上开机前 30 分钟通,然后突然就断了。网管员按照常规方法进行解决都没有能够排除故障。在机房调试时,网管员碰了一下核心设备的外壳,发现非常烫手,看来是因为高温导致交换机出现了故障。添加了降温设备后,网络时断时通的问题再也没有出现过。

为什么会这样?使用过计算机的读者都知道,当 CPU 风扇散热不佳时计算机系统经常会死机或自动重启,网络设备更是如此,高速运行的 CPU 与核心组件需要在一个合适的工作环境下运转(见图 4-40),温度太高会使它们损坏。

布线经验谈:设备避暑工作是一定要做的,特别是对于核心设备及服务器来说,需要把它们放置在一个专门的机房中进行管理,并且还需要配备空调等降温设备。放置设备的机房必须安装空调。

5)按规格连接线缆。计算机与路由器的连接线路总是出现问题,经过查看发现使用的是从市面上购买来的网线进行连接,原来直接买来的是直通线,而计算机与路由器之间需要使用交叉线来连接。看来布线时还得注意区别不同线路。

图 4-40 机房环境

众所周知网线有很多种，如交叉线、直通线、CONSOLE 线等，不同的线缆在不同情况下有不同的用途。如果混淆种类随意使用就会出现网络不通的情况。因此在结构化布线时一定要特别注意分清线缆的种类。线缆使用不符合要求就会出现网络不通的问题。

布线经验谈：虽然目前很多网络设备都支持 DIP 跳线功能，也就是说不管你连接的是正线还是反线，它都可以正常使用。但有些时候设备并不具备 DIP 功能，只有你在连线时特别注意了接线种类，才能避免不必要的故障。

6）留足网络接入点。"哎呀，怎么办公室没有额外的网络接口?"类似的话，网管员常常听到。没有为外来用户或增加的员工预备网络接口怎么行，这会阻碍工作的进行。

确实如此，很多时候在结构化布线过程中没有考虑未来的升级性，网络接口数量很有限，刚够当前员工使用，如果以后来了新员工或公司结构出现变化的话，就会出现上述问题。因此在结构化布线时需要事先留出多出一倍的网络接入点。

众所周知，网络的发展非常迅速，几年前还在为 10Mb/s 到桌面而努力，而今已经是100Mb/s，甚至是 1000Mb/s 到桌面了。网络的扩展性是需要我们重视的，谁都不想仅仅使用2～3 年便对布线系统进行翻修、扩容，所以留出富余的接入点是非常重要的。

布线经验谈：所谓接入点就是网络接入点，理论上要有一倍的富余，这样才能满足日后升级的需求。

总之，综合布线系统要综合考虑。由于结构化布线大多数都是由布线工人完成的，这些工人都拥有专业的布线合格证，因此大多数故障都是可以避免的。不过在铺设线路时仍然需要我们对技术把关，只有我们注意到了上面提到的这些常见问题才能真正地在结构化布线中做到"少出钱、多办事、办好事、不坏事"。

习 题

项目名称：海关办证大楼综合布线系统工程。

项目需求：

海关办证大楼分三层，楼长 45m，楼宽 20 m，楼层高 3.5 m。现大楼需要对弱电系统进行改造，此分项工程主要涉及网络系统和语音系统，采用的布线系统性能等级为 5e 类非屏蔽（UTP）系统。其中一层 80 个信息点，二层 40 个信息点，三层 80 个信息点（网络和语音信息点各半）。要求：

1. 工作区：全部采用超五类信息模块，单口信息面板设计，安装方式采用明装底盒固定。
2. 配线子系统：水平电缆为超五类 UTP 双绞线、安装方式为明装布线。
3. 干线子系统：语音采用 100 对大对数，数据采用 4 芯多模室内光缆。
4. 设备间/配线间：水平配线架（语音、数据）全部选择超五类 24 口配线架，语音垂直干线配线架选择 100 对 110 型交叉连接配线架，数据垂直干线配线架采用 ST 24 口光纤配线架。
5. 布线产品选型为 NORTEC 超五类综合布线系统。
6. 设计方案不考虑冗余设计。

（1）综合布线系统拓扑图绘制

图纸采用 A4 页面设计，A4 纸张打印输出，制作综合布线系统图并且输出 JPG 文件保存至（以你组号命名）桌面文件夹。（文件名：海关办证大楼综合布线系统拓扑图）

1）根据给出的信息点，合理设计一个综合布线拓扑结构图。
2）要求具有图纸名称、相关的文字说明及图纸比例合理。
3）设备间或楼层配线配在竖井当中，具体在哪个楼层，由设计者定义。设备间用 BD 标识，楼层配理间用 FD 标识。
4）水平电缆引出位需在 BD 或 FD 配线架的右侧。
5）光缆采用橙色表示，大对数电缆采用黑色表示，双绞线采用蓝色表示。
6）需在图形顶部横线上方标明所设计各部分的子系统名称。
7）需求信息给出各个子系统的材料，根据设计的方案来选择采用。

（2）综合布线材料统计

根据你所设计的系统拓扑图将以下的综合布线材料按工作区、配线子系统、干线子系统、设备间/配线间四部分进行分类，并统计项目所需材料的数量。如所设计的方案不涉及下表一些材料，将数量写为"0"。（已知：竖井到最近信息点距离为 10m，最远为 50m）。统计的数量允许有一定偏差。表格采用 A4 纸张打印输出，并保存至（以你组号命名）桌面文件夹。[文件名：海关办证大楼综合布线材料清单表（见表 4-4）]

表 4-4　　　　　　　　　海关办证大楼综合布线材料清单表

序号	名称与规格	单位	数量	备注
1	100 对大对数	m		
2	四芯多模室内光纤	m		
3	单口面板	个		
4	86 型明装底盒	个		
5	超五类非屏蔽 3m 跳线	条		

序号	名称与规格	单位	数量	备注
6	超五类模块	个		
7	超五类非屏蔽 1m 跳线	条		
8	110-RJ45 跳线	条		
9	超五类非屏蔽双绞线	箱		305m/箱
10	理线架	个		
11	耦合器（ST）	个		
12	1.5m 尾纤（ST）	条		
13	超五类非屏蔽 24 口配线架	个		
14	1m 光纤跳线（ST-SC）	对		
15	100 对 110 配线架	个		
16	标准 32U 机柜	台		
17	12 口光纤配线架（ST）	个		
18	24 口光纤配线架（ST）	个		
19	标准 42U 机柜	台		

（3）综合布线立面安装图（即俯视图和侧视图）制作

图纸采用 A4 页面设计，A4 纸张打印输出。制作布线工程立面安装图：绘制一长 400cm、高 350cm 墙体（灰色填充），在距墙体顶部 30cm 处安装高度为 10cm 的金属桥架（橙色填充），每段桥架长度 200cm，固定方式采用托臂支架（8cm×8cm 白色方块表示）安装，单个桥架中每个托臂间距 120cm（左右两端留出等长距离）。

在同一图面，距离底部 20cm 从左边绘制一条长为 300cm，高度为 4cm 的线槽，并安装 86 型工作区面板 2 处，每处并排安装 2 个单口面板，两处工作区面板间距 200cm，左右两边留等长距离，高度距线槽为 10cm。输出 JPG 格式文件保存（以你组号命名）桌面文件夹。（文件名：海关办证大楼立面安装图）

（4）竣工文档制作

采用 word 文档制作竣工文档封面、文档目录，按顺序插入绘制好的综合布线系统图、综合布材料清单表和立面安装图，保存在以组号命名的桌面文件夹上，同时将文档打印出来。（文件名：海关办证大楼竣工文档）

第 5 章 局 域 网 应 用

计算机网络的应用包括局域网应用和广域网应用两个主要方面。在日常生活与工作中更多的是与局域网打交道，有效地利用局域网，可以大幅度提高工作效率。本章以项目实训的形式介绍当前局域网的一些基本的、主流的应用，包括 WWW 服务器的搭建、FTP 服务器的搭建、DNS 服务器的搭建、DHCP 服务器的搭建及 E-mail 服务器的搭建。

5.1 实训一：WWW 服务器的搭建

1．工作任务

WWW 服务器的搭建。

2．工作环境

1 台交换机，3 台 PC，3 条直通 UTP 线缆（双绞线）；Windows 2008 Server 系统；Microsoft Visio 2007。

3．拓扑图

拓扑结构如图 5-1 所示。

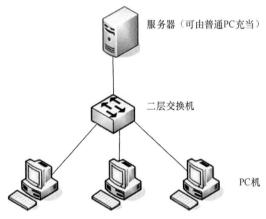

图 5-1 WWW 服务器的搭建实训拓扑图

4．工作情境

王力在单位担任网管，单位需要搭建自己局域网内的 WWW 服务器（即 Web 服务器），以满足业务需要。王力想到可以采用 Windows 自带的 IIS 来解决问题。

5．工作目标

通过本次实训，应具备如下技能。

（1）在 Windows 平台上创建 Web 站点；

（2）通过 IE 浏览器访问 Web 站点；

（3）绘制网络拓扑图。

6．项目组织

每 6 个人一组。每组推选一名组长担任项目经理。要求每个人必须有独立不重叠的工作，具体任务由项目经理分发，任务分发请参考"任务分解"。

7．任务分解

本实训基于 192.168.n.1/24 网络进行 IP 地址分配，其中 n 为组号。以下团队任务由项目经理分发给成员。

团队任务 1：各设备的 IP 地址分配及子网掩码指定；

团队任务 2：各设备间的线缆连接及拓扑图绘制；

团队任务 3：建立 Web 站点；

团队任务 4：在客户端访问 Web 站点。

除上述由项目经理指定给成员任务外，各成员必须完成如下任务。

必选任务 1：建立 Web 站点；

必选任务 2：通过浏览器在客户端访问 Web 站点。

8. 任务执行要点

（1）主要执行过程

1）IIS（Internet Information Server）的安装。启动 Windows Server 2008 时系统默认会启动"初始配置任务"窗口，如图 5-2 所示，帮助管理员完成新服务器的安装和初始化配置。如果没有启动该窗口，可以通过"开始→管理工具→服务器管理器"，打开服务器管理器窗口。

图 5-2　初始配置任务

单击"添加角色"按钮，打开"添加角色向导"的第一步"选择服务器角色"窗口，选择"Web 服务器 IIS"复选框，如图 5-3 所示。

单击"下一步"按钮，显示如图 5-4 所示"Web 服务器（IIS）"对话框，列出了 Web 服务器的简要介绍及注意事项。

单击"下一步"按钮，显示如图 5-5 所示"选择角色服务"对话框，列出了 Web 服务器所包含的所有组件，用户可以手动选择。此处需要注意的是，"应用程序开发"角色服务中的几项尽量都选中，这样配置的 Web 服务器将可以支持相应技术开发的 Web 应用程序。FTP 服务器选项是配置 FTP 服务器需要安装的组件，我们将在下一章做详细介绍。

单击"下一步"按钮，显示如图 5-6 所示"确认安装选择"对话框。列出了前面选择的角色服务和功能，以供核对。

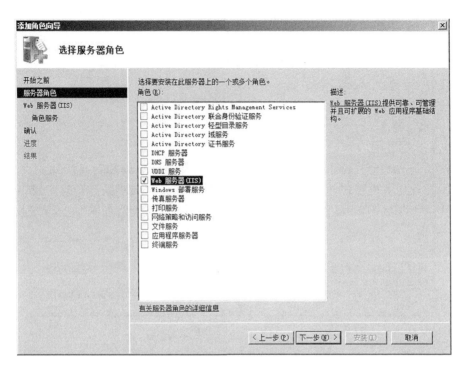

图 5-3   选择服务器角色

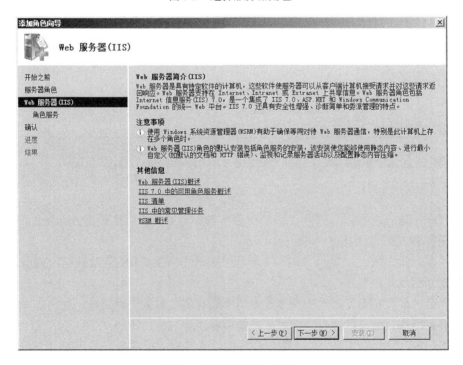

图 5-4   Web 服务器（IIS）

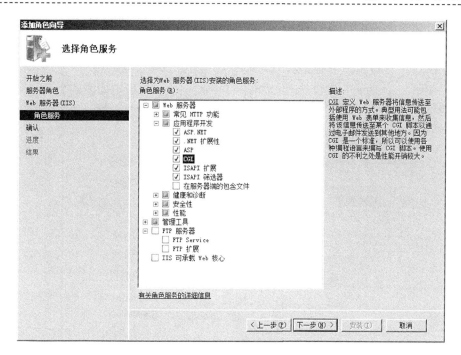

图 5-5 选择角色服务

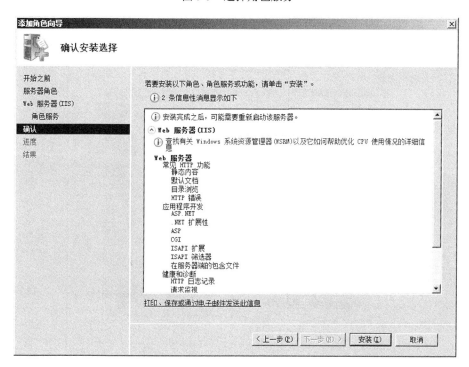

图 5-6 确认安装选择

单击"安装"按钮，即可开始安装 Web 服务器。安装完成后，显示 "安装结果"对话框。

单击"关闭"按钮，Web 服务器安装完成。

通过"开始"→"管理工具"→"Internet 信息服务（IIS）管理器"，打开 IIS 服务管理器。即可看到已安装的 Web 服务器，如图 5-7 所示。Web 服务器安装完成后，默认会创建一个名字为"Default Web Site"的站点。为了验证 IIS 服务器是否安装成功，打开浏览器，在地址栏输入"Http://localhost"或者"Http://本机 IP 地址"，如果出现如图 5-8 所示界面，说明 Web 服务器安装成功；否则，说明 Web 服务器安装失败，需要重新检查服务器设置或者重新安装。

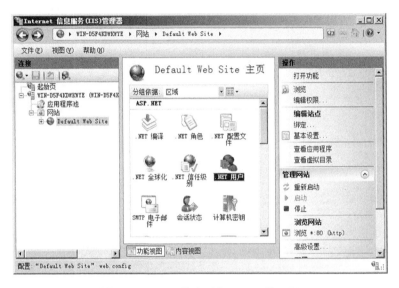

图 5-7　Internet 信息服务（IIS）管理器

图 5-8　Web 服务器欢迎页面

到此，Web 就安装成功并可以使用了。用户可以将做好的网页文件（如 index.htm）放到 C:\inetpub\wwwroot 这个文件，然后在浏览器地址栏输入"http://localhost/index.htm"或者"http://本机 IP 地址/index.htm"就可以浏览做好的网页。网络中的用户也可以通过输入"http://本机 IP 地址/index.htm"方式访问做好的网页文件。

2）配置 IP 地址和端口。Web 服务器安装好之后，默认创建一个名字为"Defalut web Site"

的站点，使用该站点就可以创建网站。默认情况下，Web 站点会自动绑定计算机中的所有 IP 地址，端口默认为 80，也就是说，如果一个计算机有多个 IP，那么客户端通过任何一个 IP 地址都可以访问该站点，但是一般情况下，一个站点只能对应一个 IP 地址，因此，需要为 Web 站点指定唯一的 IP 地址和端口。

在 IIS 管理器中，选择默认站点，如图 5-7 所示的"Default Web Site 主页"窗口中，可以对 Web 站点进行各种配置；在右侧的"操作"栏中，可以对 Web 站点进行相关的操作。

单击"操作"栏中的"绑定"超链接，打开如图 5-9 所示"网站绑定"窗口。可以看到 IP 地址下有一个"*"号，说明现在的 Web 站点绑定了本机的所有 IP 地址。

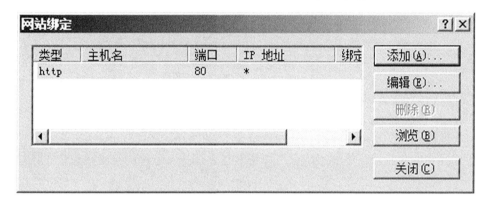

图 5-9　网站绑定

单击"添加"按钮，打开"添加网站绑定"窗口，如图 5-10 所示。

图 5-10　添加网站绑定

单击"全部未分配"后边的下拉箭头，选择要绑定的 IP 地址即可。这样，就可以通过这个 IP 地址访问 Web 网站了。端口栏表示访问该 Web 服务器要使用端口号。在这可以输入"http://192.168.0.3"访问 Web 服务器。此处的主机名，是该 Web 站点要绑定的主机名（域名），可以参考 DNS 章节的相关内容。

3）配置主目录。主目录即网站的根目录，保存 Web 网站的相关资源，默认路径为"C:\Inetpub\wwwroot"文件夹。如果不想使用默认路径，可以更改网站的主目录。打开 IIS 管理器，选择 Web 站点，单击右侧"操作"栏中的"基本设置"超级链接，显示如图 5-11

所示窗口。

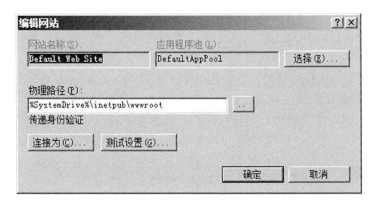

图 5-11　编辑网站

在"物理路径"下方的文本框中显示就是网站的主目录。此处"%SystemDrive%\"代表系统盘的意思。

在"物理路径"文本框中输入 Web 站点的目录的路径，如"D:\myweb"，或者单击"浏览"按钮选择相应的目录。单击"确定"按钮保存。这样，选择的目录就作为了该站点的根目录。

4）配置默认文档。在访问网站时，会发现一个特点，在浏览器的地址栏输入网站的域名即可打开网站的主页，而继续访问其他页面会发现地址栏最后一般都会有一个网页名。那么为什么打开网站主页时不显示主页的名字呢？实际上，输入网址的时候，默认访问的就是网站的主页，只是主页名没有显示而已。通常，Web 网站的主页都会设置成默认文档，当用户使用 IP 地址或者域名访问时，就不需要再输入主页名，从而便于用户的访问。下面来看如何配置 Web 站点的默认文档。

在 IIS 管理器中选择默认 Web 站点，在"Default Web Site 主页"窗口中双击"IIS"区域的"默认文档"图标，打开如图 5-12 所示窗口。

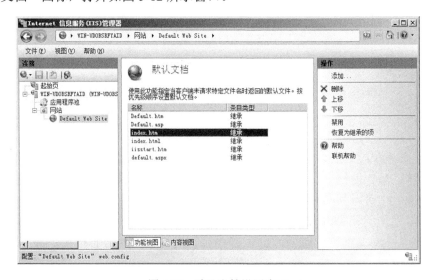

图 5-12　默认文档设置窗口

可以看到，系统自带了 6 种默认文档，如果要使用其他名称的默认文档，例如，当前网站是使用 Asp.Net 开发的动态网站，首页名称为 Index.aspx，则需要添加该名称的默认文档。

单击右侧的"添加"超链接，显示如图 5-13 所示窗口，在"名称"文本框中输入要使用的主页名称。单击"确定"按钮，即可添加该默认文档。新添加的默认文档自动排在最上面。

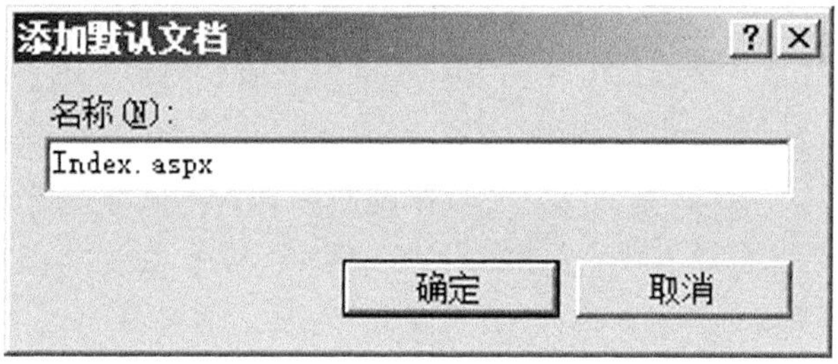

图 5-13　添加默认文档

当用户访问 Web 服务器时，输入域名或 IP 地址后，IIS 会自动按顺序由上至下依次查找与之相应的文件名。因此，配置 Web 服务器时，应将网站主页的默认文档移到最上面。如果需要将某个文件上移或者下移，可以先选中该文件，然后使用图 5-12 右侧"操作"下的"上移"和"下移"按钮实现。

如果想删除或者禁用某个默认文档，只需要选择相应默认文档，然后单击图 5-12 右侧"操作"栏中的"删除"或"禁用"按钮即可。

5）访问限制。配置的 Web 服务器是要供用户访问的，因此，不管使用的网络带宽有多充裕，都有可能因为同时连接的计算机数量过多而使服务器死机。所以有时候需要对网站进行一定的限制，如限制带宽和连接数量等。

选中"Default Web Site"站点，单击右侧"操作"栏中的"限制"超链接，打开如图 5-14 所示的"编辑网站限制"对话框。IIS7 中提供了两种限制连接的方法，分别为限制带宽使用和限制连接数。

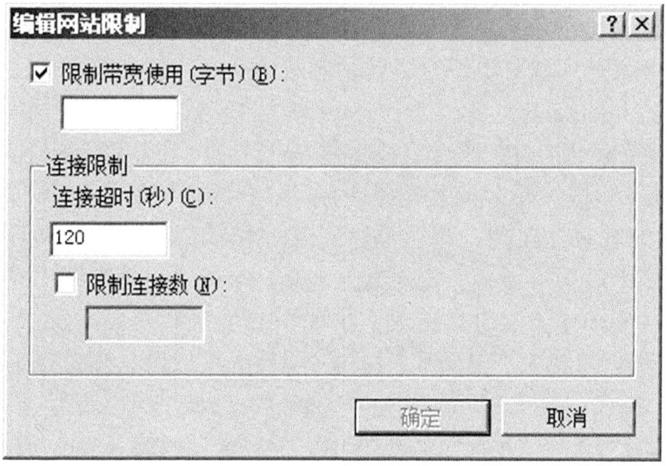

图 5-14　编辑网站限制

选择"限制带宽使用（字节）"复选框，在文本框中键入允许使用的最大带宽值。在控制

Web 服务器向用户开放的网络带宽值的同时，也可能降低服务器的响应速度。但是，当用户 Web 服务器的请求增多时，如果通信带宽超出了设定值，请求就会被延迟。

选择"限制连接数"复选框，在文本框中键入限制网站的同时连接数。如果连接数量达到指定的最大值，以后所有的连接尝试都会返回一个错误信息，连接将被断开。限制连接数可以有效防止试图用大量客户端请求造成 Web 服务器负载的恶意攻击。在"连接超时"文本框中键入超时时间，可以在用户端达到该时间时，显示为连接服务器超时等信息，默认是 120s。

> **注意**
> Web 服务器默认的端口是 80 端口，因此我们访问 Web 服务器时就可以省略默认端口；如果设置的端口不是 80，比如是 8080，那么访问 Web 服务器就需要使用"http://192.168.0.3:8080"来访问。

（2）技术要点。

1）小组讨论协商本组可分配 IP 地址范围及共同的掩码。

2）指定成员连接各设备，完成网络工程连接。

这两步非常重要，是成功搭建 WWW 服务器的前提。同一局域网内的计算机之间可以互相访问，不同局域网内的计算机之间要实现互访，必须通过路由器连接起来，该路由器充当网关，5.2 节的实训中会涉及不同局域网内的计算机之间的互访问题。

（3）指导说明。

1）教师要将"技术要点"部分所涉及的内容于实训前教给学生，或者布置预习作业，目的在于使学生具备 WWW 服务器搭建的前期准备技能，作业参考如下：两台计算机如何实现互访？

2）企业 Web 站点概述。IIS 揭开了站点搭建的神秘面纱，使架设一个站点变得容易多了。目前，无论是主流的个人操作系统 Windows 7，还是网络操作系统 Windows Server 2008，微软都集成了 IIS 搭建，这不但为 Web 站点的搭建节省了另购软件的大量费用，也为各单位搭建自己的内、外部 Web 站点带来了许多方便，同时也使个人用户搭建 Web 站点成为现实。

Web 站点包括两方面的作用，一个是常见的在 Internet 上的站点，也就是通常所说的网站，如搜狐；另一个就是局域网内部的站点，它是 Intranet 的一部分，经过适当配置，也可以将这种站点发布到 Internet 上。

本实训主要学习如何利用 IIS 来为企业搭建 Web 站点，将利用 Windows Server 2008 中的 IIS5.0 进行搭建。为了测试 Web 站点搭建是否成功，介绍使用 HTML 语言如何建立一个简单的 Web 站点，使读者对 HTML 有一个简单的认识，并对该站点在客户端进行测试。

3）使用 HTML 建立 Web 站点。在硬盘上建立一个以字母（数字、或字母和数字二者组合）命名的一个文件夹，作为你的 Web 站点，如在 D 盘下建立 myweb 文件夹。

所有的 Web 页的创建都在"记事本"程序（当然也可以用 Adobe Dreamweaver 这样的软件）中使用 HTML 完成。保存时，在"文件"菜单中选择"另存为"，在打开的对话框中的"保存类型"下拉列表中选择"所有文件"选项，扩展名可以输入.htm 或 html（大小写都可以），主页的名字是 index.htm 或 index.html，其他网页名字自定，命名要求同站点文件夹，命名时注意做到见其名、知其义。

4）HTML 简介。HTML 是网页主要的组成部分，基本上一个网页都是由 HTML 语言组成的，所以要学习网站怎样建设，有必要从网页的基本语言学起。

先简单地介绍一下 HTML 语言，HTML 是一种简单、通用的标记语言，不分大小写。它允许网页制作人建立文本与图片相结合的复杂页面，这些页面可以被网上任何人浏览到，无论使用的是什么类型的电脑或浏览器。

①HTML 的组成结构（头部、眼睛、身体，好像一个人一样是不是？）。

头部。只要学过英语，就知道"头"怎么用英文写吧！对，HEAD 就是了，所以，头部的 HTML 写法就是：

<HEAD>头部的内容</HEAD>

> **注意**
>
> 头部的两个标记非常相似，只是后一个比前一个多了"/"符号，前者称作开始标记，后者称作结束标记。类似这样的标记还有很多，只是有些标记可以没有结束标记而已。

眼睛。就好像人的眼睛一样，它是心灵的窗口，而一个网页的眼睛应该就是它的页面的标题了，标题怎么说呢？TITLE，对！大家知道眼睛是长在头上的，所以<TITLE>标题</TITLE>这些应放在<HEAD>和</HEAD>之间。也就是如下格式：

<HEAD><TITLE>标题</TITLE></HEAD>

身体。身体是网页最主要的部分了，因为前面讲的都不是页面所显现出来的，而大家所看到的网页内容就是它的身体部分了，身体的英文说法是 BODY，它的用法就是：

<BODY>页面内容</BODY>

最后，别忘了把这些部分组成一体，就是网页，用<HTML></HTML>把它们给包起来。

好了，看看网页的结构：

```
<HTML>
<HEAD>
<TITLE> 标题 </TITLE>
</HEAD>
<BODY>
页面内容
</BODY>
</HTML>
```

②控制表格及其表项的对齐方式。默认情况下，表格在浏览器屏幕上左对齐，你可以使用<TABLE>的 ALIGN 属性来指定表格的对齐方式。ALIGN 属性可以取值 left、center 和 right。例如，让一个表格在屏幕中央显示可以使用：

<TABLE ALIGN="center">

> **注意**
>
> 使用<TABLE>的 ALIGN 属性要小心，不是所有的浏览器都能识别它。如果要让表格显示在屏幕中央，使用<CENTER>标记来包含表格会更安全些。

可以使用<TR>的 ALIGN 属性来设置表格中每行元素的水平对齐方式，这个属性也可以

取值 left、center 和 right。要设置某一行中所有元素的竖直对齐方式，可以使用<TR>的 VALIGN
属性，它可以取值 top、middle 和 bottom（默认情况下取值 middle）。

要更好地控制表格中某个表头或元素的排列方式，可以使用<TH>和<TD>标记的 ALIGN
和 VALIGN 属性，这两个属性的取值范围与<TR>相同。

当浏览器显示一个表格时，它将每一列的宽度设置为这一列中最长表项的宽度。浏览器
尽可能地占用较小的屏幕空间来紧密地排列表格中的每一项。可以使用<TABLE>的
CELLPADDING 和 CELLSPACING 属性来改变这一默认值。

通过使用 CELLPADDING 属性，可以为表格中的每一项安排一个更大的空间，使用
CELLSPACING 属性，可以为表项之间留出一定的空间。这两个属性的值都以像素来指定。
下面的例子说明了如何使用这两个属性。

```
<HTML>
<HEAD> <TITLE> 我的第一个表格网页 </TITLE></HEAD>
<BODY>
<TABLE BORDER=1>
<CAPTION> 课程表 </CAPTION>
<TR>
<TD>星期一 </TD>
<TD>星期二 </TD>
<TD>星期三 </TD>
<TD>星期四 </TD>
<TD>星期五 </TD>
</TR>
<TR>
<TD>语文 </TD>
<TD>一级 </TD>
<TD>英语 </TD>
<TD>政治 </TD>
<TD>数学 </TD>
</TR>
<TR>
<TD>语文 </TD>
<TD>一级 </TD>
<TD>英语 </TD>
<TD>政治 </TD>
<TD>数学 </TD>
</TR>
<TR>
<TD>打字 </TD>
```

```
<TD>礼仪 </TD>
<TD>体育 </TD>
<TD>网络 </TD>
<TD>VB </TD>
</TR>
<TR>
<TD>打字 </TD>
<TD>礼仪 </TD>
<TD>体育 </TD>
<TD>网络 </TD>
<TD>VB </TD>
</TR>
<TR>
<TD>自习 </TD>
<TD>语文 </TD>
<TD>政治 </TD>
<TD>数学 </TD>
<TD>英语 </TD>
</TR>
<TR>
<TD>自习 </TD>
<TD>语文 </TD>
<TD>政治 </TD>
<TD>数学 </TD>
<TD>英语 </TD>
</TR>
</TABLE>
<HR COLOR="red">          !插入一条红色线条
<TABLE BORDER=1 CELLPADDING=20>
<CAPTION> 简介 </CAPTION>
<TR>
<TD> 年龄</TD>
<TD>16 </TD>
</TR>
<TD> 身高</TD>
<TD>1.75 </TD>
</TR>
</TABLE>
</BODY>
```

```
</HTML>
```

页面效果如图 5-15 所示。

如同可以使用<BODY>属性的 BGCOLOR
属性设置网页的背景色一样，必要时，可以使
用<TABLE>标记的 BGCOLOR 属性为表格添
加背景色。可以使用颜色名或 RGB 值来设定
BGCOLOR 的值，下面的例子说明了这个属性
的用法：

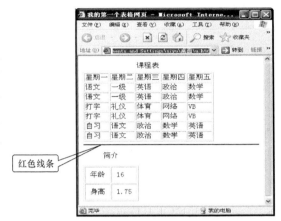

红色线条

图 5-15　网页中的表格

```
<HTML>
<HEAD> <TITLE> 表格颜色 </TITLE>
</HEAD>
<BODY>
<CENTER>
<TABLE  BORDER=2 BGCOLOR="lightblue" CELLPADDING=10>
<TR>
<TD> 我有淡蓝色的背景 </TD>
</TR>
</TABLE>
</CENTER>
</BODY>
</HTML>
```

③超链接

没有链接，WWW 将失去存在的意义。WWW 之所以受欢迎，除了有精美的图文之外，
更有方便且多样化的链接，让使用者可以很快地找到其所需的资料，也让网络能提供更多的
服务。

WWW 链接的基本概念如下。

一般而言，所谓链接就是在网页中有些字会有特别的颜色，而且字的底下会有条线，当
光标移到那些字上时，会变成手指形状，按下去，则会连到别的文章或网站。

链接有内部链接及外部链接，所谓内部链接就是自己网站间网页的链接，至于外部链稍
后再来讨论。

要了解内部链接，首先必须先了解一下这两种东西，一个是相对路径，一个是绝对路径。

现在假设一个情形，即在自己的计算机里设计网页，所有网页相关的档案通通放在
D:\myweb 里面，现在假设 D:\myweb 里面目前有 index.htm、text1.htm、p1.gif、p2.gif 这四个
文件。需要在 index.htm 里面设一个链接，能够按一下就连到 text1.htm，该怎么做呢？基本
上，有两种方式可以做到，在 index.htm 里面加上下面任意一个语句。

```
<a href="D:/myweb/text1.htm">        ！这就是绝对路径。
<a href="text1.htm">                 ！这就是相对路径。
```

可见，绝对路径要给计算机一个非常详尽的位置，让计算机寻着这路径去找到文件。而
相对路径就简单多了，如果没有特别指定，它就会直接在 index.htm 的所在目录下找，也就是
在 D:\myweb 下去找 text1.htm。

如果将 D:\myweb 里所有的内容都上传到网络上的网页服务器，且该服务器是别人的

计算机，而非自己架设的主机，那么问题就来了。哪一种链接会出问题？答案是绝对路径。因为，将文件上传到网络上时，整个网页目录架构一定会变，到时候，计算机可能找不到 D:\，更可能找不到 myweb 这个目录，所以应该尽量用相对路径做链接，好写又不容易出错。

另外一个情形是为了方便网站的管理，应该将不同类别的文件存放在不同的目录下，例如，D:\myweb\gif\底下放进了 p1.gif、p2.gif 两个图，而 index.htm、text1.htm 依旧在 D:\myweb 底下。

网页内部的链接。当某页的内容很多时，可以利用网页的内部链接，方便使用者快速地找到资料。其原理是在欲链接处做个记号（网页的任何地方都可以），然后，链接时寻着这个记号，就可以快速找到资料。方法如下。

首先在欲链接处作记号：<a name="here1">这里是你想链接的点</a>

然后设定链接：<a href="#here1">链接</a>

例如，

```
<a name="m1">目录</a>
<a href="#m1">基本概念</a>
```

网页外部的链接。链接到外面去，可以扩充网站的实用性及充实性，也正因这一功能，才造就了 WWW 五彩缤纷的世界。由于网络上的服务五花八门，所以不同的服务有不同的链接方法，如表 5-1 所示。

表 5-1　　　　　　　　　　网 页 外 部 的 链 接

超链接	超链接文字	HTML 语言
网站链接	好站	<a href="http://www.wrclub.net">好站</a>
电子邮件	写信给朋友	<a href="mailto:fuxing@wrclub.net">写信给朋友</a>
ftp	下载档案	<a href="ftp://ftp.wrclub.net">下载档案</a>
news	seednet news 服务	<a href="news:news.wrclub.net">seednet news 服务</a>
gopher	seednet gopher 服务	<a href="gopher://gopher.wrclub.net/">seednet gopher 服务</a>
bbs	seednet bbs 服务	<a href="telnet://bbs.wrclub.net/">seednet bbs 服务</a>

5.2　实训二：FTP 服务器的搭建

1. 工作任务

FTP 服务器的搭建。

2. 工作环境

2 台路由器，2 台 24 口交换机，6 台 PC，6 条直通 UTP 线缆（双绞线），1 条交叉 UTP 线缆（双绞线）；Windows　2008 Server 系统；Microsoft Visio 2007。

3. 拓扑图

拓扑结构如图 5-16 所示。

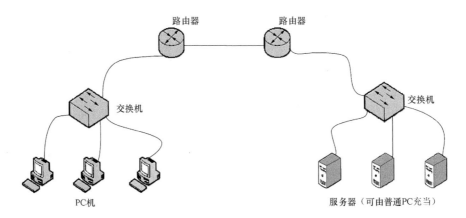

图 5-16　FTP 服务器的搭建实训拓扑图

4．工作情境

王力作为公司里的网络管理员，需要为本地和异地的用户提供文件下载服务，他想到可以采用 Windows 自带的 IIS 中的 FTP 服务解决这个问题。

5．工作目标

通过本次实训，能够提高如下技能。

（1）在 Windows 平台上创建 FTP 站点；

（2）通过 IE 浏览器访问 FTP 站点；

（3）通过命令行方式访问 FTP 站点；

（4）进一步熟练网络拓扑图的绘制。

6．项目组织

每 6 个人一组，每组推选一名组长担任项目经理。要求每个人必须有独立不重叠的工作，具体任务由项目经理分发，任务分发请参考下面的"任务分解"。

7．任务分解

本实训基于 192.168.n.1/26 网络进行 IP 地址分配，其中 n 为组号。以下团队任务由项目经理分发给成员。

团队任务 1：各设备的 IP 地址分配及子网掩码指定；

团队任务 2：各设备间的线缆连接；

团队任务 3：拓扑图绘制；

团队任务 4：建立 FTP 站点；

团队任务 5：在客户端访问 FTP 站点。

除上述由项目经理指定给成员任务外，各成员必须完成如下任务。

必选任务 1：建立 FTP 站点；

必选任务 2：分别通过浏览器和命令行方式在客户端访问 FTP 站点。

8．任务执行要点

（1）主要执行过程

1）安装 FTP 组件安装。FTP 组件的安装如同 Web 组件安装，请参看实训一部分。

2）配置 FTP

对于不隔离用户而言，配置 FTP 步骤如下。

打开"开始"→"管理工具"→"Internet 信息服务（IIS）管理器"，单击左上角上的加号展开列表，选中"FTP 站点"，在单击右边"单击此处启动"链接。如图 5-17 所示。

图 5-17　选中"FTP 站点"

然后选择单击左上角 Internet 信息服务图标下的加号，展开列表，选中"FTP 站点"。右击"FTP 站点"按钮，在快捷菜单中选择"新建"→"FTP 站点"，弹出"FTP 站点创建向导"窗口，如图 5-18 所示，单击"下一步"按钮。

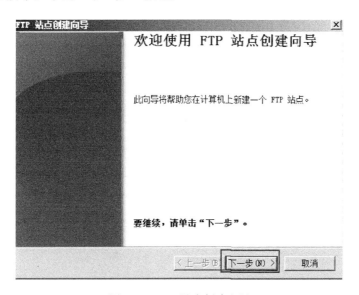

图 5-18　FTP 站点创建向导

在图 5-19 所示的窗口中设置 FTP 站点描述，设置完毕单击"下一步"按钮。

在图 5-20 所示的窗口中设置 IP 地址和端口，设置完毕，单击"下一步"按钮。

在图 5-21 所示的窗口中进行 FTP 用户隔离设置，选择"不隔离用户"，单击"下一步"按钮。

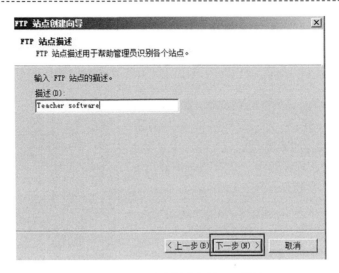

图 5-19　FTP 站点创建向导——描述

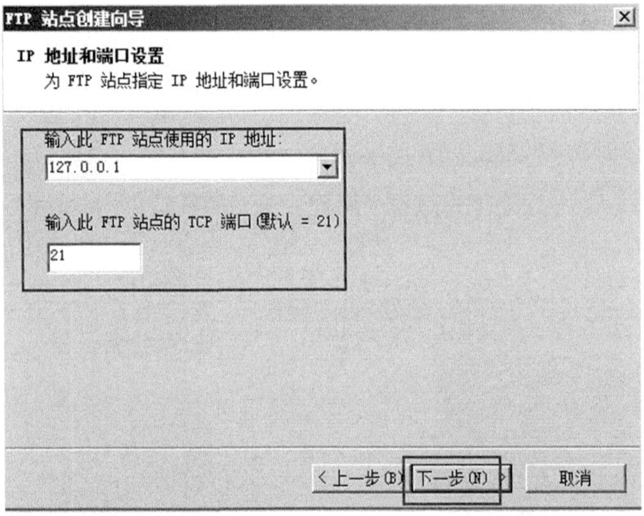

图 5-20　FTP 站点创建向导——IP 地址和端口设置

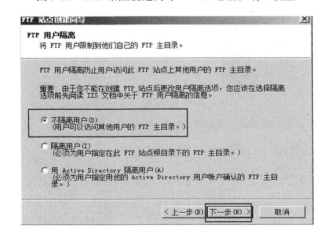

图 5-21　FTP 站点创建向导——用户隔离

接下来，设置站点目录，可以直接输入路径（或单击"浏览"按钮选择路径），如图 5-22 所示，设置完毕后，单击"下一步"按钮。

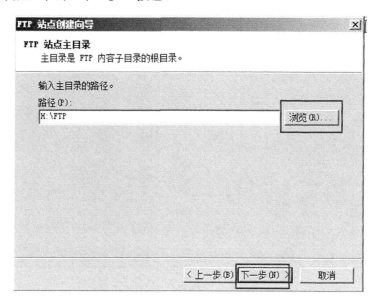

图 5-22 FTP 站点创建向导——站点主目录

在图 5-23 中，设置访问权限（读取：用户只能访问下载文件；写入：用户可以上传文件），设置好后，单击"下一步"按钮，最后单击"完成"按钮，安装完毕，并且启动服务。

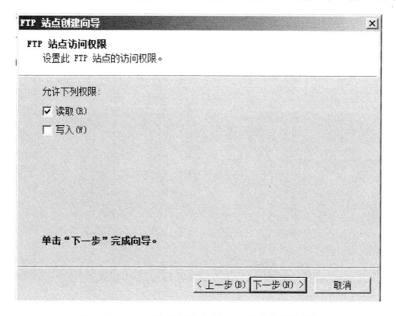

图 5-23 FTP 站点创建向导——站点访问权限

最后，需要进行测试。

方法一：利用客户端连接程序 ftp.exe。

打开"开始"→"运行"，输入"cmd.exe"或者"cmd"，单击"确定"按钮，出现图

5-24 窗口。

图 5-24　打开"cmd.exe"

输入"ftp IP"地址，登录 FTP 服务器（如图 5-25 所示，输入的是"ftp 127.0.0.1"），再输入用户名和密码登录。

图 5-25　登录 FTP 服务器

方法二：在浏览器的地址栏中输入 ftp://IP 地址，进行 FTP 匿名登录，图 5-26 中输入的是"ftp://127.0.0.1"。

方法三：通过"资源管理器"登录 FTP 服务器，如图 5-27 所示。

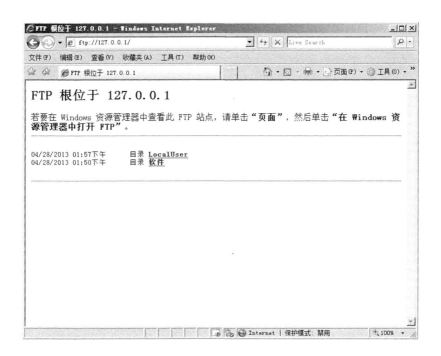

图 5-26 通过浏览器访问 FTP 服务器

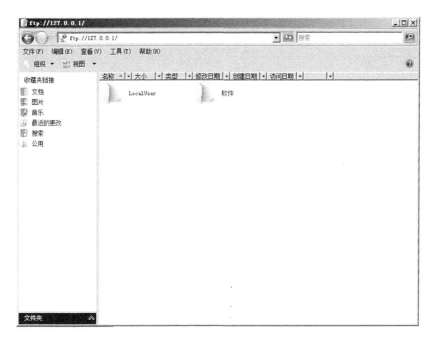

图 5-27 连接到 FTP 服务器

对于隔离用户而言，配置 FTP 步骤如下。

打开"开始"→"管理工具"→"Internet 信息服务（IIS）管理器"，在打开的窗口中，如图 5-28 所示。单击左上角上的"+"按钮展开列表，选中"FTP 站点"，在单击右边"单击此处启动"链接。

图 5-28   "单击此处启动"连接 FTP 站点

然后单击左上角 Internet 信息服务图标下的"+"按钮，展开列表，选中"FTP 站点"，如图 5-29 所示。右击"FTP 站点"按钮，在快捷菜单中选择"新建"→"FTP 站点"弹出"FTP 站点创建向导"窗口。

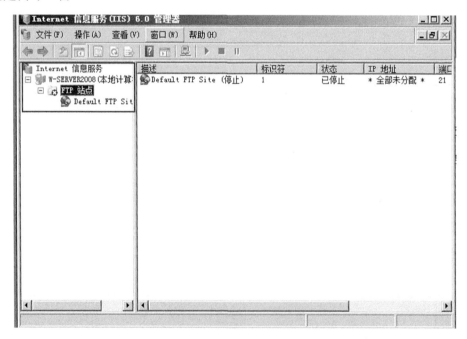

图 5-29   选择"新建"-"FTP 站点"

打开了如图 5-30 所示的"FTP 站点创建向导"，单击"下一步"按钮。

设置 FTP 站点描述，如图 5-31 所示。设置完毕，单击"下一步"按钮。

在图 5-32 中设置 IP 地址和端口，设置完毕，单击"下一步"按钮。

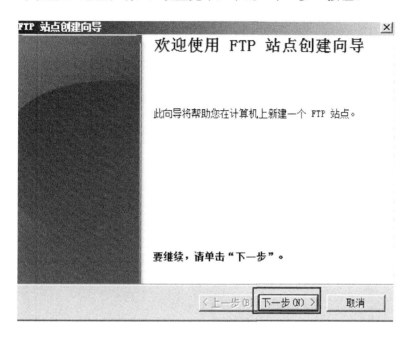

图 5-30　FTP 站点创建向导

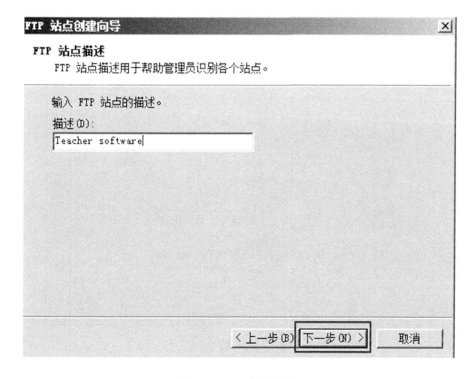

图 5-31　FTP 站点描述

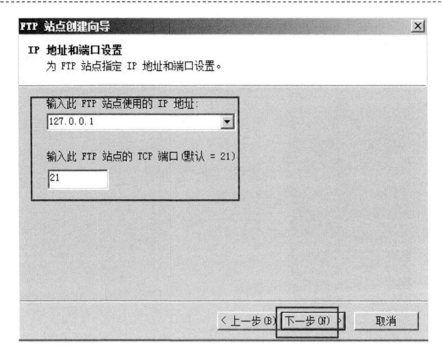

图 5-32　设置 IP 地址和端口

在图 5-33 中设置 FTP 用户隔离，例如，选择"不隔离用户"后，单击"下一步"按钮。

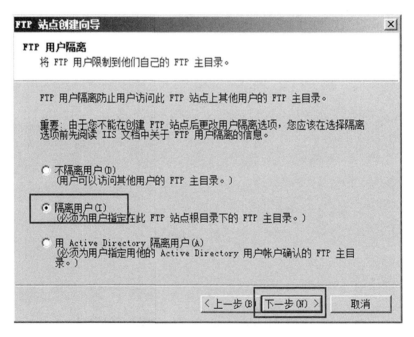

图 5-33　选择"不隔离用户"

接下来，设置站点目录（见图 5-34），可以直接输入路径（或单击"浏览"按钮选择路径），设置完毕后，单击"下一步"按钮。

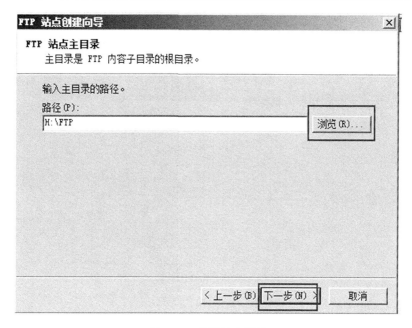

图 5-34 设置站点目录

在图 5-35 中可以设置访问权限（读取：用户只能访问、下载文件；写入：用户可以上传文件），设置好后，单击"下一步"按钮，最后单击"完成"按钮，安装完毕，并且启动服务。

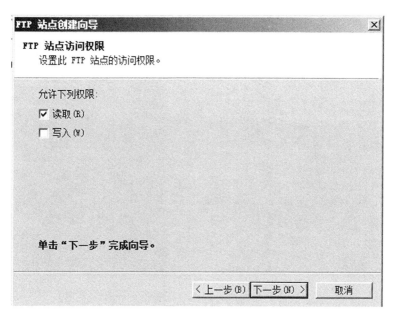

图 5-35 设置访问权限

设置登录账户（FTP 站点主目录在"h:\ftp"目录，假设要让用户 test 登录 FTP 站点，则应该在主目录下为用户创建子文件夹"h:\ftp\localuser\test"，而且文件夹名必须与用户名相同），并在 DOS 下创建用户。如图 5-36 和图 5-37 所示。

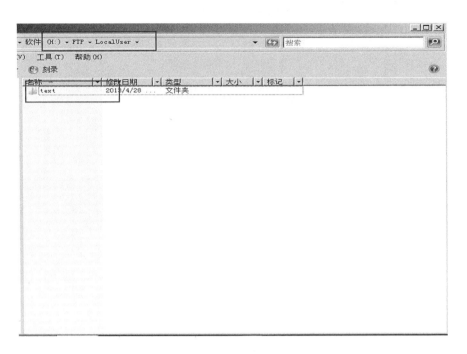

图 5-36　设置登录账户

图 5-37　测试登录

接下来，进行测试。

方法一：利用客户端连接程序 ftp.exe。

打开"开始"→"运行"，输入"cmd.exe"或"cmd"，确定后，在图 5-38 中输入 ftp IP 地址（此处输入的是"ftp 127.0.0.1"）登录 FTP 服务器，再输入用户名和密码登录。

图 5-38　登录 FTP

　　方法二：也可以在浏览器的地址栏输入"ftp://127.0.0.1"进行 FTP 匿名登录。如图 5-39 所示，可以不输入用户和密码，直接选中"匿名登录"，再点击"登录"按钮即可成功 FTP 服务器，看到图 5-40 所示的界面。

图 5-39　输入用户名和密码

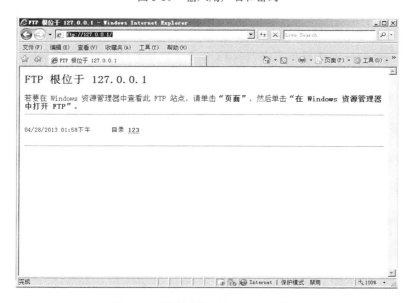

图 5-40　通过浏览器访问 FTP 服务器

方法三：通过"资源管理器"登录 FTP 服务器。

如图 5-41 所示，打开资源管理器后，输入 ftp://FTP 的 IP 地址（此处输入的是 "ftp://127.0.0.1"）。

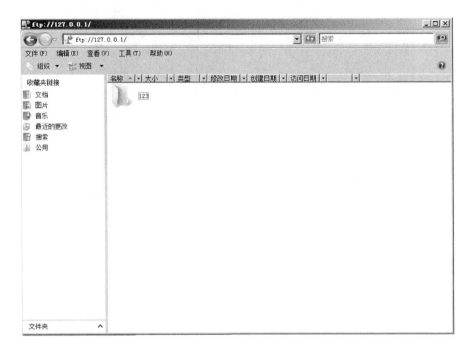

图 5-41 通过"资源管理器"登录

（2）技术要点。

1）小组讨论协商本组可分配的 IP 地址范围及共同的掩码；

2）指定成员连接各设备，完成网络工程连接。

这两步非常重要，是成功搭建 FTP 服务器的前提。同一局域网内的计算机之间可以互相访问，不同局域网内的计算机之间要实现互访，必须通过路由器连接起来，该路由器充当网关。

（3）指导说明。教师要将"技术要点"部分所涉及的内容于实训前教给学生，或者布置预习作业，目的在于使学生具备 FTP 服务器搭建的前期准备技能。作业参考如下：IP 地址分几类？各类的地址范围？私有 IP 地址的范围？

5.3 实训三：DNS 服务器的搭建

1. 工作任务

DNS 服务器的搭建。

2. 工作环境

2 台路由器，2 台 24 口交换机，6 台 PC，6 条直通 UTP 线缆（双绞线），至少 1 条交叉 UTP 线缆（双绞线）；Windows 2008 Server 系统；Microsoft Visio 2007。

3. 拓扑图

同 FTP 服务器的搭建，如图 5-16 所示。

4. 工作情境

Web 服务器建立起来后，在企业内部，员工在浏览器的地址栏中输入 Web 服务器的 IP 地址，才能访问 Web 站点。如果能像 Internet 那样，通过在浏览器的地址栏中输入有意义的网址来访问企业内部的 Web 站点就好了，王力作为网络管理员知道要想实现这样的功能，就必须在企业内部建立 DNS 服务器才行。

5. 工作目标

通过这个实训项目的实际训练，能够提高如下技能。

（1）在 Windows 平台上建立 DNS 服务器；

（2）通过在 IE 浏览器中输入域名，访问 Web 站点；

（3）进一步熟练网络拓扑图的绘制；

（4）清楚主机名和 IP 地址的关系。

6. 项目组织

每 6 个人一组，每组推选一名组长担任项目经理。要求每个人必须有独立不重叠的工作，具体任务由项目经理分发，任务分发请参考下面的"任务分解"。

7. 任务分解

本实训基于 172.20.n.192/26 网络进行 IP 地址分配，其中 n 为组号。以下团队任务由项目经理分发给成员。

团队任务 1：各设备的 IP 地址分配及子网掩码指定；

团队任务 2：各设备间的线缆连接；

团队任务 3：拓扑图绘制；

团队任务 4：搭建 DNS 服务器；

团队任务 5：建立 Web 站点；

团队任务 6：在客户端通过域名访问 Web 站点。

除上述由项目经理指定给成员任务外，各成员必须完成如下任务。

必选任务 1：建立 Web 站点；

必选任务 2：在客户端通过域名访问 Web 站点。

8. 任务执行要点

（1）主要执行过程。

1）安装 DNS 服务器。添加 DNS 服务器角色。在服务器上添加 DNS 服务角色。依次执行"开始"→"管理工具"→"服务器管理器"→"添加角色"→选中"DNS 服务器"→"下一步"→安装，如图 5-42～图 5-46 所示。

2）创建区域。在 DNS 服务器安装成功后，单击"关闭"按钮，返回"初始配置任务"窗口。打开"开始"→"管理工具"→"DNS"选项，打开 DNS 管理器，如图 5-47 所示。

为了使 DNS 服务器能够将域名解析成 IP 地址，必须首先在 DNS 区域中添加正向查找区域。右击"正向查找区域"按钮选择"新建区域"，如图 5-48 所示。

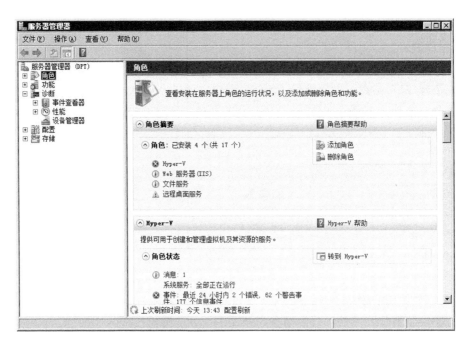

图 5-42 选择"添加角色"

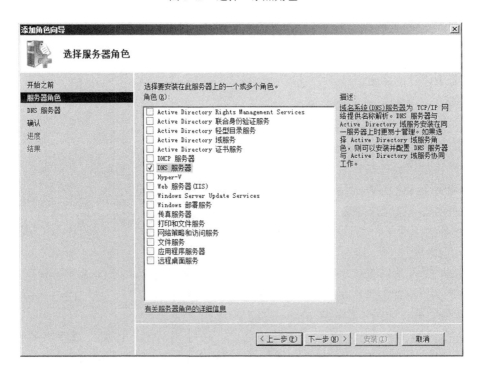

图 5-43 选择服务器角色

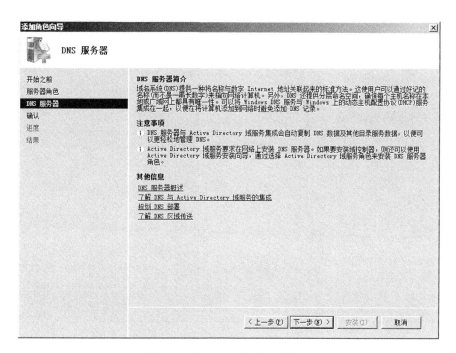

图 5-44 打开"添加角色向导"

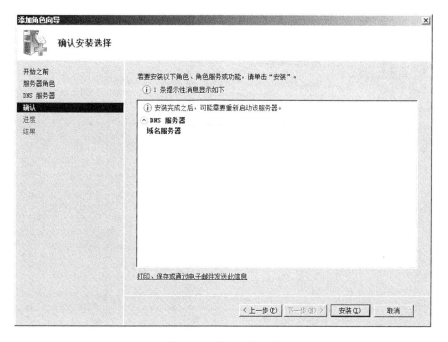

图 5-45 确认安装选择

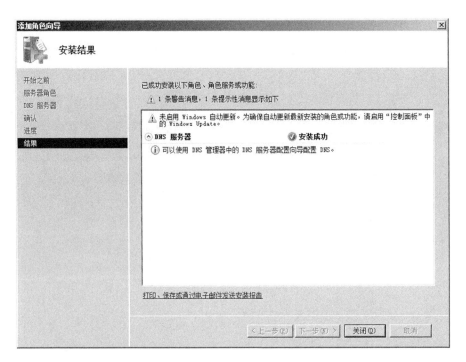

图 5-46　DNS 服务器安装成功

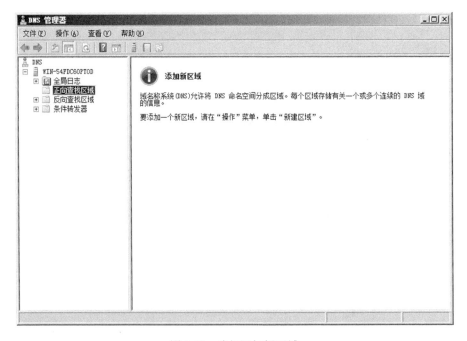

图 5-47　选择添加新区域

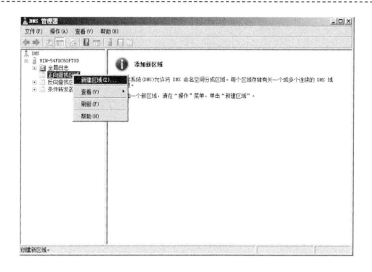

图 5-48 选择"新建区域"

打开"新建区域向导"如图 5-49 所示，单击"下一步"按钮，如图 5-50 所示。

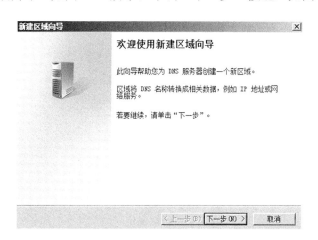

图 5-49 新建区域向导

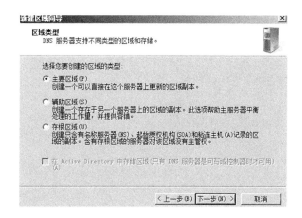

图 5-50 选择区域类型

默认设置，单击"下一步"按钮，输入区域名称（这里输入"sztaiji.com"），如图5-51所示。

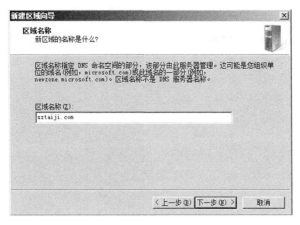

图 5-51　添加区域名称

默认设置，单击"下一步"按钮，如图5-52所示。

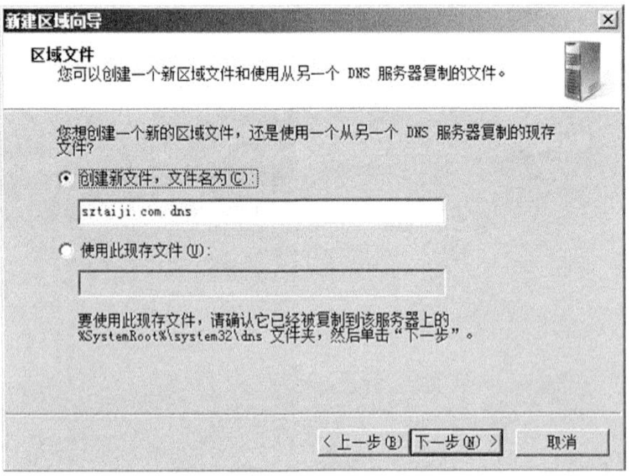

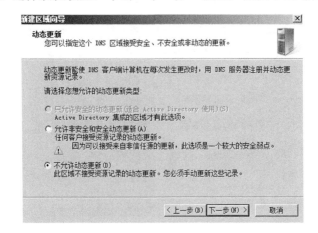

图 5-52　创建区域文件

设置动态更新，选择默认设置，单击"下一步"按钮，如图5-53所示。

图 5-53　设置动态更新

单击"完成"按钮，完成区域的创建，如图 5-54 所示。

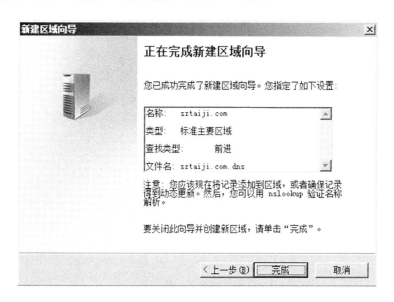

图 5-54　完成区域向导设置

建完新区域后，可在 DNS 管理器中进行查看，如图 5-55 所示。

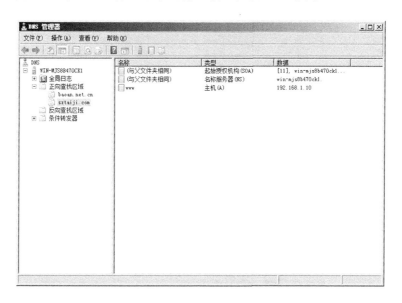

图 5-55　DNS 管理器中显示添加结果

3）添加资源记录。DNS 服务器配置完成后，要为所属的域（sztaiji.com）提供域名解析服务，还必须在 DNS 域中添加各种 DNS 记录，例如，WEB 及 FTP 等使用 DNS 域名的网站等都需要添加 DNS 记录来实现域名解析。以 WEB 网站来举例，就需要添加主机 A 记录，如图 5-56 所示。

图 5-56 选择新建主机

打开"新建主机"对话框,如图 5-57 所示。

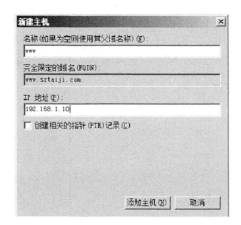

图 5-57 新建主机

在"名称"文本框中输入主机名称,如"www",在"IP 地址"文本框中键入主机对应的 IP 地址,单击"添加主机"按钮,提示主机记录创建成功,如图 5-58 所示。

图 5-58 查看区域

单击"确定"按钮，创建完成主机记录 www.sztaiji.com。

此时，当用户访问该地址时，DNS 服务器即可自动解析成相应的 IP 地址。按照同样步骤，可以添加多个主机记录。

4）配置辅助 DNS。首先安装 DNS 服务器组件，然后在 DNS 管理器中新建辅助区域，如图 5-59 所示。

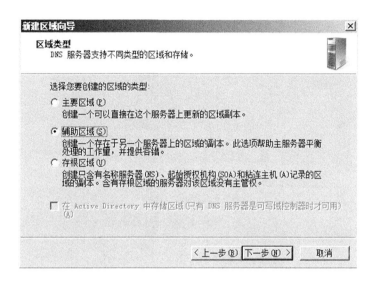

图 5-59　在"新建区域向导"中选择"辅助区域"

在"区域名称"框中输入"sztaiji.com"，如图 5-60 所示。

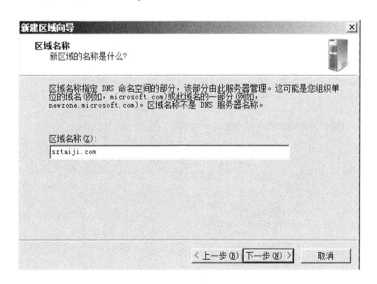

图 5-60　输入辅助区域名称

默认设置，单击"下一步"按钮，如图 5-61 所示。

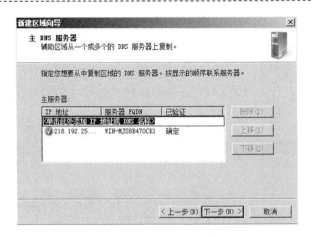

图 5-61　选择主 DNS 服务器

单击"完成"按钮，完成配置，如图 5-62 所示。

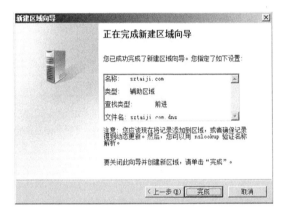

图 5-62　正在完成新建区域向导

5）配置主 DNS 服务器到辅助服务器的同步更新。在主服务器上打开 DNS 服务器属性，如图 5-63 所示。

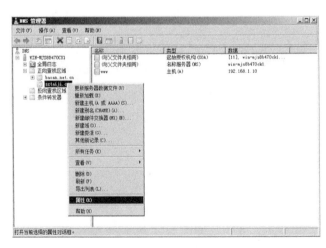

图 5-63　查看 DNS 服务器属性

配置区域传送，在允许区域传送选项中配置允许到辅助服务器，如图 5-64 所示。

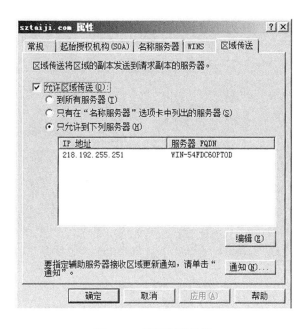

图 5-64　配置区域传送

注意

不是必须要配置辅助 DNS 服务器的，根据实际需要进行取舍。

6）配置 DNS 客户机。在客户端计算机上配置 DNS 选项，在首选 DNS 服务器上填上 DNS 服务器的 IP 地址，如图 5-65 所示。

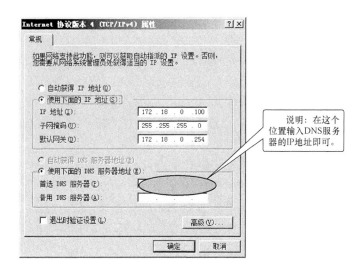

图 5-65　配置客户机 DNS 服务器 IP 地址

7）DNS 解析验证。在客户端计算机上用 Nslookup 命令解析 www.sztaiji.com，能够正常解析出 IP 地址，如图 5-66 所示，说明 DNS 服务器搭建成功。

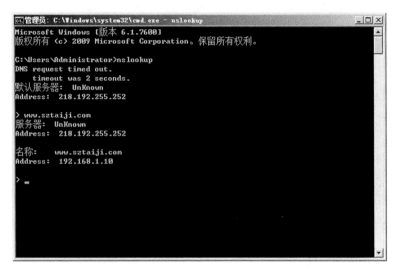

图 5-66　DNS 解析验证

（2）技术要点。

在建立 DNS 前，必须弄清楚域名的结构，可作如下看待。

www.sztaiji.com：com 是"区域"，sztaiji 是"域名"，www 是"主机"；

ftp.sztaiji.com：com 是"区域"，sztaiji 是"域名"，ftp 是"主机"；

www.qz.fj.cn：fj.cn 是"区域"，qz 是"域名"，www 是"主机"；

public.qz.fj.cn：fj.cn 是"区域"，qz 是"域名"，public 是"主机"；

uc2000.yeah.net：net 是"区域"，yeah 是"域名"，uc2000 是"主机"；

sztaiji.com：com 是"区域"，sztaiji 是"主机"。

弄清楚这些问题后，就可以动手配置 DNS 服务器了。

（3）指导说明。

主机名和 IP 地址的关系是本次实训的重点，实训之前，必须使学生了解 DNS 及域名解析。

1）DNS 的定义。DNS 是域名系统（Domain Name System）的缩写，是一种组织成域层次结构的计算机和网络服务命名系统。DNS 命名用于 TCP/IP 网络，如 Internet，用来通过用户友好的名称定位计算机和服务。当用户在应用程序中输入 DNS 名称时，DNS 服务可以将此名称解析为与此名称相关的其他信息，如 IP 地址。

例如，多数用户喜欢使用友好的名称（如 example.microsoft.com）来定位诸如网络上的邮件服务器或 Web 服务器这样的计算机。友好的名称更容易记住。但是，计算机使用数字地址在网络上通信。为了更方便地使用网络资源，诸如 DNS 的名称服务提供了一种方法，将用户友好的计算机或服务名称映射为数字地址。如果用户使用过 Web 浏览器，则应该也使用了 DNS。

2）域名解析。主机名解析意味着成功地将主机名映射为 IP 地址。主机名是分配给 IP 节点标识 TCP/IP 主机的别名。主机名最多可以有 255 个字符，可以包含字母和数字符号、连字符和句点。可以对同一主机分配多个主机名。

Windows 套接字（Winsock）程序，如 Internet Explorer 和 FTP 实用程序，可以使用待连接目标的两个值中的一个：IP 地址或主机名。指定 IP 地址时，不需要名称解析。指定主机名时，在开始与所需资源进行基于 IP 的通信之前主机名必须解析成 IP 地址。

主机名可以采用不同的形式。两种最通用的形式是昵称和域名。昵称是个人指派并使用 IP 地址的别名。域名是在称为"域名系统（DNS）"的分层结构名称空间中的结构化名称。www.microsoft.com 就是域名的一个典型范例。

昵称通过 Hosts 文件中的项目来解析，在此不作更多的介绍。

域名是通过向所配置的 DNS 服务器发送 DNS 名称查询而解析的。DNS 服务器是存储域名或 IP 地址映射记录或知道其他 DNS 服务器的计算机。DNS 服务器把要查询的域名解析成 IP 地址，然后再发送回去。

需要对运行 Windows Server 2008 的计算机配置 DNS 服务器的 IP 地址，以便解析域名。必须对基于 Active Directory 运行 Windows Server 2008 的计算机配置 DNS 服务器的 IP 地址。

5.4 实训四：DHCP 服务器的搭建

1．工作任务

DHCP 服务器的搭建。

2．工作环境

2 台二层交换机（一台锐捷 2126S，一台锐捷 3750-48），6 台 PC，6 条直通 UTP 线缆（双绞线）；至少一台 Windows Server 2008 Server 系统；Microsoft Visio 2007。

3．拓扑图

拓扑结构如图 5-67 所示。

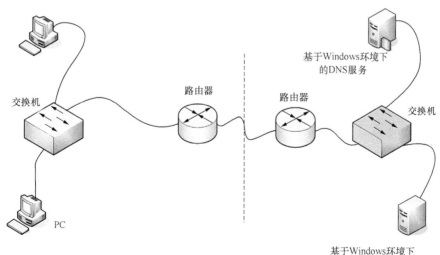

图 5-67　DHCP 服务器的搭建实训拓扑图

4．工作情境

网络使用者经常因为某种原因修改 IP 地址，常常因为忘记了最开始分配的地址，而造成地址冲突。网络管理员王力不得不忙于重新配置参数。现在王力想出了一个办法，就是搭建一台 DHCP（动态地址分配）服务器，让网络使用者自动获得地址，而不需要自己一台台去维护了。

5．工作目标

通过本次实训，掌握如下技能。

（1）理解 C/S（客户端/服务器模式）原理；

（2）理解 DHCP 的原理与工作模式；

（3）掌握 Windows Server 2008 Server 环境下的 DHCP 服务的部署与配置方法。

6．项目组织

每 6 个人一组。每组推选一名组长担任项目经理。每小组分 A、B 团队，每团队 3 人，要求每团队内 3 台 PC 通过一台交换机连接。A 团队使用 2126S；B 团队使用 3750-48。每团队必须配置一台 DHCP 服务器，其他两台 PC 通过动态方式获得 IP 地址。每团队中的每个成员必须有独立不重叠的工作，具体任务由项目经理分发，任务分发请参考"任务分解"。

7．任务分解

本实训基于 210.79.n.192/26 网络进行 IP 地址分配，其中 n 为组号。以下团队任务由项目经理分发给成员。

团队任务 1：协商如何划分两个子网；

团队任务 2：共同协商各机器的 IP 地址；

团队任务 3：绘制拓扑图。

除上述由项目经理指定给成员任务外，各成员必须完成如下任务。

必选任务 1：连接自己的计算机到交换机端口上；

必选任务 2：配置各终端的 IP 地址及子网掩码；

必选任务 3：进一步熟悉使用 ipconfig 命令，检查本机的接口所使用的 IP 地址、掩码参数、线缆连接情况及 MAC 地址。

必选任务 4：进一步熟悉使用 Ping 命令测试与同组其他机器的连通性。

8．任务执行要点

（1）主要执行过程

一台 DHCP 服务器的基本配置由五个部分组成，选择操作系统，配置服务器 IP 地址，安装服务，授权和配置作用域。

1）选择 Windows Server 2008 Server 以上的操作系统。可根据实际情况选择合适的 Server 操作系统。

2）确认 DHCP 服务器拥有相对固定的静态 IP 地址。服务器 IP 地址一旦确定，尽量不要更改，否则会导致大量客户端找不到服务器的情况。

3）安装 DHCP 服务。

在"服务器管理器"窗口中选择"角色"选项，然后单击"添加角色"按钮，如图 5-68 所示。

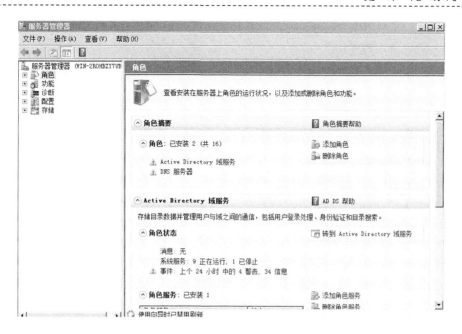

图 5-68 在"服务器管理器"窗口中选择"角色"选项

在"添加角色向导"界面中选择"服务器角色",然后选择"DHCP 服务器",单击"下一步"按钮,如图 5-69 所示。

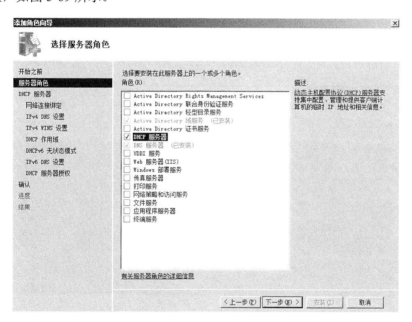

图 5-69 选择 DHCP 服务器

在"DHCP 服务器简介"页面直接单击"下一步"按钮,然后选择用于客户端提供 DHCP 服务的网络连接,单击"下一步"按钮,如图 5-70 所示。

指定 DNS 服务器的设置,如果此配置是在域环境下进行,按照默认设置即可,如图 5-71 所示。

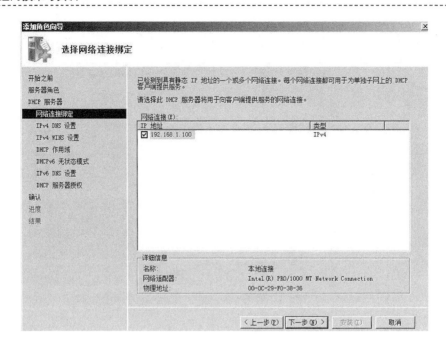

图 5-70　选择网络连接绑定

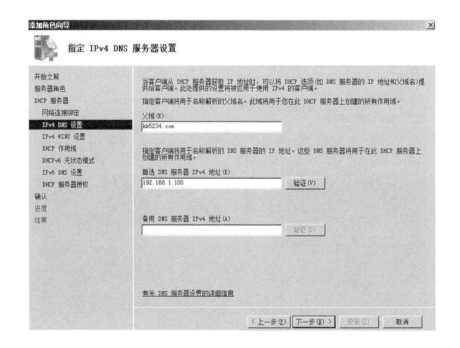

图 5-71　指定 IPv4 DNS 服务器设置

　　指定 WINS 服务器的设置，选择"此网络上的应用程序不需要 WINS"，单击"下一步"按钮，如图 5-72 所示。

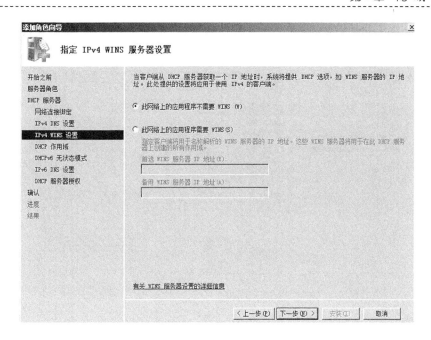

图 5-72　指定 IPv4 WINS 服务器设置

在"添加或编辑 DHCP 作用域"界面中单击"添加"按钮，指定分配给客户端的 IP 地址范围，输入作用域的名称、起始地址、结束地址、子网掩码，并选择"激活此作用域"，单击"确定"按钮，如图 5-73 所示。

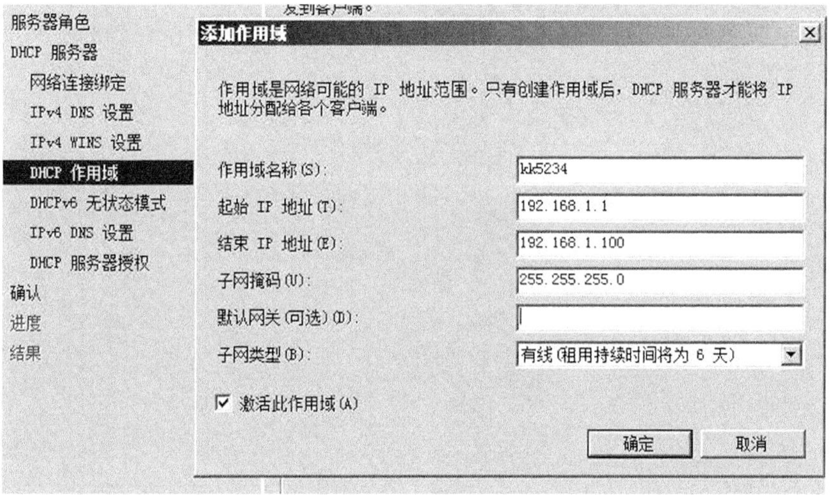

图 5-73　指定 IPv4 DNS 服务器设置

添加完作用域后，"添加或编辑 DHCP 作用域"窗口会显示该作用域，单击"下一步"按钮，然后选择"对此服务器禁用 DHCPv6 无状态模式"，单击"下一步"按钮，如图 5-74 所示。

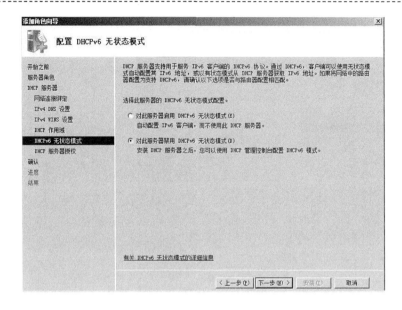

图 5-74　配置 DHCPv6 无状态模式

授权 DHCP 服务器，这一步按照默认配置即可。如果此时是在工作组环境下配置 DHCP，则没有这一步骤，如图 5-75 所示。

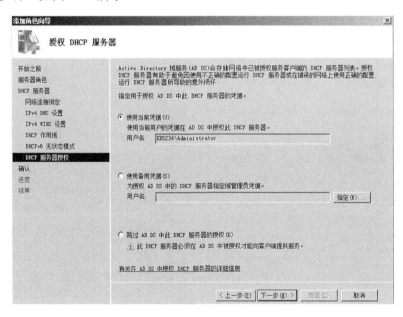

图 5-75　授权 DHCP 服务器

"确认安装选择"窗口会显示前面几步的配置信息，确认无误后单击"安装"按钮，然后可以显示安装进度信息，如图 5-76 所示。

安装完成后会在"安装结果"窗口显示安装是否成功及相关提示信息，单击"关闭"按钮，完成整个安装配置过程，如图 5-77 所示。

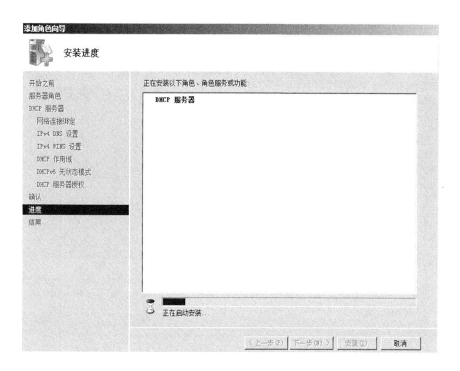

图 5-76　显示安装

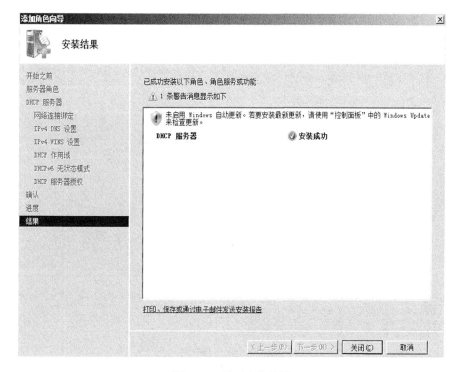

图 5-77　显示安装结果

配置 DHCP 客户机，按下图进行设置，选择"自动获得 IP 地址"，如图 5-78 所示。

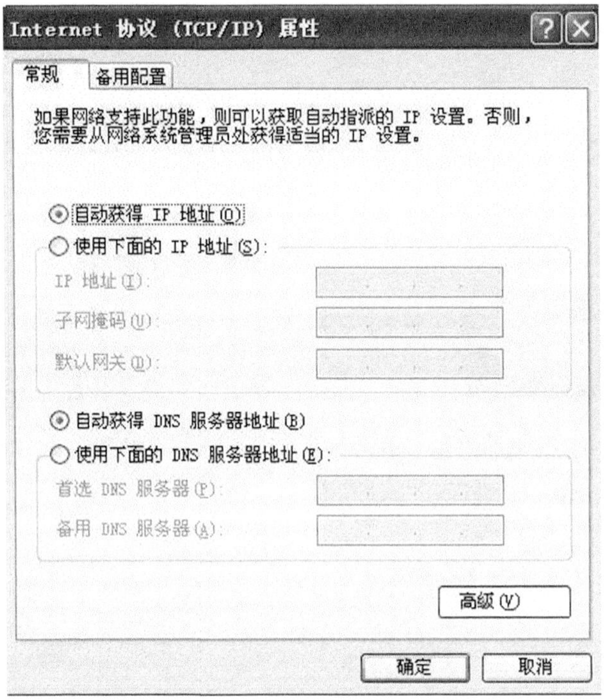

图 5-78　设置自动获取 IP 地址

配置完成后，验证是否 DHCP 客户机是否可以自动获取 IP。结果为可以成功自动获取 IP 地址，如图 5-79 所示。

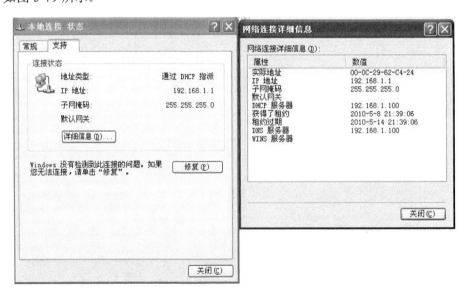

图 5-79　验证 DHCP

（2）技术要点

DHCP 服务器的 IP 地址必须固定，而不能自动获取，如图 5-80 所示。

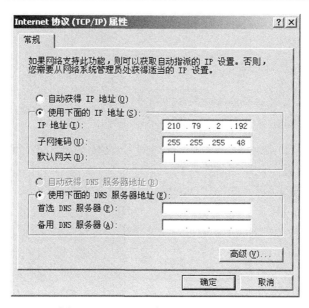

图 5-80　DHCP 服务器的 IP 地址配置

（3）指导说明

可以在实训前，将下面的资料印发给学生。

1）什么是 DHCP。在早期的网络管理中，为网络客户机分配 IP 地址是网络管理员的一项复杂的工作。由于每个客户计算机都必须拥有一个独立的 IP 地址以免出现重复的 IP 地址而引起网络冲突，因此，分配 IP 地址对于一个较大的网络来说是一项非常繁杂的工作。

为解决这一问题，导致了 DHCP 服务的产生。DHCP 是 Dynamic Host Configuration Protocol 的缩写，它是使用在 TCP/IP 通信协议当中，用来暂时指定某一台机器 IP 地址的通信协议。使用 DHCP 时必须在网络上有一台 DHCP 服务器，而其他计算机执行 DHCP 客户端。当 DHCP 客户端程序发出一个广播信息，要求一个动态的 IP 地址时，DHCP 服务器会根据目前已经配置的地址，提供一个可供使用的 IP 地址和子网掩码给客户端。这样，网络管理员不必再为每个客户计算机逐一设置 IP 地址，DHCP 服务器可自动为上网计算机分配 IP 地址，而且只有客户计算机在开机时才向 DHCP 服务器申请 IP 地址，用完后立即交回。

使用 DHCP 服务器动态分配 IP 地址，不但可以减少网络管理员手工分配 IP 地址的工作量，还能确保分配地址不重复。另外，客户计算机的 IP 地址是在需要时分配，所以提高了 IP 地址的使用率。为了更进一步了解 DHCP 的作用，下面来看一看它是如何工作的。

2）DHCP 工作原理。通常 DHCP 分配 IP 地址有三种方式。第一种是固定的 IP 地址，每一台计算机都有各自固定的 IP 地址，这个地址是固定不变的，适合网络区域当中每一台工作站的地址，除非网络结构改变，否则这些地址通常可以一直使用下去。第二种是动态分配，每当计算机需要存取网络资源时，DHCP 服务器才给予一个 IP 地址，但是当计算机离开网络时，这个 IP 地址便被释放，可供其他工作站使用。第三种是由网络管理者以手动的方式来指定。若 DHCP 配合 WINS 服务器使用，则电脑名称与 IP 地址的映射关系可以由 WINS 服务器来自动处理。

当配置为使用 DHCP 的客户计算机第一次启动时，将经历一系列步骤以获得其 TCP/IP 配置信息，并得到租约。租约是客户计算机从 DHCP 服务器接收到完整的 TCP/IP 配置，即客户计算机从 DHCP 服务器接收到 TCP/IP 配置信息每经过服务器指定的一段时间后通常要重新续租一次。

客户计算机从 DHCP 服务器获得租约的简要步骤是初始化→选择→请求→绑定。下面对这些步骤进行更详细的讨论。

寻找 Server。当 DHCP 客户端第一次登录网络的时候，也就是客户发现本机上没有任何 IP 资料设定，它会向网络发出一个 DHCPDISCOVER 包。因为客户端还不知道自己属于哪一个网络，所以该包的源 IP 地址为 0.0.0.0，而目的 IP 地址则为 255.255.255.255，然后再附上 DHCPDISCOVER 的信息，向网络进行广播。

在 Windows 的预设情形下，DHCPDISCOVER 的等待时间为 1s，也就是当客户端将第一个 DHCPDISCOVER 包送上网络后，在 1s 之内没有得到回应的话，就会进行第二次 DHCPDISCOVER 广播。若一直得不到回应，客户端会连续四次 DHCPDISCOVER 广播（包括第一次在内），除了第一次会等待 1s 之外，其余三次的等待时间分别是 9s、13s、16s。如果都没有得到 DHCP 服务器的回应，客户端就会显示错误信息，宣告 DHCPDISCOVER 的失败。之后，基于使用者的选择，系统会继续在 5min 之后再重复一次 DHCPDISCOVER 的过程。

提供 IP 地址租用。当 DHCP 服务器监听到客户端发出的 DHCPDISCOVER 广播后，会从那些还没有租出的地址范围内，选择最前面的 IP 地址，连同其他 TCP/IP 设定，回应给客户端一个 DHCPOFFER 包。由于客户端在开始的时候还没有 IP 地址，所以在其 DHCPDISCOVER 包内会带有其 MAC 地址信息，并且有一个 XID 编号来辨别该包，DHCP 服务器回应的 DHCPOFFER 包则会根据这些资料传递给要求租约的客户。根据服务器端的设定，DHCPOFFER 包会包含一个租约期限的信息。

接收 IP 租约。如果客户端收到网络上多台 DHCP 服务器的回应，只会挑选其中一个 DHCPOFFER 而已（通常是回应最先抵达的那个），并且会向网络发送一个 DHCPREQUEST 广播包，告诉所有 DHCP 服务器它将指定接收哪一台服务器提供的 IP 地址。同时，客户端还会向网络发送一个 ARP 包，查询网络上面有没有其他机器使用该 IP 地址；如果发现该 IP 地址已经被占用，客户端则会送出一个 DHCPDECLINE 包给 DHCP 服务器，拒绝接收其 DHCPOFFER，并重新发送 DHCPDISCOVER 信息。

租约确认。当 DHCP 服务器接收到客户端的 DHCPREQUEST 之后，会向客户端发出一个 DHCPACK 回应，以确认 IP 租约的正式生效，也就结束了一个完整的 DHCP 工作过程。

5.5　实训五：E-mail 服务器的搭建

1. 工作任务

E-mail 服务器的搭建。

2. 工作环境

2 台锐捷 R1700 路由器，2 台交换机（一台锐捷 2126S，一台锐捷 3550-24），6 台 PC，6 条直通 UTP 线缆（双绞线），2 条串口线缆；Windows 7/2008 Server 系统；IMail 8.01 软件；Microsoft Visio 2007。

3. 拓扑图

拓扑结构如图 5-81 所示。

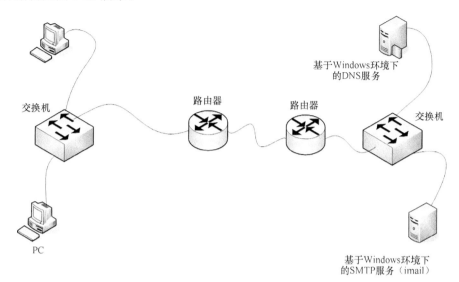

图 5-81　E-mail 服务器的搭建拓扑图

4. 工作情境

王力所在公司的规模越来越大，网上办公也开展得很好，但是员工的电子邮箱还是自己申请的公网邮箱，如 xxx@sohu.com、xxx@tom.com 等。为统一管理电子邮件以方便办公，公司领导决定搭建公司邮件服务器。公司域名 lianhe.com 申请下来后，领导要求王力尽快将公司的邮件服务器建好。

5. 工作目标

通过本次实训，掌握如下技能。

（1）网络边界确定；

（2）子网划分及子网 IP 地址分配；

（3）设备连接；

（4）IMail 安装及配置；

（5）Microsoft Outlook Express 的使用。

6. 项目组织

每 6 个人一组。每组推选一名组长担任项目经理。要求每个人必须有独立不重叠的工作，具体任务由项目经理分发，任务分发请参考"任务分解"。

7. 任务分解

本实训基于 172.20.0.1/27 网络进行 IP 地址分配。以下团队任务由项目经理分发给成员。

团队任务 1：公司网络与外部网络 IP 地址规划；

团队任务 2：互联地址规划；

团队任务 3：拓扑结构绘制；

团队任务 4：按照拓扑结构图将路由器与交换机及各机器的线缆连接起来；

团队任务 5：按照拓扑图制作两台路由器配置文档；

团队任务 6：在公司网络服务器上配置 DNS 服务；

团队任务 7：在公司网络服务器上配置邮件服务（IMail）；

团队任务 8：在公司和外部网络电脑上配置邮件客户端（Outlook）。

除上述由项目经理指定给成员任务外，各成员必须完成如下任务。

必选任务 1：通过自己的计算机的"配置"连接，配置路由器；

必选任务 2：配置各终端的 IP 地址、子网掩码及 DNS，配置邮件客户端；

必选任务 3：通过客户端收发邮件。

8. 任务执行要点

（1）主要执行过程

1）根据要求，整个实训需要 3 个子网，公司局域网与 ISP 网络各需要一个子网，互联地址需要一个子网，所以需要将 172.20.2.128/27 划分成 3 个子网。

2）按照项目要求绘制网络拓扑图。

3）根据拓扑图将路由器与交换机连接在一起，并指定成员连接各 PC 到交换机端口，完成网络工程连接。在连接过程中，请随时记录自己的线缆走向，在拓扑结构中标出各端口所连接的设备的编号。

4）各组长配置路由器基本设置（保证连通性）。

①首先进入超级终端。

②为新建的超级终端命名。

③选择连接路由器的串口为相应连接端口。

④进行端口设置（一般单击"还原默认设置"按钮即可）。

⑤键入"Enter"键进入路由器，提示符为">"，这是用户模式。

⑥输入"enable 14"，密码"student"（先前设定的）进入特权模式。

⑦输入"conf t"进入配置模式。

⑧输入"int s0"进入接口 S0，并且使用 ip address 命令为其分配 IP 地址。

⑨输入"encapsulation frame-relay IETF"将串口封装成帧中继模式；输入"frame-relay interface-dlci 112"配置帧中继的 dlci 号（在实际项目中由 ISP 提供）；输入"frame-relay lmi-type ansi"对帧中继管理模式进行配置。

⑩路由器不同于交换机，默认情况下，所有接口都处于关闭（shutdown）状态，所以在对接口进行完配置后，要使用 no shutdown 命令打开接口。

⑪输入"int e0"进入以太口 E0，并且使用 ip address 命令为其分配 IP 地址。

⑫输入"exit"由接口模式退回到配置模式，并使用 ip route 命令配置静态路由。

至此第一台路由器（R1700-F1）配置完毕，使用相同方法登录到另一台路由器（R1700-F2）进行配置，配置方式同上。

5）在公司局域网内任意找一台电脑，分别 ping 外部网络内的 3 台电脑，看是否能 ping 通。如不通，全组人员一起检查排错；如通，组长在服务器上配置邮件服务。

6）安装 IMail。双击安装文件"imtm_x86.exe"，即可进行安装。除了在选择所安装的 IMail 服务中加选 IMail Password 和 IMail Web Server 外，其他均使用默认选项。安装完成后，会提示重新启动计算机，启动完成后，就可在"开始"→"程序"→"IMail"中找到相关文件。

7）增加邮件服务器（POP3）和邮件用户。

运行 IMail Administrator，依次单击"IMail Administrator"→"localhost"，右击"localhost"按钮，在弹出的菜单中单击"Add Host"按钮。如图 5-82 所示。

图 5-82　新建主机

单击"Add Host"按钮后，打开 Virtual Host Configuration 对话框，在 Local Address 中增加一个名为"virtual001"的本地地址（见图 5-83），选中它，将 Official Host Name 改成 lianhe.com；其他项目可以不改。再单击"Save"按钮对刚做的设置进行保存，单击"Exit"按钮退出当前对话框。

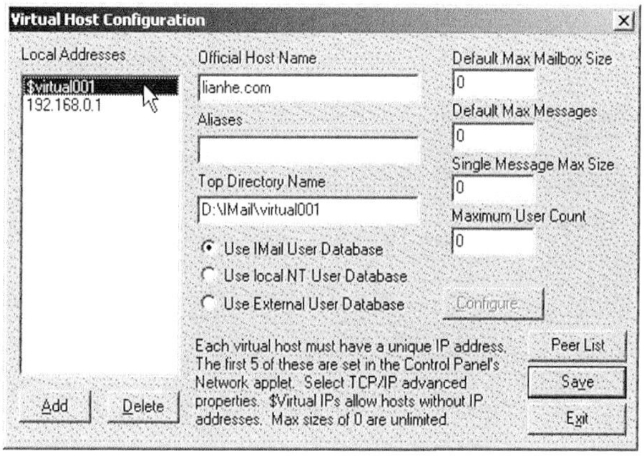

图 5-83　增加本地地址

单击图 5-82 中 localhost 前的加号，在展开的子目录中右击"Users"按钮，在弹出的快捷菜单中单击"Add users"按钮，可增加邮件用户，如图 5-84 所示。

设置 Web 登录。更改默认的 Web 登录方式邮件服务器地址：192.168.0.1 原来是指向 uc1.wy.uc.com（计算机名），如图 5-85 所示，将它改成指向 lianhe.com（见图 5-86），单击"Save"按钮保存后，再单击"Exit"按钮退出。

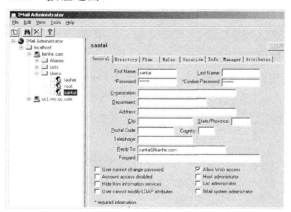

图 5-84　增加邮件用户

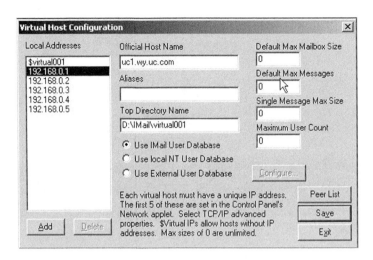

图 5-85　默认的 Web 登录方式邮件服务器地址

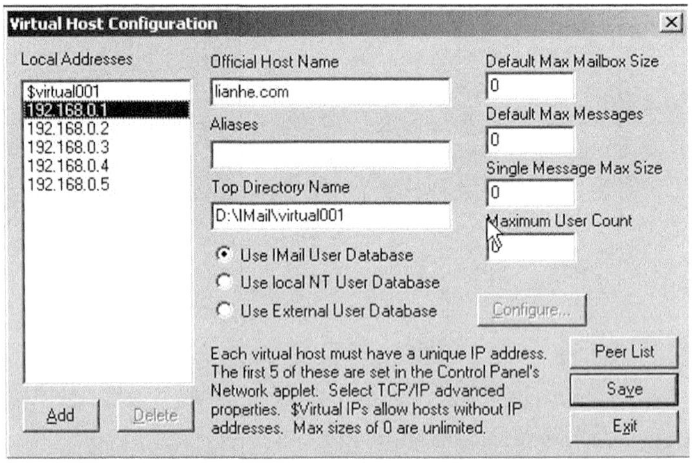

图 5-86　更改默认的 Web 登录方式邮件服务器地址

　　开启 Web 管理服务操作。单击图 5-82 中 localhost 前的"+"按钮，在展开的子目录中选择 Monitor 选项后，选中 WWW（web server），再单击"Start"按钮，在地址栏中输入"http://www.lianhe.com:8383"的 Web 主页面地址，如图 5-87 所示输入用户及密码后，登录到刚建好的邮件服务器，如图 5-88 所示。

　　Web 方式的基本操作。撰写新邮件：单击图 5-88 中的"Compose"按钮，进入发邮件的窗口。例如，给自己发一封信，如图 5-89 所示。TO 后面可以输入收件人的邮箱，CC 后面可以输入抄送人的邮箱，BCC 后面可以输入暗送人的邮箱。写好邮件后，单击"Send"按钮完成邮件的发送。

　　图 5-89 中的 Add all recipients to address book 选项意思是将所有收件人地址加到"地址簿"（address book）；可在图 5-88 中单击"Options"按钮打开图 5-90 窗口，单击"Address Book"链接进行修改。

图 5-87　Web 登录页面

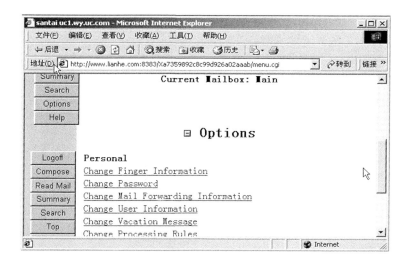

图 5-88　Web 方式登录邮件服务器

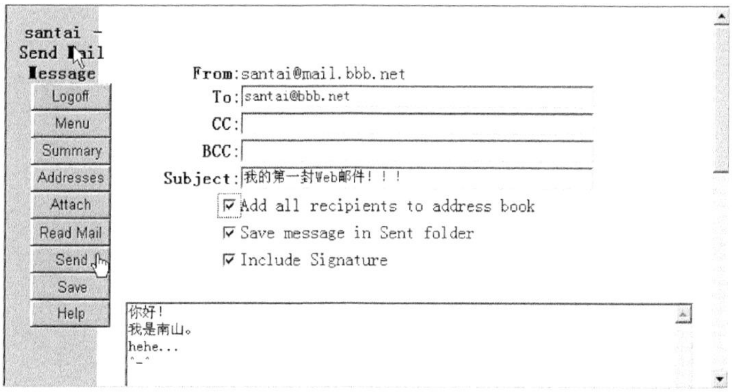

图 5-89　撰写邮件

图 5-90　修改 Options

图 5-89 中的 Save message in Sent folder 的意思是将此邮件副本保存到"已发送邮件箱"（Sent）中，可在主屏幕的 Sent 中看见。

图 5-89 中的 Include Signature 的意思是包括签名（Signature），可单击图 5-90 中"Options"的"Change Signature"链接进行修改。

发送后再单击"Menu"按钮回到主屏幕，由于收件箱中已有内容，信箱链接可以使用，如图 5-91 所示。其中的菜单和选项的含义：Logoff 表示退出 Web 方式；Compose 表示写新邮件；Read Mail 表示接收新邮件；Summary 相当于进入收件箱（Main）；Mail 表示收件箱；Sent 表示已发送邮件箱。

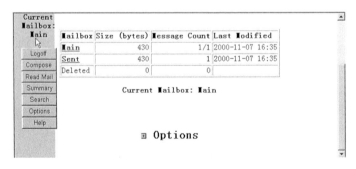

图 5-91　主屏幕

进入收件箱，单击"Read Main"或"Summary"按钮，如图 5-92 所示。

图 5-92　收件箱

在收件箱中单击邮件的标题 Subject 即可看到邮件的正文，如图 5-93 所示。

图 5-93　阅读邮件正文

默认情况下，当转发（Forward）邮件时不包括原邮件的附件，例如，欲改成包括附件，则在图 5-90 中 Options 中单击 "Preferences（主屏幕）" 链接，再选中 "Include attachments" 单选按钮即可，如图 5-94 所示。

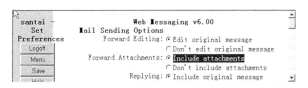

图 5-94　修改 "转发" 选项

邮件账户密码管理：通过 http://www.lianhe.com:8181 的 Web 主页面，用户可进行邮件账户密码管理，如图 5-95 所示。

图 5-95　Web 方式登录邮件服务器

8）使用 E-mail 收发工具软件。假设在邮件服务器中已经建立了一个名为 santai 的用户，则它的 E-mail 地址为 santai@lianhe.com，它的用户名为 santai，POP3 地址为 lianhe.com。中在 Outlook Express 中，单击 "工具" 菜单，选择 "账户" 选项（见图 5-96）。打开 "Internet 对话框" 对话框，如图 5-97 所示。

单击图 5-97 中的 "邮件" 标签，打开图 5-98 所示的 "Internet 连接向导" 对话框。单击 "下一步" 按钮，进入图 5-99，将 E-mail 地址输入邮件地址文本框。

图 5-96　Outlook Express 的工具菜单　　　　　图 5-97　"Internet 账户"窗口

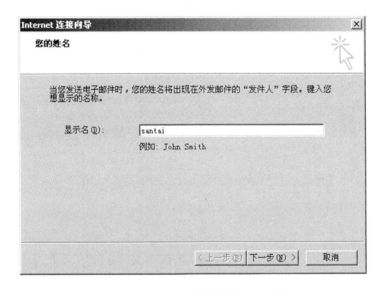

图 5-98　"Internet 连接向导"对话框

单击图 5-99 中的"下一步"按钮，进入图 5-100 中，设置接收和发送邮件服务器。

单击图 5-100 中的"下一步"按钮，完成设置。

单击 Outlook Express 常用工作栏上的"创建邮件"按钮，打开如图 5-101 所示的"新邮件"窗口，可以写邮件、发送邮件。

通过单击"工具"菜单下的命令项可以完成邮件的接收和发送操作。

（2）技术要点

1）此实训是比较综合的一个项目，注意把握好路由器的配置，以实现网间通信；

2）注意 DNS 服务器的正确搭建，以保证能够成功访问邮件服务器。

（3）指导说明

为保证实训效果，实训之前应做如下知识准备。

1）邮件服务简介

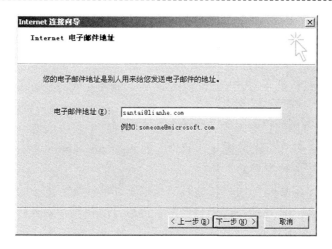

图 5-99　输入邮件地址

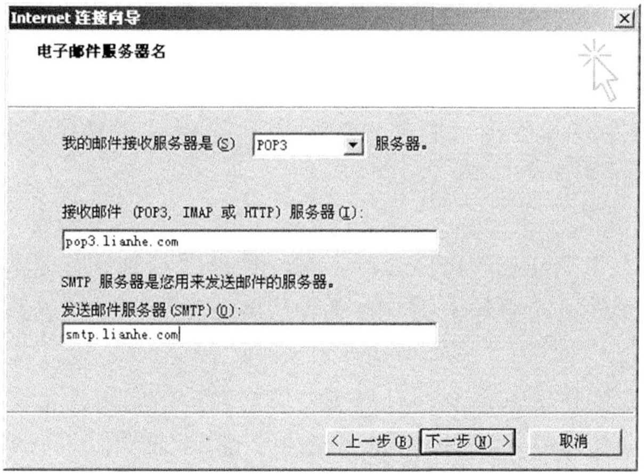

图 5-100　设置接收和发送邮件服务器

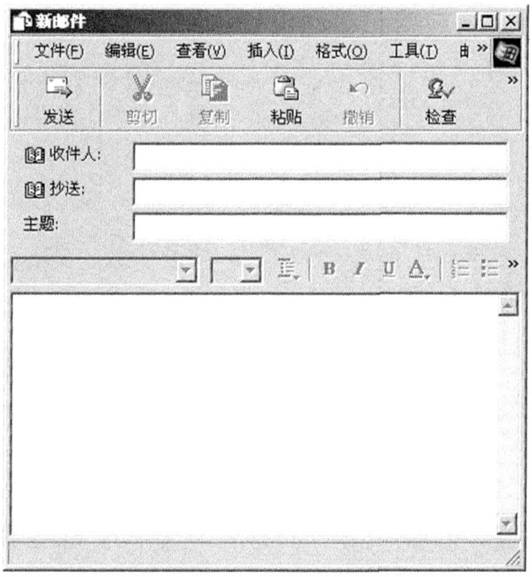

图 5-101　"新邮件"窗口

1971 年 Ray Tomlinson 发明了通过分布式网络发送消息的 E-mail 程序。E-mail 是 Internet 上的重要信息服务方式，它为世界各地的 Internet 用户提供了一种极为快速、简便和经济的通信及交换信息的方法。E-mail 的传递是用一个标准化的简单邮件传输协议 SMTP 来完成的。SMTP 是 TCP/IP 协议的一部分，概述了电子邮件的信息格式和传输处理方法。

使用 E-mail 不仅可以发送和接收英文文字信息，同样也可以发送和接收中文及其他各种语言文字信息，有些专用 E-mail 收发工具软件（如 Foxmail、Outlook Express）还可以收发图像、声音、执行程序等各种类型的文件。

每一个申请 Internet 账号的用户都会有一个电子邮件地址。电子邮件地址的典型格式是 abc@sohu.com，这里@之前是选择代表自己的字符组合或代码，@之后是提供电子邮件服务的服务商名称。

就像普通的信函需要邮局来传送一样，邮件服务也需要网络中的邮局——邮件服务器来完成信息的提交、存储、转发等一系列过程。邮件服务器是一台配置好邮件服务的计算机，例如，在 Windows Server 2008 的服务器上装上 Exchange 软件或 IMail 软件后，此服务器就可以提供邮件服务了。邮件服务器必须具有邮件存储的能力，还必须具有邮件发送与接收其他邮件服务器传来的邮件的能力，也就是说必须支持网络上通用的邮件传输协议。

2）常见邮件服务协议

SMTP（Simple Mail Transfer Protocol），是一种提供可靠且有效电子邮件传输的协议。SMTP 是建立在 FTP 文件传输服务上的一种邮件服务，主要用于传输系统之间的邮件信息并提供来信有关的通知。

SMTP 独立于特定的传输子系统，且只需要可靠有序的数据流信道支持。SMTP 重要特性之一是其能跨越网络传输邮件，即"SMTP 邮件中继"。通常，一个网络可以由公用互联网上 TCP 可相互访问的主机、防火墙分隔的 TCP/IP 网络上 TCP 可相互访问的主机，及其他 LAN/WAN 中的主机利用非 TCP 传输层协议组成。使用 SMTP，可实现相同网络上处理机之间的邮件传输，也可通过中继器或网关实现某处理机与其他网络之间的邮件传输。

在这种方式下，邮件的发送可能经过从发送端到接收端路径上的大量中间中继器或网关主机。域名服务系统（DNS）的邮件交换服务器可以用来识别出传输邮件的下一跳 IP 地址。

POP3（Post Office Protocol 3）协议，即邮局协议的第三个版本，它规定怎样将个人计算机连接到 Internet 的邮件服务器和下载电子邮件的电子协议。它是 Internet 电子邮件的第一个离线协议标准，POP3 允许用户从服务器上把邮件存储到本地主机（即自己的计算机）上，同时删除保存在邮件服务器上的邮件，而 POP3 服务器则是遵循 POP3 协议的接收邮件服务器，用来接收电子邮件的。

3）邮件管理

邮件管理有两种方式，一是可以通过浏览器，即 Web 方式进行，正如本实训中"任务执行要点"中的"主要执行过程"的第 7 步；二是可以使用 E-mail 收发工具软件，如 Foxmail、Outlook Express 等。

5.6 实训六：家庭无线网络组建

5.6.1 项目一：组建家庭无线网

1. 工作任务

组建家庭无线网。

2. 工作环境

1 台家庭用 ADSL modem，1 台 TP-Link 无线路由器（AP），1 台 PC 机，1 台装有无线网卡笔记本，Windows 7 系统。

3. 拓扑图

拓扑结构如图 5-102、图 5-103 所示。

图 5-102　家庭无线局域网组建拓扑图

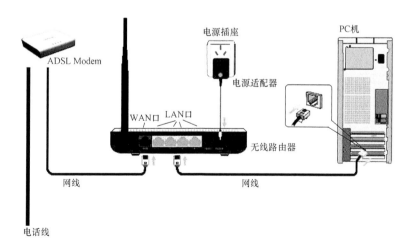

图 5-103　无线路由连接图

4. 工作情境

王力家里有一台台式 PC 机使用 ADSL 连接 Internet，后来由于工作需要他又买了一台笔记本电脑。每次使用笔记本电脑上网时，王力都要插拔网线，很不方便。为了解决这个问题——实现台式机和笔记本电脑能够同时上网，他买了一台无线路由器，很快王力在家里组建了一个无线局域网。

5. 工作目标

通过本次实训，掌握如下技能。

（1）依据拓扑图连接设备；

（2）设置 ADSL 网络连接；

（3）无线路由设置；

（4）连接无线网络。

6. 项目组织

每 6 个人一组。每组推选一名组长担任项目经理。要求每个人必须有独立不重叠的工作，具体任务由项目经理分发，任务分发请参考"任务分解"。

7. 任务分解

本实训基于 172.20.0.1/27 网络进行 IP 地址分配。以下团队任务由项目经理分发给成员。

团队任务 1：绘制拓扑图；

团队任务 2：ADSL 网络连接设置；

团队任务 3：无线路由设置；

团队任务 4：依据拓扑图连接设备；

团队任务 5：笔记本电脑无线连接。

除上述由项目经理指定给成员任务外，各成员必须完成如下任务。

必选任务 1：设置 ADSL 实现与 Internet 连接；

必选任务 2：设置无线路由器实现与 Internet 连接；

必选任务 3、4：实现 PC 机与笔记本电脑同时访问 Internet。

8. 任务执行要点

主要执行过程如下：

1）根据要求，各组首先绘制拓扑图。

2）将 PC 机与 ADSL 进行连接，实现 Internet 访问。

3）ADSL 路由设置。虽然很多 ADSL Modem 都带有路由功能，可以实现共享一个账号上网，不过，无线路由器实现路由功能要比 ADSL Modem 简单，建议用它来担任路由器。路由器说起来很专业，但家用路由器设置方法比较简单，路由器的底层设置使用默认值就行，需要设置的只有路由器的"WAN 口连接类型"。所有的无线路由器都提供了"WAN 口连接类型"设置，即连入广域网（WAN，通常是指 Internet）的方式。常用的"WAN 口连接类型"包括以下两种。

"静态 IP"，即由网络服务提供商分配一个固定地址给用户，并还会提供相应的"子网掩码"、"缺省网关地址"和 DNS 地址，只需要依据这些参数来填写就行了。这种情况适用于一部分小区宽带方式连入 Internet 的用户。

"自动获取 IP 地址"，即使用动态 IP 地址，这个 IP 地址是一般是由网络服务提供商的

DHCP 服务器动态分配的，长城宽带及大多数的小区宽带适用于这种方式。一般来说这种方式都是使用的"PPPoE"虚拟拨号，还需要填入 ADSL 账号用户名及密码。PPPoE 拨号可以是计算机上，也是可以把用户名及和密码设置在路由器中，让路由器来自动拨号（见图 5-104）。不过路由器自动拨号的前提是路由器必须支持 PPPoE 拨号功能才行，不然也只能在计算机上拨号。

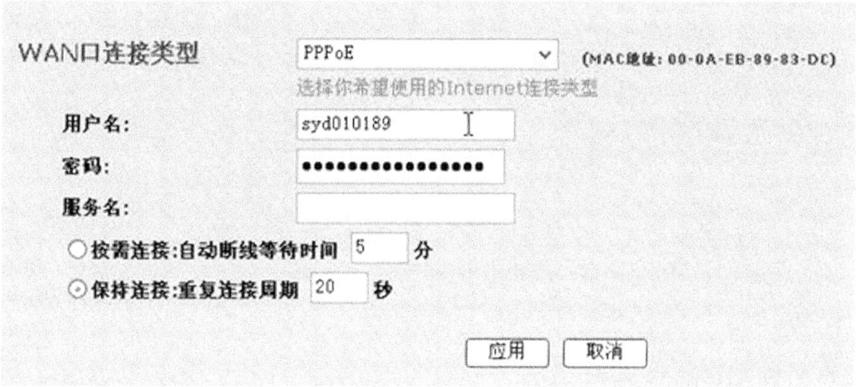

图 5-104 ADSL 设置

4）无线路由设置。不同的无线路由器的设置方法是有差别的，但一些基本内容是一样的。这里以 TP-Link 的 TL-WR245 无线路由器为例进行说明。

用网线将无线路由器与计算机连接，运行 IE 浏览器，在浏览器地址栏中键入无线路由器的初始 IP 地址，在进行用户验证之后（初始用户名和密码也印在说明书中），即可进入无线路由器的基本设置页面（见图 5-105）。

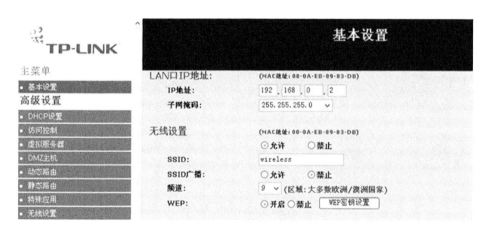

图 5-105 无线路由基本设置

配置通常来说比较简单，一般只需要用户进行基本设置，其他则可以使用默认设置。

在"无线设置"部分，首先键入 SSID 的值，TP-Link 默认的值都是"wireless"，建议修改成自己方便记忆的值，否则就等于自动放弃第一道防线了。基于同样的理由，SSID 广播也要设置为"禁止"。"WEP"设置为"开启"，然后单击"WEP 密钥设置"按钮，在弹出的"WEP密钥设置"页面（见图 5-106）进行密钥设定。

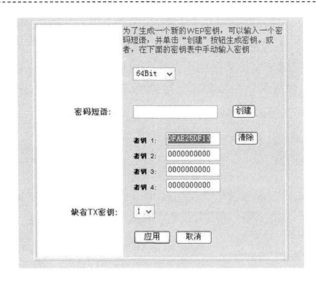

图 5-106 无线路由密钥设定

密钥常见的有 64Bit 和 128Bit 两种，家庭用 64Bit 就足够了，密钥可用密码短语和 16 进制数字，建议随机输入 16 进制数字，64Bit 密钥需要输入 10 位 16 进制数。密钥可以设置 4个，一般只用设置 1 个就可以了，这个 10 位的 16 进制密钥需要记下来，在配置客户端时要使用同样的密钥。

5）连接无线网络。启用 PC 机和笔记本电脑的无线网卡。在任务栏双击 图标，打开无线连接对话框，并单击"启用无线电"按钮，搜索无线连接，输入相应用户名及密码即可实现无线连接。至此家庭无线局域网组建完成。

5.6.2 项目二：家庭无线网络共享

1. 工作任务

家庭无线网络共享。

2. 工作环境

1 台安装无线网卡的 PC 机，1 台装有无线网卡笔记本和一部 iPhone4S 手机。

带无线网卡PC　　带无线网卡笔记本

iPhone 4S

图 5-107 家庭无线局域网共享实训拓扑图

（2）WiFi 设置。

3. 拓扑图

拓扑结构如图 5-107 所示。

4. 工作情境

王力家里有一台台式 PC 机能够使用无线网卡连接到 Internet。他新换了一部具有 WiFi 功能的 iPhone 4S 手机，为了更方便的访问网络，王力想通过无线网络的共享，使自己的笔记本电脑和手机均能够随时连接到 Internet。

5. 工作目标

通过本次实训，掌握如下技能。

（1）无线网络共享设置；

6. 项目组织

每 6 个人一组。每组推选一名组长担任项目经理。要求每个人必须有独立不重叠的工作，具体任务由项目经理分发，任务分发请参考"任务分解"。

7. 任务分解

本实训基于 172.20.0.1/27 网络进行 IP 地址分配。以下团队任务由项目经理分发给成员。

团队任务 1：绘制拓扑图；

团队任务 2：无线网络共享设置；

团队任务 3：WiFi 设置；

团队任务 4：手机 WiFi 连接；

团队任务 5：笔记本电脑无线连接。

除上述由项目经理指定给成员任务外，各成员必须完成如下任务。

必选任务 1：设置无线共享；

必选任务 2：设置 WiFi 实现与 Internet 连接；

必选任务 3、4：实现手机与笔记本电脑同时访问 Internet。

8. 任务执行要点

（1）主要执行过程

1）根据要求，各组首先绘制拓扑图。

2）无线网络共享设置。

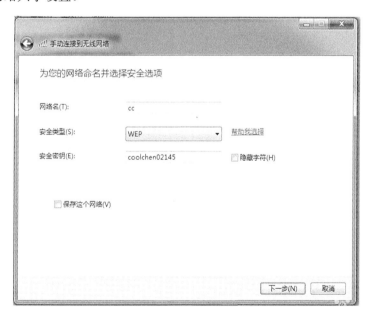

图 5-108　手动连接到无线网

打开网络共享中心，单击"管理无线网络"按钮，单击"添加"按钮，创建临时网络，设置网络名，安全类型（选 WEP），密匙。如图 5-108 所示。

打开无线网络连接，如图 5-109 所示。右击"属性"按钮，选择 TCP-IPv4，如图 5-110 所示。单击"属性"按钮，设置 IP 地址为 192.168.137.1（注：只要是 192.168.*X*.1 都可以），子网 255.255.255.0，DNS 请根据本地运营商设置（查看 DNS 为"开始"→"CMD"→"ipconfig/all"）。如图 5-111 所示。

图 5-109　选择无线网络连接

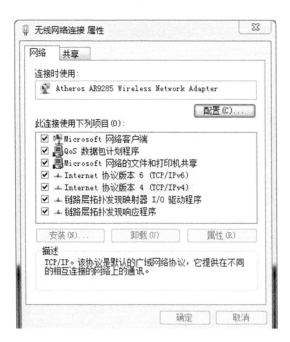

图 5-110　打开无线网络连接属性

　　打开宽带连接，右击"属性"按钮，选择共享，把"允许其他网络用户通过此计算机的internet 来连接"勾上，如图 5-112 所示。家庭网络连接选择无线网卡（这里是无线网络连接）。

注：这步是打开 ICS 共享，本例是 ADSL 拨号，所以是共享拨号连接，如果是小区宽带或者是静态 IP
地址，请直接共享本地连接，不需要拨号。

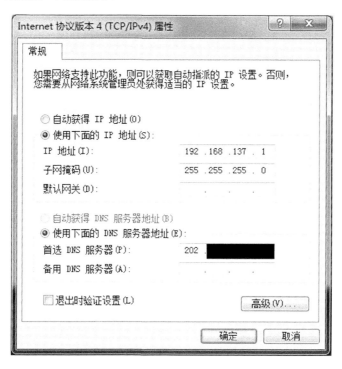

图 5-111 设置 IP 地址

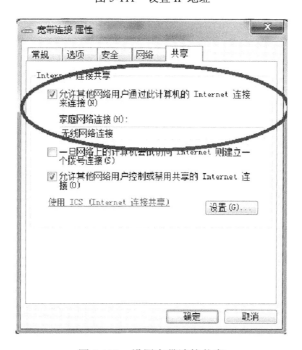

图 5-112 设置宽带连接共享

PC 端设置完成，如果一切正常的话，页面如图 5-113 所示。

图 5-113 PC 端设置完成状态

3）手机端 Wi-Fi 设置。最后是手机端，如果前面设置都没错的话，打开手机 Wi-Fi，填好密码，Wi-Fi 会自动搜索，一般情况下都可以正常上网了，如图 5-114 所示。如果不能上网，看看网络共享是否有问题（注：手机端 IP 地址出现以 169.254 开头的那么就是 DHCP 没有工作，请去无线网络 TCP 重设。还有很重要的一点，无线网卡一定要开 802.11N 兼容模式，否则会出现无法获取 IP 的情况）。

图 5-114 iPhone 手机 WiFi 连接

正常设置连接后如图 5-115 所示，如果没共享宽带连接的话正常局域网是可以连接 ITUNES 的。

图 5-115　连接 ITUNES

（2）技术要点

1）此实训是比较简单但应用比较广泛的一个项目；

2）注意把握好 ADSL 和无线路由器的配置，以实现家庭无线网络的组建。

（3）指导说明

为保证实训效果，实训之前应做如下知识准备。

新兴家庭网络技术简介。

1）家庭网络概述。家庭网络（Home Network）是近年来随着 Internet 的普及和通信技术发展出现的一个新概念，它是计算机、家电、通信等多种技术相结合的产物，是在家庭范围内将计算机、信息家电、照明系统、安全报警系统等互相连接，组成一个家庭内部的网络，并与广域网相连接，在家庭内部及家庭与广域网之间提供集成的话音、数据、多媒体、控制和管理功能的一种崭新的组网和应用技术。

目前家庭网络接入广域网的方式包括以太网、ADSL、FTTH、有线电视电缆接入等，宽带接入正在向语音、视频、数据三重业务整合（Triple-Play）发展，随着这种捆绑业务的日益流行，不久以后，用户将能获得遍及整个家庭的涵盖娱乐、通信、数据的更广范围的服务。而要获得这样的服务，用户必须在家庭内部首先构建相适应的基础网络设施，其安装必须简便，价格必须合理。另外，要能够提供高吞吐量以传输如高清晰电视等高质量音频、视频内容，还必须提供 QoS 以确保流畅的、不间断的数据传输。

然而，直到现在，在家庭中连接计算机和外围设备的技术并不适合于传输多媒体业务，例如，以太网技术，目前能提供至少 100Mb/s 甚至 1000Mb/s 的连接速度，虽有足够能力传输多媒体内容，但除了新建建筑，并不是在任何地方都易于施工和安装。802.11x（WiFi）技术虽然提供了一定的无线数据业务传输能力，但是在传输高质量视频、音频数据时却缺乏所需的带宽和 QoS，并且 802.11x 技术迄今为止仍然无法保证在家庭中传输信号的稳定性。随着多媒体数据传输的需求日益增强，对网络的吞吐量、传输质量、延时控制等都提出了更高的要求。除了上述方法之外，包括 IEEE 1394、蓝牙、HomePlug，HomePNA，MoCA，802.11n，以及 UWB（超宽带）、60GHz 无线技术等在内的其他一些新兴的有线和无线技术也正在组建家庭网络中逐步得以实现和应用。

　　2）几种新兴的家庭网络技术

　　目前正处于开发中的许多新兴技术将更适合于家庭网络中的多媒体业务，基于这些新技术的产品将更易于安装，支持语音、视频、数据三重业务整合（Triple-Play）所需的速度和 QoS。这些新兴技术包括有线技术和无线技术两类，其中 HomePNA、HomePlug、MoCA 等属于有线技术，802.11n、UWB、60GHz 等属于无线技术。

　　HomePNA 技术。HomePNA（Home Phone line Networking Alliance，家庭电话线网络联盟）于 1998 年由 3Com、AMD、IBM 等 11 家公司共同建立，目前成员已经超过 100 家，覆盖网络、通信、硬件、软件和消费电子等行业领域。其目的是利用现有电话线路，以类似于以太网的技术提供一种低成本高宽带网络的解决方案。HomePNA 技术利用现有电话线传输宽带数据信号，无需重新布线，满足用户宽带上网的要求，采用以太网 CSMA/CD 协议、频分复用技术实现上网的同时不会影响电话使用和收发传真。

　　HomePlug 技术。HomePlug 技术（家庭插座电力线联盟）的推进者包括美国 Arkados、美国 Conexant 系统、美国 Intellon 及夏普 4 家公司。使用 HomePlug 技术，家庭中的电源线将作为家庭网络基础设施，通过覆盖于整个家庭的电源线，进行家庭内部音频、视频、数据业务的传输。用户只需简单地将 HomePlug 适配器插入一个标准的电源插座，然后将基于以太网、USB、WiFi 标准的计算机或其他设备（如宽带路由器）与该适配器连接，家庭里另一地点安装了 HomePlug 适配器的设备将立即能通过电源线与之建立网络连接。

　　MoCA 技术。MoCA（Multimedia over Coax Alliance，同轴电缆多媒体联盟）成立于 2004 年 1 月，创立者为 Cisco、Comcast、EchoStar、Entropic、Motorola 与 Toshiba 等。MoCA 技术采用目前有线电视 CATV 使用的同轴电缆，因此无需另行布线、施工，就可在家庭内的 PC 和 A/V 产品之间构建高速的家庭网络。同轴电缆家庭网络架设完成后，个人计算机与电视、数字录放机、DVD、D-VHS、CD、MP3 播放机等设备，将可彼此共享数字内容。MoCA 技术在标准同轴电缆连接上支持高达 270Mb/s 的连接速度，及三重播放（Triple-Play）所需的 QoS。这个带宽将允许多台计算机共享一个宽带电缆调制解调器来传输多个 HDTV 视频流。

　　802.11n 技术。802.11n 是下一代的无线网络技术的标准，在高吞吐量上有比较大的突破，可提供支持对带宽最为敏感的应用所需的速率、覆盖范围和可靠性。802.11n 结合了多种技术，其中包括 Spatial Multiplexing MIMO（空间多路复用多入多出）、OFDM、20MHz 和 40MHz 信道和双频带（2.4 GHz 和 5 GHz），以便形成很高的速率，同时又能与以前的 IEEE 802.11a/b/g 设备兼容。802.11n 通过采用这些技术，能够获得高达 320Mb/s 的传输速率及 108Mb/s 的净传输速率，在不久的将来，这种技术将支持高达 540Mb/s 甚至 600Mb/s 的多媒体数据传输率。

　　802.11n 目前处于一种"标准滞后、产品早产"的状况，802.11n 标准 1.0 版草案于 2006 年 3 月份被定为工作草案，2007 年 7 月 IEEE 通过 2.05 版本草案，2008 年 1 月通过 3.02 版标准草案。802.11n 最终标准还尚未得到 IEEE 的正式批准，但采用 MIMO OFDM 技术的厂商已经很多，包括 Airgo、Bermai、Broadcom 及杰尔系统、Atheros、思科、Intel 等，产品包括无线网卡、无线路由器等，而且已经大量在 PC 机、笔记本电脑中应用。

UWB 技术。UWB（Ultra Wide Band，超宽带）技术是一种使用 1GHz 以上频宽的先进的无线通信技术，虽然是无线通信，但其拥有 100Mb/s 到 2Gb/s 的数据速率。UWB 的特点在于不使用电波，这与之前的无线通信截然不同，由于原来的无线通信在通信时需要连续发出电波，自然要消耗电能，而 UWB 是发出瞬间尖波形电波，也就是所谓的脉冲电波直接按照 0 或 1 发送出去，由于只在需要时发送出脉冲电波，因而大大减少了耗电量。

60GHz 无线技术。60GHz 无线技术是由 LG、松下、NEC、三星电子、索尼及东芝公司组成的 WirelessHD 小组推动的组建家庭网络的另一无线技术，这种技术使用尚未被批准的 60GHz 频段，在 10m 范围内，以高达 5Gb/s 的速度在家庭内的娱乐设备之间传送未经压缩的高清视频和音频数据。

习　题

一、选择题

1．电子邮件系统的核心是（　　）

　　A．电子邮箱　　　　B．邮件服务器　　　C．邮件地址　　　D．邮件客户机软件

2．下列不属于电子邮件协议的是（　　）

　　A．POP3　　　　　B．SMTP　　　　　C．SNMP　　　　D．IMAP

3．电子邮件地址 zhang@163.com 中没有包含的信息是（　　）

　　A．发送邮件服务器　　　　　　　　B．接收邮件服务器

　　C．邮件客户机　　　　　　　　　　D．邮箱所有者

4．下列 E-mail 地址格式不合法的是（　　）

　　A．zhang@@sise.com.cn　　　　　　B．ming@163.com

　　C．jun%sh.online.sh　　　　　　　D．zh_mjun@eyou.com

5．下面选项中表示超文本传输协议的是（　　）

　　A．RIP　　　　　　B．HTML　　　　　C．HTTP　　　　D．ARP

6．在 Internet 上浏览时，浏览器和 WWW 服务器之间传输网页使用的协议是（　　）

　　A．SMTP　　　　　B．HTTP　　　　　C．FTP　　　　　D．Telnet

7．在 WINDOWS 系统中下列哪个 URL 的表达方式是错误的（　　）

　　A．http://www.sise.com.cn　　　　　B．ftp://172.16.3.250

　　C．rtsp://172.16.102.101/hero/01.rm　　D．http:www.sina.com.cn

8．超文本 HTML 的概念是指（　　）

　　A．包含有许多文件的文本　　　　　B．Internet 网上传输的文本

　　C．包含有多种媒体的文本　　　　　D．包含有链接关系的文本

二、填空题

1．在 TCP/IP 互联网中，WWW 服务器与 WWW 浏览器之间的信息传递使用_____协议。

2．WWW 服务器上的信息通常以_____方式进行组织。

3．URL 一般由三部分组成，它们是_____、_____和_____。

4．WWW 服务通过 HTML 和_____两种技术为基础，为用户提供界面一致的信息浏览系统，实现各种信息的链接。

5．DNS 实际上是一个服务器软件，运行在指定的计算机上，完成_____的映射。

6．SMTP 服务器通常在_____的_____端口守候，而 POP3 服务器通常在_____的_____端口守候。

7．在 TCP/IP Internet 中，电子邮件客户端程序向邮件服务器发送邮件使用_____协议，电子邮件客户端程序查看邮件服务器中自己的邮箱使用_____或_____协议，邮件服务器之间相互传递邮件使用_____协议。

8．将电子邮件从 Mail Server 上取回，需要使用的协议是_____。

9．电子邮件系统主要由_____、_____和_____等三部分组成。

10．SMTP 邮件传递过程大致分成_____、_____和_____三个阶段。

三、问答题

1．请简述 WEB 服务器和 WEB 浏览器的工作原理。

2．请简述电子邮件的传输过程。

四、实训题

某单位已有一个 50 用户的有线局域网。由于业务的发展，现有的网络不能满足需求，需要增加 20 个用户（有台式机也有笔记本）的网络连接。原有的网络已通过 ADSL 宽带上网，增加的用户也要能够访问 Internet。现结合该单位的实际情况组建无线局域网，具体拓扑如图 5-116 所示。

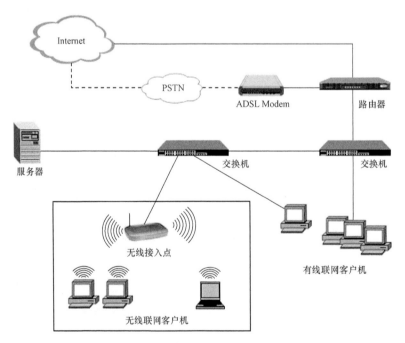

图 5-116　组建无线局域网连接示意图

附 录 A　网 络 安 全 常 识

1. 什么是网络安全？

国际标准化组织（ISO）引用 ISO74982 文献中对安全的定义是这样的，安全就是最大程度地减少数据和资源被攻击的可能性。Internet 的最大特点就是开放性，对于安全来说，这又是它致命的弱点。

网络安全是一门涉及计算机科学、网络技术、通信技术、密码技术、信息安全技术、应用数学、数论、信息论等多种学科的综合性学科。

网络安全是指网络系统的硬件、软件及其系统中的数据受到保护，不受偶然的或者恶意的原因而遭到破坏、更改、泄露，系统连续可靠正常地运行，网络服务不中断。

网络安全从其本质上来讲就是网络上的信息安全。从广义来说，凡是涉及网络上信息的保密性、完整性、可用性、真实性和可控性的相关技术和理论都是网络安全的研究领域。

网络安全的具体含义会随着"角度"的变化而变化。例如，从用户（个人、企业等）的角度来说，他们希望涉及个人隐私或商业利益的信息在网络上传输时受到机密性、完整性和真实性的保护，避免其他人或对手利用窃听、冒充、篡改、抵赖等手段侵犯用户的利益和隐私。

从网络运行和管理者角度说，他们希望对本地网络信息的访问、读写等操作受到保护和控制，避免出现"后门"、病毒、非法存取、拒绝服务和网络资源非法占用和非法控制等威胁，制止和防御网络黑客的攻击。

对安全保密部门来说，他们希望对非法的、有害的或涉及国家机密的信息进行过滤和防堵，避免机要信息泄露，避免对社会产生危害，对国家造成巨大损失。

从社会教育和意识形态角度来讲，网络上不健康的内容，会对社会的稳定和人类的发展造成阻碍，必须对其进行控制。

2. 什么是计算机病毒？

计算机病毒是指编制者在计算机程序中插入的破坏计算机功能或者破坏数据，影响计算机使用并且能够自我复制的一组计算机指令或者程序代码。

3. 什么是木马？

木马是一种带有恶意性质的远程控制软件。木马有两个程序组成，一个是服务器（server）程序，即被控制端；一个是客户端（client）控制器程序，即控制端。当计算机运行了服务器后，恶意攻击者可以使用控制器程序进入计算机，通过指挥服务器程序达到控制该计算机的目的。千万不要小看木马，它可以锁定受控计算机的鼠标、记录其键盘按键、修改注册表、远程关机、重新启动等。

与一般的病毒不同，木马程序不会自我繁殖，也不"刻意"地去感染其他文件，它的主要作用是向施种木马者打开被种者计算机的门户，使对方可以任意毁坏、窃取该计算机的文件，甚至远程操控该计算机。

4. 什么是防火墙？它是如何确保网络安全的？

使用防火墙（Firewall）是一种确保网络安全的方法。防火墙是指设置在不同网络（如可信任的企业内部网和不可信的公共网）或网络安全域之间的一系列部件的组合。它是不同网络或网络安全域之间信息的唯一出入口，能根据企业的安全策略控制（允许、拒绝、监测）出入网络的信息流，且本身具有较强的抗攻击能力。它是提供信息安全服务，实现网络和信息安全的基础设施。

5. 什么是后门？为什么会存在后门？

后门（Back Door）是指一种绕过安全性控制而获取对程序或系统访问权的方法。在软件的开发阶段，程序员常会在软件内创建后门以便可以修改程序中的缺陷。如果后门被其他人知道，或是在发布软件之前没有删除，那么它就成了安全风险，容易被黑客当成漏洞进行攻击。

6. 什么是入侵检测？

入侵检测（Intrusion Detection），即对入侵行为的检测，它从计算机网络系统中的若干关键点收集信息，并分析这些信息，检查网络中是否有违反安全策略的行为和遭到袭击的迹象。入侵检测是防火墙的合理补充，帮助系统对付网络攻击，扩展系统管理员的安全管理能力（包括安全审计、监视、进攻识别和响应），提高信息安全基础结构的完整性。被认为是防火墙之后的第二道安全闸门。

7. 什么是 NIDS？

NIDS（Network Intrusion Detection System）即网络入侵检测系统，主要用于检测 Hacker 或 Cracker 通过网络进行的入侵行为。NIDS 的运行方式有两种，一种是在目标主机上运行以监测其本身的通信信息，另一种是在一台单独的机器上运行以监测所有网络设备的通信信息，如集线器、路由器等。

8. 什么是数据包监测？有什么作用？

数据包监测可以被认为是一根窃听电话线在计算机网络中的等价物。当某人在"监听"网络时，他们实际上是在阅读和解释网络上传送的数据包。例如，在 Internet 上通过计算机发送一封电子邮件或请求下载一个网页，这些操作都会使数据通过发送方和接收方之间的许多计算机。这些计算机都能够看到发送方所发送的数据，而数据包监测工具就允许某人截获数据并且查看它。

9. 什么叫 SYN 包？

TCP 连接的第一个包，非常小的一种数据包。SYN 攻击包括大量此类的包，由于这些包看上去来自实际不存在的站点，因此无法有效进行处理。

当两台计算机在 TCP 连接上进行会话时，连接一定会首先被初始化。完成这项任务的包叫作 SYN。一个 SYN 包简单的表明另一台计算机已经做好了会话的准备。只有发出服务请求的计算机才发送 SYN 包。所以如果仅拒绝进来的 SYN 包，它将终止其他计算机打开使用者计算机上的服务，但是如果它没有拒绝使用者发送的 SYN 包，就不会终止使用者使用其他计算机上的服务。

10. 什么是 VPN？

VPN（Virtual Private Network）即虚拟专用网络，指的是依靠 ISP（Internet 服务提供商）和其他 NSP（网络服务提供商），在公用网络中建立专用的数据通信网络的技术。在虚拟专用网中，任意两个节点之间的连接并没有传统专网所需的端到端的物理链路，而是利用某种公众网的资源动态组成的。VPN 属于远程访问技术，它实质上是利用加密技术在公网上封装出一个数据通讯隧道。有了 VPN 技术,用户无论是在外地出差还是在家中办公,只要能上 Internet 就能利用 VPN 非常方便地访问内网资源。

11. 什么是加密技术?

加密技术是最常用的安全保密手段,利用技术手段把重要的数据变为乱码(加密)传送,到达目的地后再用相同或不同的手段还原(解密)。

加密技术包括算法和密钥两个元素。算法是将普通的信息或者可以理解的信息与一串数字(密钥)结合,产生不可理解的密文的步骤;密钥是用来对数据进行编码和解密的一种算法。在安全保密中,可通过适当的加密技术和管理机制来保证网络的信息通信安全。

12. 什么是网络安全扫描技术?

网络安全扫描技术是采用积极的、非破坏性的办法来检验系统安全性的方法,是指使用一系列的模拟脚本远程检测目标网络或本地主机的安全弱点。通过网络安全扫描,系统管理员能够发现各种服务器端口的分配、开放的服务、有背安全规则的设置及系统在 Internet 上呈现的安全漏洞。网络安全扫描技术与防火墙、安全监控系统互相配合为网络提供很高的安全性。

13. 什么是 DDoS?

DDoS 是分布式拒绝服务攻击。它使用与普通的拒绝服务攻击同样的方法,但是发起攻击的源是多个。通常攻击者使用下载的工具渗透无保护的主机,当获得该主机的适当的访问权限后,攻击者在主机中安装软件的服务或进程(以下简称代理)。这些代理保持睡眠状态,直到从它们的主控端得到指令,对指定的目标发起拒绝服务攻击。随着危害力极强的黑客工具的广泛传播使用,分布式拒绝服务攻击可以同时对一个目标发起几千个攻击。单个的拒绝服务攻击的威力也许对带宽较宽的站点没有影响,而分布于全球的几千个攻击将会产生致命的后果。

14. 局域网内部的 ARP 攻击是指什么?

ARP 协议的基本功能就是通过目标设备的 IP 地址,查询目标设备的 MAC 地址,以保证通信的进行。基于 ARP 协议的这一工作特性,黑客向对方计算机不断发送有欺诈性质的 ARP 数据包,数据包内包含有与当前设备重复的 MAC 地址,使对方在回应报文时,由于简单的地址重复错误而导致不能进行正常的网络通信。一般情况下,受到 ARP 攻击的计算机会出现两种现象,第一种是不断弹出"本机的 XXX 段硬件地址与网络中的 XXX 段地址冲突"的对话框,第二种是计算机不能正常上网,出现网络中断的症状。由于这种攻击是利用 ARP 请求报文进行"欺骗"的,所以防火墙会误以为是正常的请求数据包,不予拦截。因此普通的防火墙很难抵挡这种攻击。

15. 什么叫欺骗攻击?它有哪些攻击方式?

网络欺骗的技术主要有蜜罐(Honey Pot)和分布式蜜罐、欺骗空间技术等。主要方式有 IP 欺骗、ARP 欺骗、DNS 欺骗、Web 欺骗、电子邮件欺骗、源路由欺骗(通过指定路由,以假冒身份与其他主机进行合法通信或发送假报文,使受攻击主机出现错误动作)、地址欺骗(包括伪造源地址和伪造中间站点)等。

16. 什么是计算机信息系统安全?

计算机信息系统安全包括实体安全、运行安全、信息安全和人员安全等几个部分。

(1)实体安全(或称物理安全)。在计算机系统中,计算机及其相关的设备、设施(含网络）统称为计算机信息系统的"实体"。"实体安全"是指保护计算机设备、设施（含网络）及其他媒体免遭地震、火灾、水灾、雷电、噪声、外界电磁干扰、电磁信息泄露、有害气体和其他环境事故（如电磁污染等）破坏的措施、过程。实体安全包括环境安全、设备安全和媒体安全三个方面。

对计算机信息系统实体的威胁和攻击，不仅会造成国家财产的重大损失，而且会使信息系统的机密信息严重泄漏和破坏。因此，对计算机信息系统实体的保护是防止对信息威胁和攻击的首要一步，也是防止信息威胁的屏障。

（2）运行安全。计算机信息系统的运行安全包括系统风险管理、审计跟踪、备份与恢复、应急四个方面的内容。系统的运行安全是计算机信息系统安全的重要环节，是为保障系统功能的安全实体，其目标是保证系统能连续、正常地运行。

（3）信息安全。所谓计算机信息系统的信息安全是指防止信息资产被故意的或偶然的非法授权泄露、更改、破坏或信息被非法辨识、控制、确保信息的保密性、完整性、可用性、可控性。针对计算机信息系统中信息存在形式和运行特点，信息安全包括操作系统安全、数据库安全、网络安全、病毒防护、访问控制、加密与鉴别等七个方面。

（4）人员安全。人员安全主要是指计算机使用人员的安全意识、法律意识、安全技能等。所以计算机管理和操作人员必须要经过专业技术培训，熟练掌握计算机安全操作技能，熟知计算机安全相关的法律知识，以确保计算机信息系统的正常运行。

17. 计算机网络安全及防范措施有哪些？

由于TCP/IP协议是公开发布的，数据包在网络上通常是明码传送，容易被窃听和欺骗；网络协议本身也存在安全缺陷；网络结构上存在安全缺陷，如以太网的窃听；攻破广域网上的路由器来窃听；网络服务的漏洞，如WWW服务、E-mail服务等都有漏洞，网络的复杂性会出现很多难以想象的漏洞。网络的复杂性表现在主体系统配置、信任网络关系、网络进出难以控制等。网络攻击者正是利用这些不安全因素来攻击网络的。计算机网络系统的安全威胁同时来自内、外两个方面，这里只介绍外部威胁。

（1）自然灾害。计算机信息系统仅仅是一个智能的机器，易受火灾、水灾、风暴、地震等破坏及环境（温度、湿度、振动、冲击、污染）的影响，目前，不少计算机房并没有防震、防火、防水、避雷、防电磁泄漏或干扰等措施，接地系统疏于周到考虑、抵御自然灾害和意外事故的能力较差，日常工作中因断电使设备损坏、数据丢失的现象时有发生。

（2）黑客的威胁和攻击。所谓"黑客（Hacker）"就是一些计算机系统、计算机应用软件及网络的专业程序员和网络专家，他们是善于思考、喜欢自由探索的计算机高手。随着计算机网络在生活中的日益深入，"黑客"被越来越多的人所熟知，也越来越被人们厌恶。许多国家都在打击"黑客"的违法犯罪。

"黑客"的种类很多，他们有着不同的心理。一般的"黑客"都是追求网络的自由，追求高超的技术。狂热地探索计算机系统奥妙，以破解密码为乐趣，非法侵入计算机禁区，任意浏览，窥探秘密，但一般不进行大规模的破坏活动，而是公布这一事实，让人们注意技术漏洞。但是这样的"黑客"数量不多，多数"黑客"都是利用自己高超熟练的技术对网络及计算机进行破坏，给很多计算机和网络都造成了不小的麻烦。2000年2月7日到9日，美国雅虎、亚马逊等八大电子商务网站遭受大规模计算机"黑客"侵袭，"黑客"使用了"分布式拒绝服务"的进攻手段，造成12亿美元的损失。有人称之为网络时代的"珍珠港事件"。随后，欧洲、南美洲的一些重要网站及中国最大的新闻网站新浪网也分别宣布遭到"黑客"的袭击。电子恐怖分子给世界敲响了警钟。

（3）垃圾邮件和黄毒泛滥。一些人利用电子邮箱地址的"公开性"和系统的"可广播性"进行商业、宗教、政治、色情等活动，把自己的电子邮件强行"塞入"别人的邮箱，甚至塞满，强迫人家接收他们的垃圾邮件。

（4）经济和商业间谍。通过信息网络获取经济和商业情报的信息威胁大大增加，大量的国家和社会团体组织上网丰富了网上内容的同时，也为外国情报收集者提供了捷径，通过访问公告牌、网页及内部电子邮箱，利用信息网络的高速信息处理能力，进行信息相关分析获取情报。

（5）电子商务和电子支付的安全隐患。计算机信息网络的电子商务和电子支付的应用，为人们展现了一幅美好的前景，但由于网上安全措施和手段的缺乏，阻碍了其快速的发展。一定要将"警卫"配备齐全，再开始运行。

（6）信息战的严重威胁。信息技术从根本上改变了进行战争的方法，信息武器已经成为继原子武器、生物武器、化学武器之后的第四类战略武器。

在海湾战争中，信息武器首次进入实战。伊拉克的指挥系统吃尽了美国的大亏，仅仅是在购买的智能打印机中，被塞进一片带有病毒的集成电路芯片，加上其他的因素，最终导致系统崩溃，指挥失灵，几十万伊军被几万联合国维和部队俘虏。美国的维和部队还利用国际卫星组织的全球计算机网络，为其建立军事目的的全球数据电视系统服务。

可见，未来国与国之间的对抗首先是信息技术的较量。网络信息安全，应该成为国家的安全前提。

要使网络能够正常的运行，就必须安装相应的防火墙、身份认证系统和网络管理系统。安装有效的防病毒软件，并且定期更新升级。这样才能有效地防止病毒、"黑客"程序侵入自己的计算机。其次，经常变换自己的网络密码、收到邮件首先用杀毒软件进行查杀，然后再打开阅读、不轻易在网上发送自己的信用卡资料、不在不稳定的网站下载软件等。这些都是有效保护自己计算机信息安全的可行措施。

18. 全国青少年网络文明公约的具体内容是什么？

为增强青少年自律意识和自护能力，保障其健康成长，团中央、教育部、文化部、国务院新闻办、全国青联、全国学联、全国少工委、中国青少年网络协会于 2001 年联合推出《全国青少年网络文明公约》。公约内容如下：

要善于网上学习，不浏览不良信息；
要诚实友好交流，不侮辱欺诈他人；
要增强自护意识，不随意约会网友；
要维护网络安全，不破坏网络秩序；
要有益身心健康，不沉溺虚拟时空。

19. 青少年如何提高网络自护意识和能力？

网上的有害内容已成为吞噬部分青少年身心的"电子海洛因"。"电子海洛因"给青少年带来的伤害不是个别的，更不是轻微的，已构成了严重的社会问题。对青少年进行网络安全与道德教育既是一个教育问题，同时也是一个综合性的社会问题。需要家长、学校、政府、Internet 企业等各方面的共同配合，更需要青少年自觉地增强自护意识和自护能力。

（1）端正对计算机网络的态度。信息时代，计算机、Internet 成了我们学习、生活、工作的智能化工具，但是，智能再高也是由人设计、制造、使用的工具，无论什么时候，人不可变成物的奴隶，更不能丢弃人类文明的本性！不能被计算机诱惑而去践踏下列基本价值，包括诚实、自由、平等、相互信任、爱情、尊重法律和他人的权利及幸福。因为这些基本价值正是一个文明社会赖以生存的基础和希望。现代生活离不开计算机网络，但美好、健康的生活需要丰富多彩的内容，需要郊野的绿色，需要山林的空气，需要踏青的快乐，需要秋收的金色，需要温馨的亲情，需要音乐的陶冶，需要身心的健康，还需要读书学习。这一切美好的东西不可能"e 网打尽"。对于计算机网络等现代化工具，保持一种讲求实际、不慕虚荣、掌握技术、适度使用的心态为好。青少年网民们不应该成为网络的奴隶，而要成为网络的主人。

（2）不做"网虫"，避开"网害"侵扰。涉世不深，判断能力和自护能力较差的青少年，经不住网络的诱惑，上网成瘾，直至成为"网痴"、"网虫"。这些"网虫"有以下一些特点。

1）上网时间失控，总觉得时间短不满足；

2）每天最大的愿望就是上网，想的、聊的主要内容也是网上的事；

3）在网上全神贯注，到网下迷迷糊糊，学习成绩明显下降；

4）有点时间就想上网，饭可以不吃，觉可以不睡，网不能不上；

5）对家长和同学、朋友隐瞒上网的内容；

6）与家长、同学的交流越来越少，与网友的交流越来越多；

7）泡网吧的主要目的是网上聊天、玩网络游戏，有人甚至是为了浏览不良信息；

8）为了上网甘冒风险，撒谎、偷窃、逃学、离家出走。

（3）网络"防火墙"要筑在头脑里。

1）上网时，不要发出能确定自己身份的信息，主要包括电子信箱地址、家庭地址、家庭电话号码、家庭经济状况、网上账号、信用卡号码和密码、父母职业、自己和父母的姓名、学校的名称和地址等。这些信息不能提供给聊天室或公告栏。如果特别想给出，绝不能擅自做主，必须要征询父母、老师的意见，没有他们的同意，就一定不要公布。小心 Internet 上有些不怀好意的人会写信给你，甚至直接登门拜访。

2）不要在父母、老师不知道的情况下，自己单独去和网上的朋友会面，即使得到父母的同意，也要选择公共场所，并有父母或成年人陪同前往。

3）如果在网站或公告栏里遇到暗示性的信息、挑衅性的信息或脏话、攻击、淫秽、威胁等使人感到不安的信息，一定不要回应也不要反驳，当然，也不必惊慌失措，但要立即告诉父母或老师。

4）不要轻易通过网络向不熟悉的人发送自己的照片，否则，会给你带来麻烦和不安全。曾发现有人利用别人的照片做内容肮脏的广告，因此一定要小心谨慎。

5）不要轻信网上朋友的姓名、性别、年龄、职业、兴趣、爱好和甜言蜜语，记住，未经确认的网上信息都不可轻信。

6）在通过电子邮件提供个人资料之前，要确保对方是自己认识并且信任的人。

7）父母或其他亲人不在家时，不要让网上认识的朋友来访，要提高警惕，谨防别有用心的人。

8）不对父母、老师和好朋友隐瞒自己的网上活动，要经常与他们沟通，让他们了解自己在网上的行为，以便必要时得到及时的帮助。

（4）网络自护的具体措施。

1）安装个人"防火墙"，以防止个人信息被人窃取。例如，安装"诺顿网络安全特警"，利用诺顿隐私控制特性，可以选择哪些信息进行保密，就不会因不慎而把这些信息发到不安全的网站。

2）采用匿名方式浏览，因为有的网站可能利用 cookies 跟踪用户在 Internet 上的活动。怎么办呢？可以在使用浏览器的时候在参数选项中选择关闭计算机接收 cookies 的选项。

3）在发送信息之前先阅读网站的隐私保护政策，防止有些网站将个人资料出售给第三方。网络隐私，即个人资料的保密性，有一种"隐私维护与管理"软件，建议大家装上一个。

4）要经常更换自己的密码，据统计，我国有 54%的电子邮箱从来不换密码，这是很不安全的。密码不要使用有意义的英文单词、生日、手机号码、电话号码等容易被人猜中的信息。另外，当好多地方需要设置密码时，密码最好不要相同。使用包括字母和数字的密码，可以比较有效地干扰黑客利用软件程序来搜寻最常见的密码。

5）如果有人自称是 ISP 服务商的代表并通知系统出现故障，需要用户信息，或直接询问用户密码。千万别当真，因为真正的服务商代表是不会询问用户的密码。

6）在网上购物时，确定采用的是安全的链接方式。可以通过查看浏览器窗口角上的闭锁图标是否关闭来确定一个链接是否安全。

7）在不需要文件和打印共享时，就把这些功能关掉。因为，共享往往会将共享资源所在的计算机暴露给寻找安全漏洞的黑客。

8）把 Guest 账号禁用。有很多入侵都是通过这个账号进一步获得管理员密码或者权限的。如果不想把自己的计算机给别人当玩具，那还是禁止的好。打开控制面板，双击"用户和密码"按钮，单击"高级"选项卡，再单击"高级"按钮，弹出本地用户和组窗口，右击 Guest 账号，选择"属性"，在"常规"页中选中"账户已停用"。另外，将 Administrator 账号改名可以防止黑客知道自己的管理员账号，这会在很人程度上保证计算机安全。

9）禁止建立空链接。在默认的情况下，任何用户都可以通过空链接连上服务器，枚举账号并猜测密码。因此，必须禁止建立空链接，方法是修改注册表，即打开注册表 HKEY_LOCAL_MACHINE\System\CurrentControlSet\Control\LSA，将 DWORD 值 RestrictAnonymous 的键值改为 1 即可。

10）隐藏 IP 地址。黑客经常利用一些网络探测技术来查看网络中的主机信息，主要目的就是得到网络中主机的 IP 地址。IP 地址在网络安全上是一个很重要的概念，如果攻击者知道了某主机的 IP 地址，等于为他的攻击准备好了目标，他可以向这个 IP 发动各种进攻。隐藏 IP 地址的主要方法是使用代理服务器。

11）关闭不必要的端口。黑客在入侵时常常会扫描计算机端口，如果安装了端口监视程序会得到警告提示。如果遇到这种入侵，可用工具软件关闭用不到的端口。

12）更换管理员账户。Administrator 账户拥有最高的系统权限，一旦该账户被人利用，后果不堪设想。黑客入侵的常用手段之一就是试图获得 Administrator 账户的密码，所以要重新配置 Administrator 账号。可以为 Administrator 账户设置一个强大复杂的密码，然后重命名 Administrator 账户，再创建一个没有管理员权限的 Administrator 账户欺骗入侵者。这样一来，入侵者就很难搞清哪个账户真正拥有管理员权限，也就在一定程度上减少了危险性。

13）杜绝 Guest 账户的入侵。Guest 账户即所谓的来宾账户，它可以访问计算机，但受到限制。不幸的是，Guest 也为黑客入侵打开了方便之门。禁用或彻底删除 Guest 账户是最好的防范办法，但在某些必须使用到 Guest 账户的情况下，就需要通过其他途径来做好防御工作了。首先要给 Guest 设一个强壮的密码，然后详细设置 Guest 账户对物理路径的访问权限。

14）做好 IE 的安全设置。ActiveX 控件和 Applets 有较强的功能，但也存在被人利用的隐患，网页中的恶意代码往往就是利用这些控件编写的小程序，只要打开网页就会被运行。所以要避免恶意网页的攻击只有禁止这些恶意代码的运行。IE 对此提供了多种选择，具体设置步骤是"工具"→"Internet 选项"→"安全"→"自定义级别"，建议用户将 ActiveX 控件与相关选项禁用。另外，在 IE 的安全性设定中只能设定 Internet、本地 Intranet、受信任的站点、受限制的站点。不过，微软在这里隐藏了"我的电脑"的安全性设定，通过修改注册表把该选项打开，可以使用户在对待 ActiveX 控件和 Applets 时有更多的选择，并对本地电脑安全产生更大的影响。

15）不要轻易打开来自陌生人的电子邮件附件，收到有附件的邮件后，先看看发信人是否可靠，再用杀毒软件检查一遍，最后再看看文件的长度，小心中木马。

16）安装必要的网络安全硬件，防止用户在利用搜索引擎的过程中搜索到不良中外网站、网页，断绝一切不良信息来源。

17）去网吧上网时，要选择具备合法执照的网吧，看其是否具备必要的网络技术指导和服务的能力。为保人身安全和健康，还要看其是否具备良好的卫生环境、消防安全设施和治安条件。

18）要选择合法的和内容健康的网站，特别是那些由政府、权威的社会团体和组织办的或推荐的网站。它们一般备有及时、准确的信息，不会造成误导。健康真实的内容，对于增长知识、开阔视野、提高素质都大有裨益。

附录 B　常用网络端口

一、与端口相关的一些基础知识

1. 端口概念

在网络技术中，端口（Port）大致有两种意思。第一种是物理意义上的端口，例如，ADSL Modem、集线器、交换机、路由器等用于连接其他网络设备的接口，如 RJ-45 端口、SC 端口等。第二种是逻辑意义上的端口，一般是指 TCP/IP 协议中的端口，端口号的范围从 0 到 65535，例如，用于浏览网页服务的 80 端口，用于 FTP 服务的 21 端口等。这里将要介绍的就是逻辑意义上的端口。

2. 查看端口

在 Windows 2000/XP/Server 2003 中要查看端口，可以使用 Netstat 命令。依次单击"开始"→"运行"，输入"cmd"并键入"Enter"键，打开命令提示符窗口。在命令提示符状态下输入"Netstat -a-n"，键入"Enter"键后就可以看到以数字形式显示的 TCP 和 UDP 连接的端口号及状态。

> **提示**
>
> 在 Windows 7/ Vista /Server 2008 中，打开命令提示符窗口包括以下三种方法。
>
> 方法 1："开始"→"所有程序"→"附件"→"命令提示符"；
>
> 方法 2：同时键入键盘上的组合键"win"+"R"，弹出的运行对话框中输入"cmd"；
>
> 方法 3："开始"→在搜索栏中输入"cmd"。

3. 关闭/开启端口

在介绍各种端口的作用前，这里先介绍一下在 Windows 中如何关闭/打开端口，因为默认的情况下，有很多不安全的或没有什么用的端口是开启的，例如，Telnet 服务的 23 端口、FTP 服务的 21 端口、SMTP 服务的 25 端口、RPC 服务的 135 端口等。为了保证系统的安全性，可以通过下面的方法来关闭/开启端口。

关闭端口，例如，在 Windows 2000/XP 中关闭 SMTP 服务的 25 端口，方法是首先打开"控制面板"，双击"管理工具"按钮，再双击"服务"按钮。接着在打开的服务窗口中找到并双击"Simple Mail Transfer Protocol（SMTP）服务"按钮，单击"停止"按钮来停止该服务，然后在"启动类型"中选择"已禁用"，最后单击"确定"按钮即可。这样，关闭了 SMTP 服务就相当于关闭了对应的端口。

开启端口，如果要开启该端口只要先在"启动类型"选择"自动"，单击"确定"按钮，再打开该服务，在"服务状态"中单击"启动"按钮即可启用该端口，最后，单击"确定"按钮即可。

4. 端口分类

逻辑意义上的端口有多种分类标准，下面将介绍两种常见的分类。

（1）按端口号分布划分。

1）知名端口（Well-Known Ports）。知名端口即众所周知的端口号，范围从 0 到 1023，这些端口号一般固定分配给一些服务。例如，21 端口分配给 FTP 服务，25 端口分配给 SMTP（简单邮件传输协议）服务，80 端口分配给 HTTP 服务，135 端口分配给 RPC（远程过程调用）服务等。

2）动态端口（Dynamic Ports）。动态端口的范围从 1024 到 65535，这些端口号一般不固定分配给某个服务，也就是说许多服务都可以使用这些端口。只要运行的程序向系统提出访问网络的申请，那么系统就可以从这些端口号中分配一个供该程序使用。例如，1024 端口就是分配给第一个向系统发出申请的程序。在关闭程序进程后，就会释放所占用的端口号。不过，动态端口也常常被病毒木马程序所利用，例如，冰河默认连接端口是 7626、WAY 2.4 是 8011、Netspy 3.0 是 7306、YAI 病毒是 1024 等。

（2）按协议类型划分。按协议类型划分，可以分为 TCP、UDP、IP 和 ICMP（Internet 控制消息协议）等端口。下面主要介绍 TCP 和 UDP 端口。

1）TCP 端口。TCP 端口，即传输控制协议端口，需要在客户端和服务器之间建立连接，这样可以提供可靠的数据传输。常见的包括 FTP 服务的 21 端口，Telnet 服务的 23 端口，SMTP 服务的 25 端口，以及 HTTP 服务的 80 端口等。

2）UDP 端口。UDP 端口，即用户数据包协议端口，无需在客户端和服务器之间建立连接，安全性得不到保障。常见的有 DNS 服务的 53 端口，SNMP（简单网络管理协议）服务的 161 端口，QQ 使用的 8000 和 4000 端口等。

二、常用网络端口

1. 端口：0

服务：Reserved。

说明：通常用于分析操作系统。这一方法能够工作是因为在一些系统中 0 是无效端口，当试图使用通常的闭合端口连接它时将产生不同的结果。一种典型的扫描，使用 IP 地址为 0.0.0.0，设置 ACK 位并在以太网层广播。

2. 端口：1

服务：tcpmux。

说明：这显示有人在寻找 SGI Irix 机器。Irix 是实现 tcpmux 的主要提供者，默认情况下 tcpmux 在这种系统中被打开。Irix 机器在发布时含有几个默认的无密码的账户，如 IP、GUEST UUCP、NUUCP、DEMOS、TUTOR、DIAG、OUTOFBOX 等。许多管理员在安装后忘记删除这些账户。因此 Hacker 在 Internet 上搜索 tcpmux 并利用这些账户。

3. 端口：7

服务：Echo。

说明：能看到许多人搜索 Fraggle 放大器时，发送到 X.X.X.0 和 X.X.X.255 的信息。

4. 端口：19

服务：Character Generator。

说明：这是一种仅仅发送字符的服务。UDP 版本将会在收到 UDP 包后回应含有垃圾字符的包。TCP 连接时会发送含有垃圾字符的数据流直到连接关闭。Hacker 利用 IP 欺骗可以发动 DoS 攻击。伪造两个 chargen 服务器之间的 UDP 包。同样 Fraggle DoS 攻击向目标地址的这个端口广播一个带有伪造受害者 IP 的数据包，受害者为了回应这些数据而过载。

5. 端口：20 和 21

服务：FTP。

说明：FTP 服务器所开放的端口，用于上传、下载，其中 20 号端口用于传输数据，21 号用于传输控制信息。最常见的攻击者用于寻找打开 anonymous 的 FTP 服务器的方法。这些服务器带有可读写的目录。木马 Doly Trojan、Fore、Invisible FTP、WebEx、WinCrash 和 Blade Runner 所开放的端口。

6. 端口：22

服务：SSH。

说明：PcAnywhere 建立的 TCP 和这一端口的连接可能是为了寻找 ssh。这一服务有许多弱点，如果配置成特定的模式，许多使用 RSAREF 库的版本就会有不少的漏洞存在。

7. 端口：23

服务：Telnet。

说明：远程登录，入侵者在搜索远程登录 Unix 的服务。大多数情况下扫描这一端口是为了找到机器运行的操作系统。还有使用其他技术，入侵者也会找到密码。木马 Tiny Telnet Server 就开放这个端口。

8. 端口：25

服务：SMTP。

说明：SMTP 服务器所开放的端口，用于发送邮件。入侵者寻找 SMTP 服务器是为了传递他们的 SPAM。入侵者自己的账户被关闭，他们需要连接到高带宽的 E-mail 服务器上，将简单的信息传递到不同的地址。木马 Antigen、Email Password Sender、Haebu Coceda、Shtrilitz Stealth、WinPC、WinSpy 都开放这个端口。

9. 端口：31

服务：MSG Authentication。

说明：木马 Master Paradise、Hackers Paradise 开放此端口。

10. 端口：42

服务：WINS Replication Host。

说明：WINS 复制。

11. 端口：53

服务：Domain Name Server（DNS）。

说明：DNS 服务器所开放的端口，入侵者可能是试图进行区域传递（TCP），欺骗 DNS（UDP）或隐藏其他的通信。因此防火墙常常过滤或记录此端口。

12. 端口：67

服务：Bootstrap Protocol Server 。

说明：通过 DSL 和 Cable Modem 的防火墙常会看见大量发送到广播地址 255.255.255.255 的数据。这些机器在向 DHCP 服务器请求一个地址。Hacker 常进入它们，分配一个地址把自己作为局部路由器而发起大量中间人（man-in-middle）攻击。客户端向 68 端口广播请求配置，服务器向 67 端口广播回应请求。这种回应使用广播是因为客户端还不知道可以发送的 IP 地址。

13. 端口：69

服务：Trival File Transfer。

说明：许多服务器与 bootp 一起提供这项服务，便于从系统下载启动代码。但是它们常常由于错误配置而使入侵者能从系统中窃取任何文件。它们也可用于系统写入文件。

14. 端口：79

服务：Finger Server。

说明：入侵者用于获得用户信息，查询操作系统，探测已知的缓冲区溢出错误，回应从自己机器到其他机器 Finger 扫描。

15. 端口：80

服务：HTTP。

说明：用于网页浏览。木马 Executor 开放此端口。

16. 端口：99

服务：Metagram Relay。

说明：后门程序 ncx99 开放此端口。

17. 端口：102

服务：Message transfer agent（MTA）-X.400 over TCP/IP。

说明：消息传输代理。

18. 端口：109

服务：Post Office Protocol-Version2。

说明：POP3 服务器开放此端口，用于接收邮件，客户端访问服务器端的邮件服务。POP3 服务有许多公认的弱点。关于用户名和密码交换缓冲区溢出的弱点至少有 20 个，这意味着入侵者可以在真正登录前进入系统。成功登录后还有其他缓冲区溢出错误。

19. 端口：110

服务：Sun 公司的 RPC 服务所有端口 POP 3（Post Office Protocol-Version3）。

说明：常见 RPC 服务有 rpc.mountd、NFS、rpc.statd、rpc.csmd、rpc.ttybd、amd 等。

20. 端口：113

服务：Authentication Service

说明：这是一个许多计算机上运行的协议，用于鉴别 TCP 连接的用户。使用标准的这种服务可以获得许多计算机的信息。但是它可作为许多服务的记录器，尤其是 FTP、POP、IMAP、SMTP 和 IRC 等服务。通常如果有许多客户通过防火墙访问这些服务，将会看到许多这个端口的连接请求。记住，如果阻断这个端口客户端会感觉到在防火墙另一边与 E-mail 服务器的缓慢连接。许多防火墙支持 TCP 连接的阻断过程中发回 RST。这将会停止缓慢的连接。

21. 端口：119

服务：Network News Transfer Protocol。

说明：News 新闻组传输协议，承载 Usenet 通信。这个端口的连接通常是人们在寻找 Usenet 服务器。多数 ISP 限制，只有他们的客户才能访问他们的新闻组服务器。打开新闻组服务器将允许发/读任何人的帖子，访问被限制的新闻组服务器，匿名发帖或发送 SPAM。

22. 端口：135

服务：Location Service。

说明：Microsoft 在这个端口运行 DCE RPC end-point mapper 为它的 DCOM 服务。这与 Unix 111 端口的功能很相似。使用 DCOM 和 RPC 的服务利用计算机上的 end-point mapper

注册它们的位置。远端客户连接到计算机时，它们查找 end-point mapper 找到服务的位置。Hacker 扫描计算机的这个端口是为了找到这个计算机上运行 Exchange Server 并确定它是什么版本。还有些 DOS 攻击直接针对这个端口。

23．端口：137、138、139

服务：NetBIOS Name Service。

说明：其中 137、138 是 UDP 端口，当通过网上邻居传输文件时用这两个端口。而通过 139 这个端口进入的连接试图获得 NetBIOS/SMB 服务。这个协议被用于 Windows 文件和打印机共享和 Samba。

24．端口：143

服务：Interim Mail Access Protocol v2。

说明：和 POP3 的安全问题一样，许多 IMAP 服务器存在有缓冲区溢出漏洞。记住一种 Linux 蠕虫（admv0rm）会通过这个端口繁殖，因此许多这个端口的扫描来自不知情的已经被感染的用户。当 Red Hat 在他们的 Linux 发布版本中默认允许 IMAP 后，这些漏洞变的很流行。这一端口还被用于 IMAP2，但并不流行。

25．端口：161

服务：SNMP。

说明：SNMP 允许远程管理设备。所有配置和运行信息的储存在数据库中，通过 SNMP 可获得这些信息。许多管理员的错误配置将被暴露在 Internet 上。Crackers 将试图使用默认的密码 public、private 访问系统。他们可能会试验所有可能的组合。SNMP 包可能会被错误地指向用户的网络。

26．端口：177

服务：X Display Manager Control Protocol。

说明：许多入侵者通过它访问 X-Window 操作台，它同时需要打开 6000 端口。

27．端口：443

服务：https。

说明：网页浏览端口，能提供加密和通过安全端口传输的另一种 HTTP。

28．端口：456

服务：NULL。

说明：木马 Hackers Paradise 开放此端口。

29．端口：513

服务：Login，remote login。

说明：是从使用 Cable Modem 或 DSL 登录到子网中的 Unix 计算机发出的广播。这些人为入侵者进入他们的系统提供了信息。

30．端口：548

服务：Macintosh，File Services（AFP/IP）。

说明：Macintosh 文件服务。

31．端口：553

服务：CORBA IIOP（UDP）。

说明：使用 Cable Modem、DSL 或 VLAN 将会看到这个端口的广播。CORBA 是一种面向对象的 RPC 系统。入侵者可以利用这些信息进入系统。

32. 端口：555

服务：DSF。

说明：木马 PhAse1.0、Stealth Spy、IniKiller 开放此端口。

33. 端口：568

服务：Membership DPA。

说明：成员资格 DPA。

34. 端口：569

服务：Membership MSN。

说明：成员资格 MSN。

35. 端口：635

服务：mountd。

说明：Linux 的 mountd Bug。这是扫描的一个流行 Bug。大多数对这个端口的扫描是基于 UDP 的，但是基于 TCP 的 mountd 有所增加（mountd 同时运行于两个端口）。记住 mountd 可运行于任何端口（到底是哪个端口，需要在端口 111 做 portmap 查询），只是 Linux 默认端口是 635，就像 NFS 通常运行于 2049 端口。

36. 端口：636

服务：LDAP。

说明：SSL（Secure Sockets layer）。

37. 端口：666

服务：Doom Id Software。

说明：木马 Attack FTP、Satanz Backdoor 开放此端口。

38. 端口：993

服务：IMAP。

说明：SSL（Secure Sockets layer）。

39. 端口：1001、1011

服务：NULL。

说明：木马 Silencer、WebEx 开放 1001 端口。木马 Doly Trojan 开放 1011 端口。

40. 端口：1024

服务：Reserved。

说明：它是动态端口的开始，许多程序并不在乎用哪个端口连接网络，它们请求系统为它们分配下一个闲置端口。基于这一点分配从端口 1024 开始。这就是说第一个向系统发出请求的会分配到 1024 端口。可以重启机器，打开 Telnet，再打开一个窗口运行 natstat-a 将会看到 Telnet 被分配 1024 端口。还有 SQL session 也用此端口和 5000 端口。

41. 端口：1025、1033

服务：1025，network blackjack 1033，NULL。

说明：木马 netspy 开放这 2 个端口。

42. 端口：1080

服务：SOCKS。

说明：这一协议以通道方式穿过防火墙，允许防火墙后面的人通过一个 IP 地址访问 Internet。理论上它应该只允许内部的通信向外到达 Internet。但是由于错误的配置，它会允许位于防火墙外部的攻击穿过防火墙。WinGate 常会发生这种错误，在加入 IRC 聊天室时常会看到这种情况。

43. 端口：1170

服务： NULL。

说明：木马 Streaming Audio Trojan、Psyber Stream Server、Voice 开放此端口。

44. 端口：1234、1243、6711、6776

服务：NULL。

说明：木马 SubSeven2.0、Ultors Trojan 开放 1234、6776 端口。木马 SubSeven1.0/1.9 开放 1243、6711、6776 端口。

45. 端口：1245

服务：NULL。

说明：木马 Vodoo 开放此端口。

46. 端口：1433

服务：SQL。

说明：Microsoft 的 SQL 服务开放的端口。

47. 端口：1492

服务：stone-design-1。

说明：木马 FTP99CMP 开放此端口。

48. 端口：1500

服务：RPC client fixed port session queries VLSL License Manager。

说明：RPC 客户固定端口会话查询。

49. 端口：1503

服务：NetMeeting T.120 Databea mimtc-mcs。

说明：NetMeeting T.120。

50. 端口：1524

服务：ingress。

说明：许多攻击脚本将安装一个后门 Shell 于这个端口，尤其是针对 Sun 系统中 Sendmail 和 RPC 服务漏洞的脚本。如果刚安装了防火墙就看到在这个端口上的连接企图，很可能是上述原因。可以试试 Telnet 到用户的计算机上的这个端口，看看它是否会给出一个 Shell。连接到 600/pcserver 也存在这个问题。

附录 C 常用网络英语

A

AAL（ATM Adaptation Layer） ATM 适配层

ABR（Available Bit Rate） 可用比特率

Access log 访问日志

access token 访问令牌

account lockout 账号封锁

account policies 账号策略

accounts 账号

ACL（Access Control List） 访问控制列表

ACR（Attenuation-to-Crosstalk Ratio） 衰减串扰比

Ad Views 广告浏览

adapter 适配器

adaptive speed leveling 自适应速率等级调整

address mapping 地址映射

Address Resolution Protocol（ARP） 地址解析协议

address 地址

Administrator account 管理员账号

ADPCM（Adaptive Difference Pulse Code Modulation） 自适应差分 PCM

ADSL（Asymmetrical Digital Subscriber Loop） 非对称数字用户环线

aggregate port 聚合端口

alias 别名

allocation layer 应用层

AMI（ATM Management Interface） ATM 管理接口

AMPS（Advanced Mobile Phone System） 先进型移动电话系统

analog data 模拟数据

anonymous 匿名文件传输

ANS（Advanced Networks and Services） 高级网络与服务

ANSI 美国国家标准协会

Apache http server 一个开放源码 web 服务器

API 应用程序编程接口

APON（ATM Passive Optical Network） 无源光纤网络

application layer 应用层

application 应用程序

ARP（Address Resolution Protocol） 地址解析协议

ARPANET 阿帕网（internet 的前身）

ARQ（Automatic Repeat Request） 自动重发请求

ASCII（American Standard Code for Information Interchange） 美国信息互换标准代码

ASIC（Application Specific Integrated Circuit（Chip）） 专用集成电路

ASN.1（Abstract Syntax Notation One） 抽象语法标记

ATD（Asynchronous Time Division） 异步时分复用

ATM（Asynchronous Transfer Mode） 异步传输模式

attachment 附件

attack 攻击

attenuation 衰减，通信信号能量的减少

audio policy 审记策略

auditing 审记，监察

AUI（Attachment Unit Interface） 连接单元接口，是 MAU 和 NIC（网络接口卡）之间的 IEEE 802.3 接口。AUI 这一名词也可以指背面板端口（AUI 电缆连接在它上面），例如，在 Cisco Light Stream Ethernet 访问卡上就有这种情况，AUI 也叫收发信机电缆

auto answer 自动应答

auto detect 自动检测

auto indent 自动缩进

auto save 自动存储

B

b/s 每秒比特数

B/S（Browser/Server） 浏览器/服务器模式

backbone 骨干网

Backdoors 后门

back-end 后端

bad command or filename 命令或文件名错

bad command 命令错误

balanced-hybrid protocol 平衡混合式路由协议，它综合了链路状态和距离向量协议的特点

band width 带宽

Base band 基带

baud rate 波特率

BBS（Bulletin Board System） 公告牌系统或电子公告板

BER（bit error rate） 误比特率

best-effort delivery 尽力转发，描述的是无须复杂确认系统就可以保证信息可靠传送的网络系统

BGP（Border Gateway Protocol） 边界网关协议

binary data　二进制数据

bit　比特

BMI（Bus-Memory Interface）　总线存储器接口

border gateway　边界网关

border　边界

BPDU（bridge protocol data unit）　网桥协议数据单元

breach　攻破，违反

breakable　可破密的

BRI（Basic Rate Interface）　基本速率接口

bridge　网桥

bridging　桥接，使用一个网桥连接两个或多个局域网段的技术

broadband　宽带

broadcast frames　广播帧

Browser　浏览器

BUS（Broadcast/Unknown Server）　广播和未知服务器

byte　字节

C

Cable Modem　电缆调制解调器

Cache Directory　缓存目录

CATV（Community Antenna Television）　公用天线电视

CBR（Continuous Bit Rate）　连续比特率

CCITT（International Telephone and Telegraph Consultative Committee）　国际电话电报咨询委员会

CD（Carrier Detect）　载波监测

CDMA（Code Division Multiple Access）　码分多址

CDN（Content Delivery Network）　内容分发网络

CDPD（Cellular Digital Packet Data）　蜂窝数字分组数据

CGI（Common gateway interface）　通用网关接口

channel　频道，信道

character　字符，符号，特性

chat　聊天

cipher text　密文

classless addressing　无类地址分配

clear text　明文

CLI（Command-Line Interface）　命令行界面

Click Through　点进次数

Click-through Rate　点进率

client program　客户程序

Client/Server　客户/服务器

code　代码

collision domain　冲突域

collision　冲突

COM port COM　通信端口

computer name　计算机名

configure　配置系统文件

congestion　拥塞，当业务量超过网络的容量时的状态

connectionless　无连接

connection-oriented　面向连接

convergence　收敛

core layer　核心层

Cost per Thousand Impressions，简称 CPM 千印象费，网上广告产生每 1000 个广告印象（显示）数的费用

crack　闯入

CRC（Cyclic Redundancy Check）　循环冗余校验码

cryptanalysis　密码分析

CSMA/CD　带有冲突检测的载波侦听多路访问

CSNW Netware　客户服务

CSS（Cascading Style Sheet）　级联样式表

cut-through　直通交换

cyberspace　电脑化空间

cyberwork　网络迷

D

data base　数据库

data compression　数据压缩

data link layer　数据链路层

datagram　数据报

DCE（Data Circuit-terminating Equipment）　数据电路终接设备

DDE　动态数据交换

DDL（Data Link Control）　数据链路控制

decryption　解密

dedicated line　专用线路

default route　缺省路由

default share　缺省共享

demodulation　解调

Demultiplexing　分用

denial of service　拒绝服务

deny　拒绝

DES（Data Encryption Standard）　数据加密标准

DHCP　动态主机配置协议

dial-up connection　拨号连接

dial-up networking software　拨号联网软件

dictionary attack　字典式攻击

digital Data　数字数据

direct internet connection　直接网间连接

distance-vector routing protocol　距离矢量路由选择协议

Distributed Systems　分布式系统

distribution layer　汇聚层

DLC　数据链路控制

DMZ（Demilitarized zone）　隔离区

DNS（Domain Name System）　域名系统

domain controller　域名控制器

domain name　域名

domain　域

download　下载

DPI（Dot Per Inch）　每英寸可打印的点数

DTE（Data Terminal Equipment）　数据终端设备

dynamic IP addressing　动态 IP 地址

dynamic routing　动态路由选择

E

EGP（Exterior Gateway Protocol）　外部网关协议

EMA（Ethernet Media Adapter）　以太网卡

E-mail address　电子邮件地址

E-mail（Electronic Mail）　电子邮件

emoticons　情感符号

encapsulation　封装

encryption　加密

end-to-end　端到端，点对点

Enhanced IGRP　增强内部网关路由选择协议

error correction　纠错

Ethernet　以太网

F

FAQ（Frequently Asked Questions）　常见问题

Fast Ethernet　快速以太网

fast-forward switching　快速转发交换

FAT　文件分配表

fax-modem　传真-调制解调器

FCS（Fast Circuit Switching）　快速电路交换

FDDI（Fiber Distributed Data Interface）　光纤分布式数据接口

FDM（Frequency Division Multiplexing）　频分多路复用

FEC（Forward Error Correction）　前向差错纠正

filter　过滤器

Firewall　防火墙

firmware　固件

FITL（Fiber In The Loop）　光纤环路

flash　闪存

flooding　扩散法，泛洪

Flow control　流量控制

forwarding　发送，转发

fragment-free switching　自由分段交换

frame relay　帧中继

frame　帧

freeware　免费软件

FTP（File Transfer Protocol）　文件传送协议

full-duplex Ethernet　全双工以太网

G

gateway　网关

GCRA（Generic Cell Rate Algorithm）　通用信元速率算法

GDI（Graphics Device Interface）　图形设备接口

GGP（Gateway-Gateway Protocol）　网关-网关协议

GIF（Graphics Interchange format）　图形交换格式

Gigabit Ethernet　吉比特以太网，千兆以太网

gopher　是 Internet　中基于菜单驱动的信息查询软件

group　组，群

GSM（Global Systems for Mobile communications）　移动通信全球系统（全球通）

GSNW NetWare　网关服务

GUI　图形用户界面

H

half-duplex　半双工

hardware　硬件

HDLC（High-Level Data Link Control）　高级数据链路控制

HDTV（High Definition TeleVision）　数字高清晰度电视

header　报头

HEC（Header Error Control）　信头错误控制

helper application　助手应用程序

Hit　点击

home page　网页

hop　跳，一个数据包在两个网络节点（例如两个路由器）间的通道

hostname　主机名

hot link　热连接

HTML（Hyper Text Mark Language）　超文本标记语言

HTTP Keep aliveHTTP　长连接

HTTP（Hyper Text Transfer Protocol）　超文本传输协议

HTTPS（Hypertext Transfer Protocol over Secure Socket Layer）　超文本传输安全协议

hub　集线器

hyperlink　超链接

HyperTerminal　超级终端

hypertext　超文本

I

I/O Streams　I/O 流

IAB（Internet Architecture Board）Internet　体系结构委员会

IANA（Internet Assigned Numbers Authority）　Internet 号分配机构

IAP（Internet Access Provider）　Internet 接入提供商

ICMP（Internet Control Message Protocol）　Internet 控制报文协议

ICP（Internet Content Provider）　网络内容服务商

ICRP（Interior Gateway Routing Protocol）　内部网关路由选择协议

IDP（Internetwork Datagram Protocol）　网间数据报协议

IDU（Interface Data Unit）　接口数据单元

IEEE 802　局域网协议族

IEEE 802.1d　生成树协议

IEEE 802.11　无线局域网协议

IEEE 802.1q 虚拟局域网协议

IEEE 802.1w 快速生成树协议

IEEE（Institute of Electrical and Electronics Engineers） 电气与电子工程师协会

IETF（The Internet Engineering Task Force） 互联网工程任务组

IGMP（Internet Group Management Protocol） Internet 群组管理协议

IGP（Interior Gateway Protocol） 内部网关协议

IIS 信息服务器

IM（Instant Messaging） 即时通讯

image map 图像导位图

IMAP（Internet Message Access Protocol） 一种邮件协议

impersonation attack 伪装攻击

index server 索引服务器

Inherited Rights Filter 继承权限过滤器

interactive user 交互性用户

interface 接口

internal security 内部安全性

Internet 国际互联网

intranet 内联网，企业内部网

intruder 入侵者

IP address IP 地址

IP masquerade IP 伪装

IP spoofing IP 欺骗

IP（Internet Protocol） 网际协议

IPC 进程间通信

IPV6（Internet Protocol version 6） 网际协议第 6 版

IPX 网络分组交换

IRC（Internet Relay Chat） 网间实时聊天

IRQ 中断请求

ISA 工业标准结构

ISDN（Integrated Service Digital Network） 综合业务数据网

ISO（International Organization for Standardization） 国际标准化组织

ISP（Internet Service Provider） Internet 服务供应商

IT（Information Technology） 信息技术

L

LAN（Local Area Network） 局域网

latency 延时

Layering 分层

LCP（Link Control Protocol） 链路控制协议

LDAP（Lightweight Directory Access Protocol） 轻量级目录访问协议

learning 学习

Link-state Routing Protocol 链路状态路由选择协议

list server 目录服务器

listening 侦听

LLC（Logical Link Control） 逻辑链路控制

Log File 访客流量统计文件

login 登录

Loopback Interface 环回接口

LSA（Link-State Advertisement） 链路状态公告

M

MAC address MAC 地址

MAC（Media Access Control） 介质访问控制

mail server 邮件服务器

mailing list 邮寄目录

MAN（Metropolitan Area Network） 城域网

MAU（Media Attachment Unit） 介质连接单元

MD5（Message Digest Algorithm 5） 消息摘要算法第 5 版

memory buffer 存储器缓冲区

message 信息，消息，报文

MIME（Multipurpose Internet Mail Extensions） 多用途网络邮件扩展

modem 调制解调器

modulation 调制

MTU（Maximum Transmission Unit） 最大物理传输单元

MUD（Multi-User Dungeon or Dimension） 多人城堡游戏

Multicast address 组播地址

multimedia 多媒体

N

named pipes 命名管道

NAP（Network Access Point） 网络接入点

NAPT 网络地址端口映射

NAT 网络地址映射

NCP（Network Control Protocol） 网络控制协议

NDIS 网络驱动程序接口规范

NDS NetWare　目录服务新手

NetBEUI NetBIOS　扩展用户接口

NetBIOS gateway NetBIOS　网关

NetBIOS　网络基本输入/输出系统

NetDDE　网络动态数据交换

netiquette　行为规范

network layer　网络层

Network Monitor　一个网络监控程序

network operating system　网络操作系统

network printer　网络打印机

network security　网络安全

network user　网络用户

network　网络

news groups　新闻组

news reader　新闻阅读器

news server　新闻服务器

NFS（Network File System）　网络文件系统

NIC（Network Interface Card）　网络接口卡

NNTP　网络新闻传送协议

node　节点

Non-blocking i/o　非阻塞 I/O

NOS（Network Operating System）　网络操作系统

NTP（Network Time Protocol）　网络时间协议

O

OA（Office AutoMation）　办公自动化

off-line　离线

on-line service provider　在线服务供应商

on-line service　在线服务

on-line　在线

OS（Operation System）　操作系统

OSI（Open Systems Interconnection）　开放系统互连模式

OSPF（Open Shortest Path First）　开放最短路径优先协议

out-of-band attack　带外攻击

overflow　溢出

overload　过载

overrun　超出

P

packet filter　分组过滤器

packet switching　包交换

packet　数据包，分组

PageRank　google 的网页排名算法

parallel port　并口

password　口令、密码

path cost　路径开销

path determination　路径确定

path　路径

PBX（Private Branch Exchange）　程控用户交换机

PCM（Pulse Code Modulation）　脉冲编码调制

PCS　个人通信业务

PDA（Personal Digital Assistant）　个人数字助理

PDC　主域控制器

PDN（Public Data Network）　公用数据网

PDU（Protocol Data Unit）　协议数据单元

peer　对等

peer-to-peer network　对等网

PEM（Privacy Enhanced Mail）　增强保密邮件

permission　权限

physical layer　物理层

plaintext　明文

PLCP（Physical Layer Convergence Protocol）　物理层会聚协议

plug-in 插件 POP（Point of Presence）　代理点

PON（Passive Optical Network）　无源光纤网

POP（Post Office Protocol）　Internet 电子邮件接收协议标准

POP3 server POP3　服务器

POP3（Post Office Protocol 3）　邮件接收协议，版本号是 3

port　端口

post　投寄

PPP（Point-to-Point Protocol）　点对点通信协议

PPTP（Point to Point Tunneling Protocol）　点对点隧道协议

presentation layer　表示层

priority　优先权

PRN（Packet Radio Network）　分组无线网

process　进程

protocol　协议

provider　供应商

proxy server　代理服务器

proxy　代理

PSDN（Packet Switched Data Network）　分组交换数据网

PSTN（Public Switched Telephone Network）　公用电话交换网

PVC　永久虚电路

Q

QoS（Quality of Service）　服务质量

queue　队列

R

RARP（Reverse Address Resolution Protocol）　反向地址解析协议

RAS（Remote Access Service）　远程访问服务

RedirectHTTP 重定向

remote boot　远程引导

Remote control　远程控制

remote login　远程登录

Repeater　中继器、转发器

Reverse Proxy　反向代理

RIP（Routing Information Protocol）　路由信息协议

RMON（Remote Network Monitoring）　远程网络管理

Robotsrobots　协议

routed daemon　一种利用 RIP 的 Unix 寻径服务

routed protocol　被路由的协议

router　路由器

route　路由

routing protocol　路由选择协议

routing table　路由表

routing　路由选择

RPC（Remote Procedure Call）　远程过程调用

RSA　一种公共密匙加密算法

RSTP　快速生成树协议

Rsync　rsync 是类 unix 系统下的数据镜像备份工具

running-config　运行的配置文件

S

SAP（Service Access Point） 业务接入点

SCR（Sustained Cell Rate） 持续信元速率

SDH（Synchronous Digital Hierarchy） 同步数字系列

SDU（Service Data Unit） 业务数据单元

search engine 搜索引擎

segment 段，网段

sender 发送者

serial port 串口

server 服务器

session layer 会话层

Session 会话

share-level security 共享级安全性

shareware 共享软件

SID 安全标识符

signature 签名

Site 站点

sliding window 滑动窗口

SLIP（Serial Line Internet Protocol） 串行线路 Internet 协议

SMTP server SMTP 服务器

SMTP（Simple Mail Transfer Protocol） 简单邮件传输协议

SNMP（Simple Network Management Protocol） 简单网络管理协议

SNR（Signal-Noise ratio） 信噪比

SOAP（Simple Object Access Protocol） 简单对象访问协议

SPF（Shortest Path First） 最短路径优先协议

SPI（Stateful Packet Inspection） 全状态数据包检测型防火墙

Spider 网络蜘蛛

SQL（Structured Query Language） 结构化查询语言

SSH（Secure Shell） 安全壳协议

SSL（Security Socket Layer） 安全套接层

Startup-config 启动配置文件

static IP addressing 静态 IP 地址分配

static routing 静态路由

STM（Synchronous Transfer Mode） 同步传输方式

store-and-forward 存储转发

STP（Shielded Twisted-Pair） 屏蔽双绞线

STP（Spanning Tree Protocol） 生成树协议

stub network　存根网络，只包含一个和路由器的连接的网络

subnet mask　子网掩码

subnet　子网

surfing　冲浪

swap file　交换文件

switch port　交换机端口

switch　交换机

T

talker　聊天程序

TCP/IP（Transfer Control Protocol/Internet Protocol）　传输控制协议/网际协议

TDM（Time Division Multiplexing）　时分多路复用

Telnet　远程登录

terminal emulation　终端仿真

terminal settings　终端设置

TFTP　普通文件传送协议

thin client　瘦客户机

Threads　线程

throughput　吞吐量

topology　拓扑

TP（Twisted Pair）　双绞线

traffic　流量

transport layer　传输层

Trojan Horse　特洛伊木马

trunk　干道

TTL（Time To Live）　生存时间

U

UDP（User Datagram Protocol）　用户数据报协议

UEM（Universal Ethernet Module）　通用以太网模块

unicast　单播

UPC（Usage Parameter Control）　使用参数控制

Upload　上传

URI（Uniform Resource Identifier）　统一资源标识符

URL（Uniform Resource Locator）　全球资源定位器

URN（Uniform Resource Names）　统一资源名称

USB（Universal Serial Bus）　通用串行总线

UseNet　Internet 新闻组

User Sessions　访客量

UTF-8（8-bit Unicode Transformation Format）　8 比特统一传输格式，一种字符编码

UTP（Unshielded Twisted-Pair）　非屏蔽双绞线

V

virtual circuit　虚拟电路

Virtual Servers　虚拟主机

visit　访问

VLAN（Virtual Local Area Network）　虚拟局域网

VLSM（Variable-length Subnet Mask）　可变长子网掩码

VOD（Video on Demand）　点播图像

VPN（Virtual Private Network）　虚拟专用网络

Vty　虚拟终端线路

W

WAIS（Wide Area Information Servers）　广域信息服务器

WAN（Wide Area Networks）　广域网

Web cache　web 缓存

Web crawler　网络爬虫

web page　万维网页

web site　万维网站

web-wide search engine　万维网搜索器

well-known ports　通用端口

WEP　无线加密协议

Wget　GNUwget 是类 unix 系统中的网络下载软件

Wildcard　反掩码

Winsock　一种应用于 Windows 与 Internet 连接标准

workstation　工作站

WPA　安全机制

WWW（World Wide Web）　全球网，又称万维网

X

X.25　一种分组交换网协议

Z

zone transfer　区域转换